服装纸样实战技术
——图解服装纸样246例

肖祠深　著

东华大学出版社
·上海·

图书在版编目(CIP)数据

服装纸样实战技术:图解服装纸样246例/肖祠深
著.—上海:东华大学出版社,2016.1
ISBN 978-7-5669-0891-9

Ⅰ.①服… Ⅱ.①肖… Ⅲ.①服装设计—纸样设计—
图解 Ⅳ.①TS941.2-64

中国版本图书馆 CIP 数据核字(2015)第 214560 号

责任编辑:吴川灵
封面设计:雅　风
封面插画:郝永强

服装纸样实战技术
——图解服装纸样246例
肖祠深　著

出　　　　版:东华大学出版社(上海市延安西路 1882 号,200051)
本 社 网 址:http://www.dhupress.net
天猫旗舰店:http://dhdx.tmall.com
营 销 中 心:021-62193056　62373056　62379558
电 子 邮 箱:805744969@qq.com
印　　　　刷:苏州望电印刷有限公司
开　　　　本:889 mm×1 194 mm　1/16
印　　　　张:21.75
字　　　　数:766 千字
版　　　　次:2016 年 1 月第 1 版
印　　　　次:2016 年 1 月第 1 次印刷
书　　　　号:ISBN 978-7-5669-0891-9/TS・646
定　　　　价:58.00 元

目　　录

第一章　服装纸样制作概述 ················ 1
1. 服装制板概念 ···················· 1
2. 成衣纸样制作要求 ··············· 1
3. 放码质量要求 ···················· 2
4. 纸样制作中应注意的问题 ········ 3
5. 服装纸样符号 ···················· 4

第二章　裙装 ·························· 5
1. 女西裙 1 ························· 5
2. 女西裙 2 ························· 9
3. 女排褶裙 ························· 13
4. 女塔裙 ··························· 17
5. 女直筒裙 ························· 21
6. 女直筒窄裙 ······················ 25
7. 女直筒连腰裙 ···················· 29
8. 女直筒碎褶裙 ···················· 33

第三章　裤装 ························· 37
1. 女直筒裤 ························· 37
2. 女西裤 ··························· 41
3. 女橡根裤 ························· 45
4. 女大脚裤 ························· 49
5. 女时装裤 ························· 53
6. 女无侧缝时装裤 ················· 57
7. 女锥形裤 ························· 61
8. 女牛仔喇叭裤 ···················· 65
9. 女九分休闲裤 ···················· 69
10. 女时装大脚裤 ··················· 73
11. 女春秋裤 ························ 77
12. 女环浪裤 1 ····················· 81
13. 女环浪裤 2 ····················· 85
14. 男西裤 ·························· 89
15. 女牛仔短裤 ····················· 93

第四章　女衬衫 ······················ 97
1. 女衬衫 1 ························· 97

2. 女衬衫 2 ························· 103

第五章　女马甲 ····················· 107
1. 五粒钮女马甲 ···················· 107
2. 平驳领五粒钮女马甲 ············· 113
3. 青果领五粒钮女马甲 ············· 114

第六章　连衣裙 ····················· 115
1. 盘领排褶连衣裙 ················· 115
2. 吊带裙 ··························· 119
3. 六片大摆裙 1 ···················· 123
4. 六片大摆裙 2 ···················· 127
5. 带子领连衣裙 ···················· 131
6. 连衣塔裙 ························· 135
7. 连衣裙 ··························· 139

第七章　女西装 ····················· 143
1. 二粒钮枪驳领泡袖女西装 ········ 143
2. 三粒钮平驳领女西装 1 ··········· 147
3. 三粒钮平驳领女西装 2 ··········· 153

第八章　男衬衫 ····················· 159
1. 男衬衫 ··························· 159

第九章　男西装 ····················· 163
1. 三粒钮平驳领男西装 ············· 163
2. 三粒钮平驳领贴袋男西装 ········ 169
3. 二粒钮青果领男西装 ············· 175

第十章　领型变化 ··················· 181
1. 春秋两用领 1 ···················· 181
2. 春秋两用领 2 ···················· 181
3. 春秋两用领 3 ···················· 182
4. 一片尖领 ························· 182
5. U 型领 1 ························· 183
6. U 型领 2 ························· 183

7. 双排钮 V 型领 ································· 184
8. 双排钮 U 型领 ································· 184
9. 铜盆领 ······································· 185
10. 铜盆方领 ··································· 185
11. 八字方领 ··································· 186
12. 斜方领 ····································· 186
13. U 型驳领 ··································· 187
14. V 型登翻领 ································· 187
15. 登方领 1 ··································· 188
16. 登方领 2 ··································· 188
17. 角领 ······································· 189
18. 八字领 ····································· 189
19. 两用窄领 ··································· 190
20. 盆领 ······································· 190
21. 浪垂领 1 ··································· 191
22. 浪垂领 2 ··································· 192
23. 翻领 1 ····································· 193
24. 翻领 2 ····································· 193
25. 后开口尖领 ································· 194
26. V 型尖领 ··································· 194
27. V 型领 ····································· 195
28. 方领 ······································· 195
29. 圆领 1 ····································· 196
30. 圆领 2 ····································· 196
31. 海军领 ····································· 197
32. 三角坦领 ··································· 197
33. 围登领 ····································· 198
34. 围巾领 ····································· 198
35. 皱褶坦领 ··································· 199
36. 荷叶波浪领 ································· 199
37. V 型荷叶坦领 ······························ 200
38. 燕子领 1 ··································· 200
39. 燕子领 2 ··································· 201
40. 燕子领 3 ··································· 201
41. V 型花边领 ································· 202
42. 套头衫领 ··································· 202
43. 鹅嘴坦领 ··································· 203
44. 围巾环领 ··································· 203
45. 套头衫燕子领 ······························ 204
46. 前筒燕子领 ································· 204
47. 后开口围巾领 ······························ 205
48. 后开门八字领 ······························ 205
49. 围巾皱褶领 ································· 206
50. 荡领 1 ····································· 206
51. 荡领 2 ····································· 207
52. 荡领 3 ····································· 208
53. 皱褶荡领 ··································· 208
54. 皱褶荡环领 ································· 209
55. 薄面料荡领 ································· 209
56. 环浪领 ····································· 210
57. 皱褶环领 ··································· 210
58. 连身立领 1 ································· 211
59. 连身立领 2 ································· 211
60. 收省式连身立领 ···························· 212
61. 无领口省连身立领 ·························· 212
62. 丝瓜立领 1 ································· 213
63. 丝瓜立领 2 ································· 213
64. 青果立领 ··································· 214
65. 瓜型立领 ··································· 214
66. 长刀立领 1 ································· 215
67. 长刀立领 2 ································· 215
68. 圆角立领 ··································· 216
69. 葫芦立领 ··································· 216
70. 方形立领 ··································· 217
71. 立驳领 ····································· 217
72. 装领式立领 1 ······························ 218
73. 装领式立领 2 ······························ 218
74. 连身西装立领 ······························ 219
75. 装领西装立领 ······························ 219
76. 角形立领 1 ································· 220
77. 角形立领 2 ································· 220
78. 松身领 ····································· 221
79. 窄尖领 ····································· 221
80. 两用领 1 ··································· 222
81. 两用领 2 ··································· 222
82. 刀形叠领 1 ································· 223
83. 刀形叠领 2 ································· 223
84. 双排登领 1 ································· 224
85. 双排登领 2 ································· 224
86. 三粒钮单排枪驳领 ·························· 225
87. 三粒钮单排平驳领 ·························· 225
88. 双排扣枪驳领 ······························ 226
89. 单排扣枪驳领 ······························ 226
90. 鸭嘴领 ····································· 227
91. 青果披肩领 1 ······························ 227
92. 青果披肩领 2 ······························ 228

93. 青果盆领 ······ 228
94. 连襟立领 ······ 229
95. 外弧型立领 ······ 229
96. 立领 1 ······ 230
97. 立领 2 ······ 230
98. 立领 3 ······ 231
99. 立领 4 ······ 231
100. 立领 5 ······ 232
101. 立领 6 ······ 232
102. 立领 7 ······ 233
103. 立领 8 ······ 233
104. 中式领 ······ 234
105. 凤仙装领 ······ 234
106. 披肩领 ······ 235
107. 偏襟立领 ······ 235
108. 两用立领 ······ 236
109. 正方领 ······ 236
110. 后中开口圆领 ······ 237
111. 铜盆圆领 ······ 237
112. 香蕉领 ······ 238
113. 两用圆领 ······ 238
114. 连身飘带领 ······ 239
115. 盖肩领 1 ······ 240
116. 盖肩领 2 ······ 241
117. 跨肩橡根一字领 ······ 242
118. 飘带结领 ······ 243
119. 连体飘带领 ······ 243
120. 荷叶立领 ······ 244
121. 角立领 ······ 245
122. 交叉带子领 ······ 245
123. 盖肩驳领 1 ······ 246
124. 盖肩驳领 2 ······ 247
125. 重叠褶领 1 ······ 248
126. 重叠褶领 2 ······ 248
127. 飘带领 ······ 249
128. 环荡领 ······ 250

第十一章　袖型变化 ······ 251
1. 一片袖偏袖 ······ 251
2. 偏袖 ······ 252
3. 荷叶袖 ······ 252
4. 一片喇叭袖 1 ······ 253
5. 一片喇叭袖 2 ······ 254

6. 一片袖 ······ 255
7. 女西装两片袖 1 ······ 256
8. 女西装两片袖 2 ······ 257
9. 连体袖 1 ······ 258
10. 连体袖 2 ······ 259
11. 连身插肩三角袖 ······ 259
12. 一片短袖 1 ······ 260
13. 一片短袖 2 ······ 260
14. 花瓣袖 ······ 261
15. 袖口袋状袖 ······ 262
16. 袖臂碎褶袖 ······ 263
17. 一片筒袖 ······ 265
18. 棉花袖 1 ······ 266
19. 棉花袖 2 ······ 267
20. 三片袖鼓袖 ······ 268
21. 羊角袖 ······ 268
22. 无袖山碎褶袖 ······ 269
23. 插肩袖 1 ······ 270
24. 插肩袖 2 ······ 271
25. 插肩袖 3 ······ 272
26. 插肩袖 4 ······ 273
27. 插肩袖 5 ······ 274
28. 插肩袖 6 ······ 275
29. 宽松一片三角袖 ······ 276
30. 冲肩盖袖 1 ······ 277
31. 冲肩盖袖 2 ······ 277
32. 盖袖 ······ 278
33. 连身领披肩盖袖 ······ 278
34. 灯罩袖 ······ 279
35. 铜盆袖 ······ 280
36. 蝙蝠衫袖 ······ 281
37. 连体泡泡袖 1 ······ 282
38. 连体泡泡袖 2 ······ 283
39. 蝴蝶袖 ······ 284
40. 连身袖 1 ······ 285
41. 连身袖 2 ······ 286
42. 嵌盖袖 ······ 286
43. 连身宽松袖 ······ 287
44. 插肩橡根袖 ······ 288
45. 360 度圆环浪袖 ······ 289
46. 环展袖 ······ 289
47. 灯笼袖 ······ 290
48. 方角袖 ······ 291

49. 连体插肩三角袖 ……………… 292
50. 宽松插肩袖 …………………… 293
51. 碎褶插肩袖 …………………… 294
52. 碎褶插肩袖 2 ………………… 295
53. 灯笼插肩袖 …………………… 296
54. 领口碎褶连体袖 ……………… 297
55. 插肩荷叶袖 …………………… 298
56. 泡泡插肩袖 1 ………………… 299
57. 泡泡插肩袖 2 ………………… 300
58. 双层罩袖 ……………………… 301
59. 泡袖插肩袖 …………………… 302
60. 敞领披肩 ……………………… 303
61. 荷叶浪领披肩 ………………… 304
62. 宽松连体袖 …………………… 305
63. 飘带结插肩袖 ………………… 306
64. 插肩窄袖 ……………………… 307
65. 短袖插肩袖 1 ………………… 308
66. 短袖插肩袖 2 ………………… 308
67. 短袖插肩袖 3 ………………… 309

68. 短袖插肩袖 4 ………………… 309
69. 短袖插肩袖 5 ………………… 310
70. 插肩喇叭短袖 ………………… 310
71. 连体翻袖口袖 ………………… 311
72. 连体插肩袖 …………………… 312
73. 连身荷叶浪袖 ………………… 313
74. 披肩浪袖 ……………………… 313
75. 插肩荷叶浪袖 ………………… 314
76. 连身荷叶袖 …………………… 314

第十二章　品牌服装企业制板通知单 ……… 315
　　1. 品牌服装企业 A 制板通知单 ……… 315
　　2. 品牌服装企业 B(外商)制板通知单
　　　…………………………………… 317

第十三章　品牌服装企业生产工艺单 ……… 329
　　1. 品牌服装企业 A 生产工艺单 ……… 329
　　2. 品牌服装企业 B 生产工艺单 ………… 331
　　3. 品牌服装企业 C 生产工艺单………… 340

第一章　服装纸样制作概述

服装纸样是服装厂实行大批量生产的第一手资料,是指导各生产部门开展生产的技术依据,是服装工业化生产的必备条件,在整个服装生产过程起着主导作用。成衣生产中,裁床裁布,车位工人缝制,指导工指导生产,以及整理、装钉、质检等部门都必须以纸样为中心,依纸样的具体要求展开工作。服装厂里没有纸样是无法开展生产的,因此,服装纸样在服装工业生产中极为重要。

1. 服装制板概念

一般情况下我们所绘制的裁剪图都是净样。要缝制服装还要在净样的基础上放出缝份、贴边,这样的样板也叫毛样,就是通常俗语里所称打制的样板。打板包含两层意义,一是要有平面裁剪或立体裁剪画净样板的能力,二是要有服装缝制的技术知识才能完成,放出毛样和里布、衬等相关衣片。

服装样板有家庭个人用和工业批量生产用两种。以前单件量裁和家庭式裁剪多数在面料上直接绘图裁剪,它只适用于款式简单而固定的式样。现在时装款式变化万千,破缝很多,过去的方法已经不再适用了,现在是用纸样的形式来代替在布料上直接绘图。

工业用生产纸样又分为裁剪样板、对位样板和工艺样板。裁剪样板是裁床排唛架用的样板;对位样板通常为净样板,例如钮扣位板、省位板、先裁毛样再画净线的领子净样板等;工艺样板是缝制过程中所用的样板,如扣烫贴袋的袋样板等。工业样板使用次数,多要求结实,常用 200 克以上的硬板纸。

2. 成衣纸样制作要求

2.1　数据准确度

纸样图要依照成品尺寸进行绘制,不允许有一点误差。

2.2　可行性

成衣生产是大量复制纸样的过程。一旦出现错误,势必导致大批的错误。在制作成衣纸样时,首先要考虑到流水作业的可行性,例如每一个缝份、折边、车接部分裁片烫后的变形情况,布的缩水量,成品完成后会否出现质量问题。同样一件上衣,有时有几种方法可以完成,在制作纸样时,就要考虑用哪种方法简单、准确、快捷、灵敏,这样制作的纸样才是实用的、可行的。

2.3　对点与对位

车板师进行袖窿与袖山的缝合时,袖山每个部位需要有溶量,而其他部位不需要溶缩的情况下,就会出现等距差,因此必须用对点对位的方法来解决。同时为了裁剪布料及缝制工艺上的准确性,也需来用对点对位的方法来解决,以确保成品的质量要求。

2.4 部位加放

1. 缝份:俗称缝头、做缝,是连接衣片所必须的宽度。

2. 折边:俗称贴边,服装边缘部位,如底边、袖口的翻折量。

3. 里外容量:俗称双层面料缝合后大小的容量,如领面大于领底左、右、上、下溶量,驳领止口面的边缝容量要大于底层的布边,不使下层上翻。

4. 面料缩率:其中包含有面料的缩水率和粘衬后的缩率。如用未预缩水的面料加工成衣,样板必须加上相应的缩水率。如面料的经纱缩率为5%,60 cm的衣长应加到63 cm;全身烫衬后的缩率为1%,那么60 cm的衣长应加到63.6 cm。

5. 样板的缝制定位记号:样板是块整体,缝制中必须有相应的对位记号,因为操作人员不一定知道折边有多宽。单件服装是用打线钉的方法确定。

2.5 核对和说明

1. 纸样完成后要核对纸样尺寸、标记、主体、附件以及数量是否准确。

2. 现在的服装厂很多业务是客户来料加工,也有自产自销的品牌服装。原有服装实样如有要求更改是否有详细说明。

3. 附加说明是否明确,是否有漏缺与错漏。

4. 客户提供的服装试样材料是否完整或有否欠缺。

5. 客户临时要更改资料要求,需要以书面形式交待,不能用口头形式交待。

3. 放码质量要求

成衣纸样有不同码数的配套纸样,例如:S, M, L 码,有时甚至产生八个不同规格的码数,这样就必须有配套纸样。纸样分为:A. 面布纸样(黑笔表示面布);B. 里布纸样(蓝色笔表示);C. 粘朴(衬)纸样(红色笔表示);D. 表示实样。

放码时需注意如下几点:

1. 款式结构与各部位比例,大小形状位置出样时要正确相称。

2. 所有裁片(纸样)与零部件是否齐全,有无漏缺。

3. 所有应注明的文字标志是否清楚准确,有无漏缺。

4. 规格尺寸包适放缩、加工损耗、放缝份、贴边等是否准确。

5. 纸样四周止口是否顺直、圆顺。

6. 打枣位是否准确,有无漏打。

7. 各组合部位,包括面和里衬、缝份和领圈、袖子和袖窿等所有组合部位是否相符。

8. 出样时是否考虑原辅材料性能和制作工艺等因素。

9. 纸样要按生产通知单要求按时、按质完成。

10. 制作纸样时一定要做好毛样、翻裁样、实样各规格的换算。

11. 布纹斜向、贴边、止口、锁眼、钉钮、褶裥、装饰位置、款号、部位名称均已在纸样上说明。

4. 纸样制作中应注意的问题

在服装厂实际工作中,纸样制作过程中可能会遇到以下一些问题,必须加以注意。

1. 客户提供的款式图样与配套的纸样与服装样板、技术资料要完整,纸样师需校对与核实有关纸样尺寸与部件大小及有关资料要求,方可投入生产。

2. 在客户提供效果图、服装规格尺寸、说明资料但没有纸样的情况下,纸样师必须完成头板纸样、试样及放码缩码工作。

3. 客户提供了服装样板,指明要按服装样板制作,纸样师就必须以服装样板为依据,度量服装样板每一个部位尺寸,制作出头板纸样,然后试样、放缩码,必要时编写制作技术指导资料。

4. 客户提供服装效果图缺少纸样说明的,纸样师必须完成头板纸样、试样、放缩码与文字说明。

5. 客户提供 M 码纸样,要求放码或缩码,纸样师就必须在 M 码纸样上推缩 L 码与 S 码纸样。

6. 纸样师在实际工作中很多时间都放在头板纸样的制作过程里。第一件服装试样完成后,要进行各项技术鉴定和质量检验,发现不适的位置及时修改头板纸样并在不适的位置标注,以保证头板纸样没有差错,然后才能进行纸样的放码缩码工作。

7. 纸样制作除了掌握服装的结构设计以外,对服装的制作工艺了解也非常重要。不同的品类服装有不同做法和工艺处理手法。例如皮革类服装、针织类服装、梭织类服装都有不同的做法和工艺处理要求,如果把梭织类服装工艺处理手法用在皮革类服装中就有错误的地方。一个纸样师如果不明确某件服装是通过怎样的工艺来完成,就不可能做好纸样。

8. 纸样制作要从服装设计的要求去考虑制作工艺再确定纸样的设计组合,如止口大小、折边大小、口袋位置、口袋位的处理等一些问题都必须要纸样师全盘考虑。

在制作纸样过程中所面对的具体问题要按实际情况处理,不同的服装厂所生产的服装可能有不同的要求,不同的用料、不同的款式,这些因素的变换使我们在制作纸样时要考虑具体不同的问题。就算是一家服装厂,由于季节不同、客户要求不同,时常更换新的面料制作服装,这就要求我们在制作纸样时要与布料的因素紧密联系在一起。因为布料织物在织染过程中受到机械拉力和温度的影响,加之纺织工艺不同、布料质地的不同,不同的织物存在不同的缩水率。纸样制作要准确,就必须把面料的缩水率考虑在内。如某种面料的经向缩水率 5%,某种款式衣长 60 cm,那么就应在 60 cm 的基础上加 3 cm 的缩水量,纸样制图时应量衣长 63 cm。但不是所有的布料都这样处理,要看其制作要求才能作出决定。如果纯棉布制作后磨水洗衣服,其缩水率比参考数的缩水率还要多。总之布料的缩水率只能提供给我们一些参考依据,不要照搬硬套、一概而论,特别是在不了解某种布料是什么质地、什么性能的情况下,不能盲目地去决定其缩水率。要掌握好布料的缩水率,比较有效和实在的方法就是进行头板衣服试样,这样得出来的缩水率相对比较准确。

5. 服装纸样符号

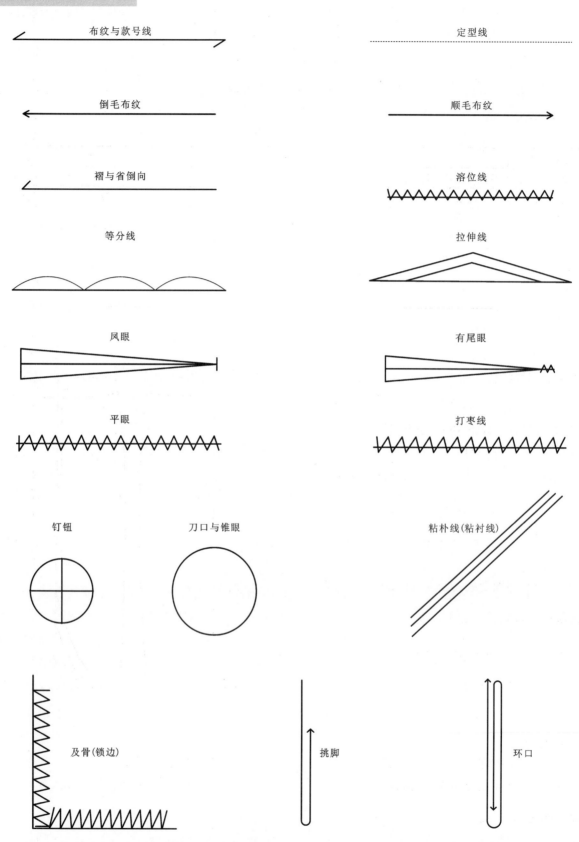

布纹与款号线

定型线

倒毛布纹

顺毛布纹

褶与省倒向

溶位线

等分线

拉伸线

凤眼

有尾眼

平眼

打枣线

钉钮

刀口与锥眼

粘朴线(粘衬线)

及骨(锁边)

挑脚

环口

第二章　裙　装

1. 女西裙 1

款号:JKA001					款式:女西裙	
制板通知单××年××月××日					单位:cm	
部位尺寸	度量方法	S	M	L	头板	复板
裙　长	侧度	54	56	58		
腰　围	平度	64	68	72		
臀　围	V度	87.5	91.5	95.5		
腰头高		3.2	3.2	3.2		
拉链长	拉起度	18	18	18		
后衩高		15	15	15		
设计师	制板人	纸样片数		钮号 24L	用料 0.75 m	

女西裙前片结构

1. 裙长另加 0.5 cm 长度加工损耗量。

2. 腰口水平线下 18 cm 定臀围线(淑女),(少妇 19 cm,老年 20.5 cm)。

3. 腰围 $\frac{W}{4}+0.5$ cm 定前腰围,另加前腰省 2.5 cm,前腰分两份定省位。

4. 臀围 $\frac{H}{4}-0.2$ cm 定前臀围(淑女),(少妇、老年 0.5 cm)。

5. 前臀围围度减去 2 cm 定取实际前脚围。

女西裙后片结构

1. 腰围 $\frac{W}{4}-0.5$ cm 定后腰围,另加 5 cm 后腰省,后腰分 3 份定省位。

2. 臀围 $\frac{H}{4}+0.2$ cm 定取后臀围,另加 0.5 cm 加工损耗量。

3. 后臀围围度减去 2 cm 定取实际后脚围。

4. 后中下脚上升 15 cm 定取后中衩高。

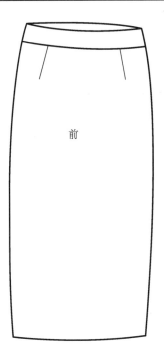
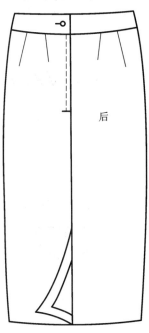

前　后

5. 后衩搭位加放 4 cm。

6. 后中腰口下落 18 cm 定取拉链长。

女西裙重点与难点

• 里布拉链位

• 里布后中衩位

女西裙结构制板图

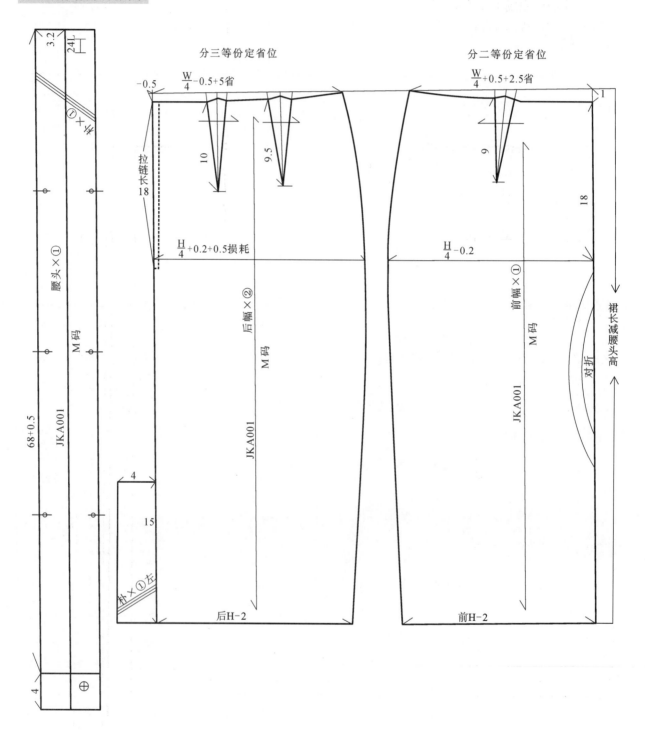

女西裙生产展示图（面布）

1. 所有缝份加放 1 cm。
2. 下脚折边加放 4 cm。
3. 整件锁边，下脚挑脚。
4. 后中拉链完成 18 cm 拉起计。
5. 开口左助线 0.5 cm。

6. 平口拉链。
7. 腰头直腰，加放 0.5 cm 腰加出粘衬损耗。
8. 后中拉链粘衬。
9. 腰头钮 24L。
10. 两侧内缝装挂耳 8 cm。

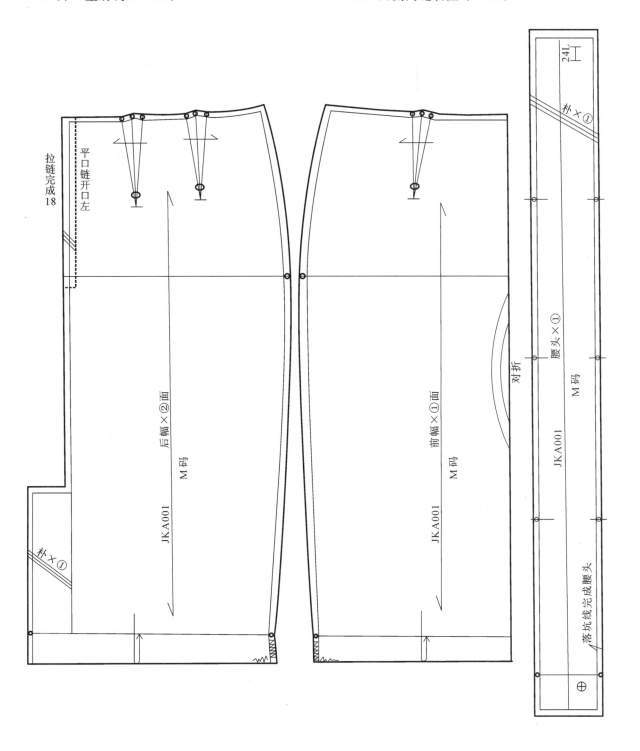

女西裙生产展示图(里布)

1. 前后里布在裙面布纸样基础上放宽 0.3 cm。
2. 后幅里布腰口处上升 0.5 cm 加取里布拉链溶位。
3. 里布下脚环口 1 cm。
4. 里布下脚折盖面布折边 1 cm。
5. 裙里活里。

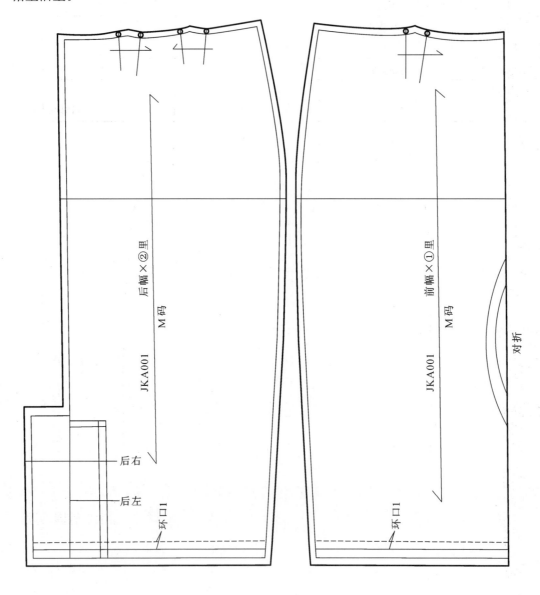

2. 女西裙 2

款号:JKA002				款式:女西裙
制板通知单××年××月××日				单位:cm
部位尺寸	度量方法	S	M	L
裙 长	侧度	54	56	58
腰 围	平度	64	68	72
臀 围	V度	87.5	91.5	95.5
腰头高		3.2	3.2	3.2
拉链长	拉起度	18	18	18
后衩高		15	15	15
设计师	制板人	纸样片数	钮 24L	用料 0.8 m

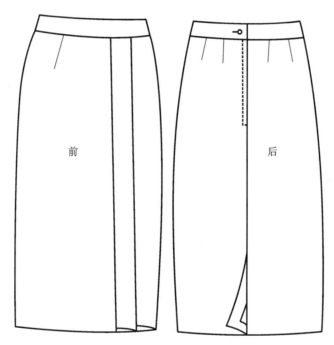

女西裙前片结构

1. 裙长另加 0.5 cm 长度加工损耗量。

2. 腰口水平线下 18 cm 定臀围线(淑女)。

3. 腰围$\frac{W}{4}+0.5$ cm 定前腰围,另加前腰省 2.5 cm,前腰分两份定省位。

4. 臀围$\frac{H}{4}-0.2$ cm 定前臀(淑女)。

5. 前脚围是前臀围围度减 2 cm 定取实际前脚围。

女西裙后片结构

1. 腰围$\frac{W}{4}-0.5$ cm 定后腰围,另加 5 cm 后腰省,后腰分 3 份定省位。

2. 臀围$\frac{H}{4}+0.2$ cm 定取后臀围,另加 20.5 cm 加工损耗量。

3. 后臀围围度减去 2 cm 定取实际后脚围。

4. 后中下脚上升 15 cm 定取后中衩高。

5. 后中衩搭位 4 cm。

6. 后中腰口下 18 cm 定取拉链长。

女西裙重点与难点

- 面布前左侧褶位置
- 里布拉链位
- 里布后中衩位

女西裙结构制板图

分三等份定省位   分二等份定省位

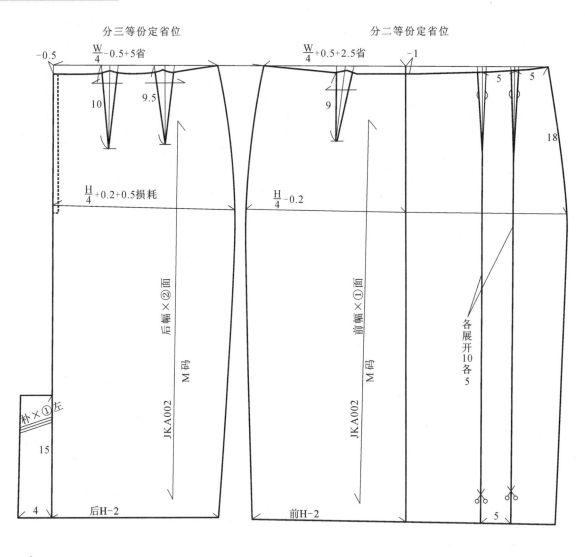

$\dfrac{W}{4}-0.5+5$省 $\dfrac{W}{4}+0.5+2.5$省

$\dfrac{H}{4}+0.2+0.5$损耗

$\dfrac{H}{4}-0.2$

后幅×②面   前幅×①面

M码   M码

JKA002   JKA002

朴×①左

后H-2   前H-2

各展开10各5

68+0.5		
JKA002	腰头×①	朴×①
M码		24L

女西裙生产展示图(面布)

1. 所有缝份加放 1 cm。
2. 下脚折边加放 4 cm。
3. 整件锁边,下脚挑脚。
4. 后中装平口拉链。
5. 拉链完成 18 cm 拉起计。
6. 拉链开口后左,助线 0.5 cm。
7. 腰头直腰粘衬。
8. 后中拉链位粘衬。
9. 腰头钮 24L。
10. 两侧内缝挂耳 8 cm。

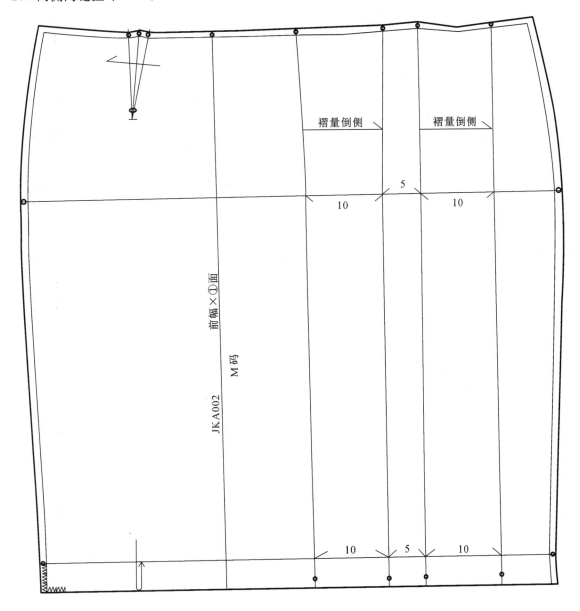

女西裙生产展示图(里布)

1. 前后里在裙面布纸样基础上放宽 0.3 cm。
2. 后幅里布腰口处上升 0.5 cm 加取里布拉链溶位。
3. 里布下脚环口 1 cm。
4. 里布下脚折盖面布折边下 1 cm。
5. 裙里活里。

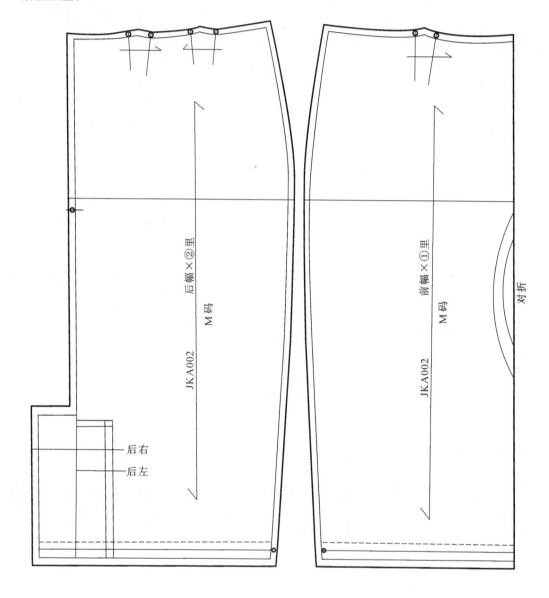

3. 女排褶裙

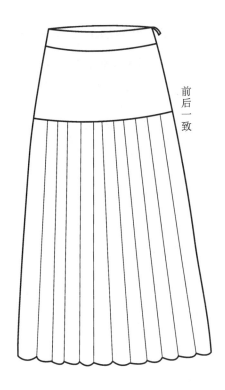

前后一致

款号:JKA003				款式:女排褶裙	
制板通知单××年××月××日				单位:cm	
部位尺寸	度量方法	S	M	L	
裙　长	侧度	54	56	58	
腰　围	平度	64	68	72	
臀　围	V度	87.5	91.5	95.5	
腰头高		3.2	3.2	3.2	
左侧拉链		18	18	18	
设计师	制板人	纸样片数	隐型链	用料	

女排褶裙前片结构

1. 裙长另加 0.5 cm 加工损耗量。

2. 腰口水平线下 18 cm 定臀围线(淑女)。

3. 腰围 $\dfrac{W}{4}$ +2 cm 前腰省定前腰围,前腰口宽分两等份定省位。

4. 臀围 $\dfrac{H}{4}$ -0.2 cm 定前臀围(淑女)。

5. 前脚围是前臀围围度另加 4 cm 定取实际前脚围。

6. 腰头高 3.2 cm。

女排褶裙后片结构

1. 腰围 $\dfrac{W}{4}$ +2.5 cm 省定后腰围,后腰口宽分两等份定后腰省位。

2. 臀围 $\dfrac{H}{4}$ +0.2 cm 定后臀围,另加加工损耗量 0.5 cm。

3. 后臀围围度另加 4 cm 定取实际后脚围。

4. 后侧左腰口下 18 cm 定拉链长。

5. 前后片纸样在臀围线分割。

6. 前后片纸样上各均匀分 8 个褶量。

7. 上褶量每个 4 cm,下褶量每个 3.5 cm。

女排褶裙重点与难点

- 臀围线分割与转腰省
- 排褶拉开量

女排褶裙结构制板图

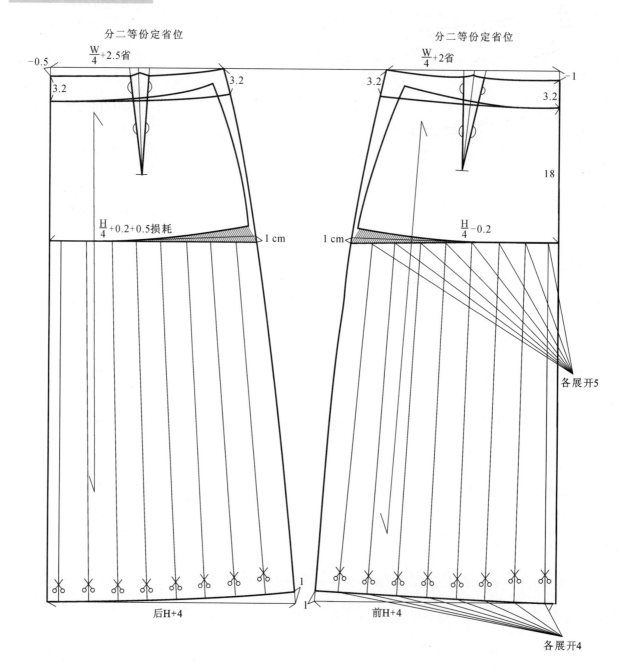

分二等份定省位

$\dfrac{W}{4}+2.5$省

-0.5

3.2

3.2

$\dfrac{H}{4}+0.2+0.5$损耗

1 cm

后H+4

1

分二等份定省位

$\dfrac{W}{4}+2$省

3.2

-1

3.2

18

$\dfrac{H}{4}-0.2$

1 cm

各展开5

前H+4

1

1

各展开4

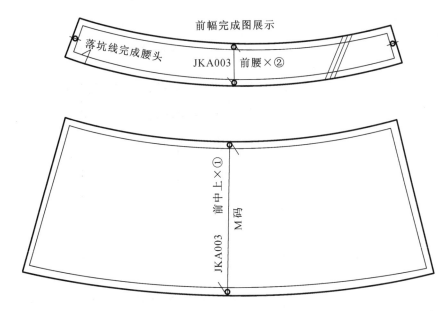

前幅完成图展示

落坑线完成腰头　JKA003　前腰×②

JKA003　前中上×①　M码

JKA003　前中下裙×②　M码

对折

4　4　4　4　4　4　4

3.5　3.5　3.5　3.5　3.5　3.5　3.5

后幅同以上方法去完成

女排褶裙生产展示图（面布）

1. 所有缝份加放 1 cm。

2. 下脚折边加放 4 cm。

3. 整件锁边，下脚挑脚。

4. 左侧装隐形拉链单骨链。

5. 左侧拉链完成 18 cm 拉起计。

6. 左侧拉链至腰顶。

7. 腰顶加装一对铁钩。

8. 腰头弯腰，腰面粘衬。

9. 左侧拉链位粘衬。

10. 两侧内缝腰底装挂耳 8 cm。

女排褶裙生产展示图(里布)

1. 前后里布在面布基础上放宽 0.3 cm。
2. 左侧腰口上升 0.5 cm 加放里布拉链溶量。
3. 里布下脚环口 1 cm。
4. 里布下脚折盖面布折边下 1 cm。
5. 裙里活里。

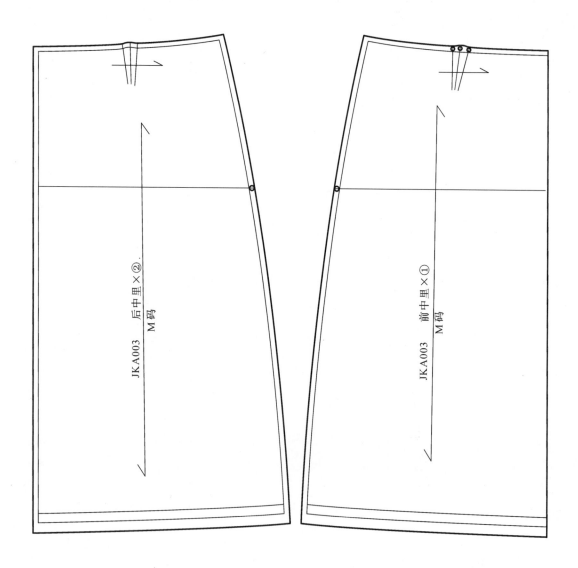

后中里×②
JKA003　M码

前中里×①
JKA003　M码

4. 女塔裙

部位尺寸	度量方法	S	M	L
裙 长	前中度	57	59	61
腰 围	平度	64	68	72
臀 围	V度	86	90	94
腰头高		3	3	3
左侧链长	腰顶度	18	18	18

款号:JKA004　　　　　　　　　　　　　　款式:女塔裙
制板通知单××年××月××日　　　　　　　　单位:cm

设计师	制板人	纸样片数	隐型链	用料

前后一致

女塔裙结构

1. 裙长另加 0.5 cm 加工损耗量。

2. 腰口水平线下 18 cm 定臀围线。

3. 腰围$\frac{W}{4}$定前后腰围,另加 2.5 cm 省,前腰分两份定省位。

4. 臀围$\frac{H}{4}$定前后臀围。

5. $\frac{H}{4}$定脚围,另加 4 cm。

6. $\frac{1}{4}$臀围分为两等份取$\frac{1}{2}$定取碎褶量。

7. 裙中围度宽分为两等份取$\frac{1}{2}$取下裙碎褶量。

女塔裙重点与难点

- 上裙转省与腰头转省
- 计算上、中、下裙碎褶量

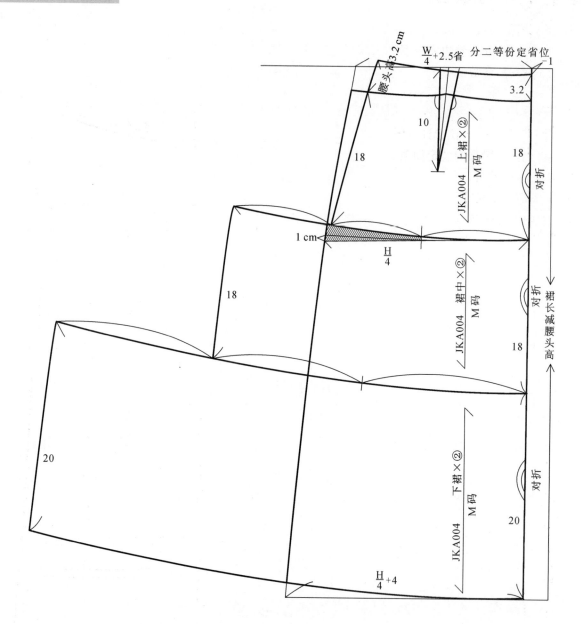

腰头高3.2 cm

$\dfrac{W}{4}$+2.5省　分二等份定省位

-1

3.2

18

10

JKA004　上裙×②　M码

18

对折

1 cm

$\dfrac{H}{4}$

18

JKA004　裙中×②　M码

18

对折

裙长减腰头高

20

JKA004　下裙×②　M码

20

对折

$\dfrac{H}{4}$+4

女塔裙生产展示图(面布)

1. 所有缝份加放 1 cm。
2. 脚口加放 1 cm 卷边完成下脚。
3. 整件锁边,合缝倒骨。
4. 左侧装隐形拉链至腰顶。
5. 左侧腰顶加装铁钩一对。
6. 拉链完成 18 cm 拉起计。
7. 前后弯腰、腰顶内装定型条。
8. 前后腰面粘衬。
9. 腰头落坑线完成。
10. 两内侧缝装挂耳 8 cm。

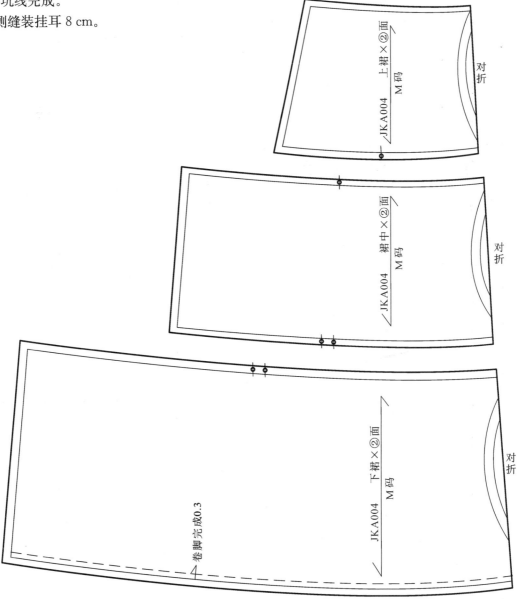

女塔裙生产展示图(里布)

1. 前后幅里布通用。
2. 前后幅裙里在面料纸样基础上放宽 0.3 cm。
3. 里布下脚环口 1 cm。
4. 里布下脚折盖面布折边 1 cm。
5. 裙里活里。
6. 前后幅左侧腰口处上升 0.5 cm 加取里布拉链溶量。

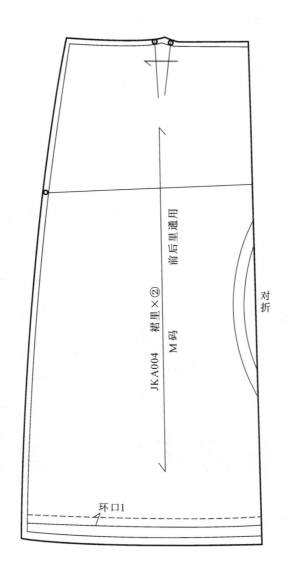

环口1

JKA004　裙里×②　M码　前后里通用

对折

5. 女直筒裙

款号:JKA005					款式:女直筒裙
制板通知单××年××月××日					单位:cm
部位尺寸	度量方法	S	M		L
裙　长	前中度	54	56		58
腰　围	平度	64	68		72
臀　围	V度	87.5	91.5		95.5
腰头高		3	3		3
后中拉链	拉起度	18	18		18
后衩高		15	15		15
设计师	制板人	纸样片数		钮 24L	用料 0.75 m

女直筒裙前片结构

1. 裙长另加 0.5 cm 加工损耗量。

2. 腰口水平线下落 18 cm 定臀围线(淑女)。

3. 腰围 $\frac{W}{4}-1$ cm 定前腰围,前腰宽分两份定省位。

4. 臀围 $\frac{H}{4}-4$ cm 定前臀围。

5. 前脚围是前臀围围度另加 4 cm 定实际前脚围。

6. 腰头另计 3.2 cm。

女直筒裙后片结构

1. 腰围 $\frac{W}{4}+1$ cm $+2.5$ cm 省定后腰围,后腰宽分两份定省位。

2. 臀围 $\frac{H}{4}+0.5$ cm 损耗定后臀围。

3. 后臀围围度另加 4 cm 定取实际后脚围。

4. 后腰口下 18 cm 定拉链长。

女直筒裙重点与难点

- $\frac{H}{4}$ 臀围减 4 cm 定前臀围

- 前腰下 5 cm 分割处有碎褶量

- 后中衩里布位

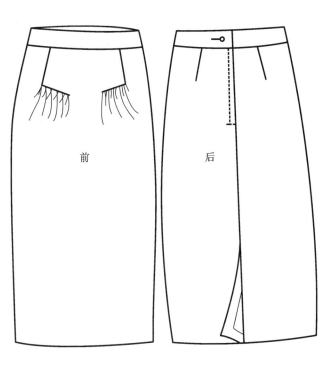

前　　　后

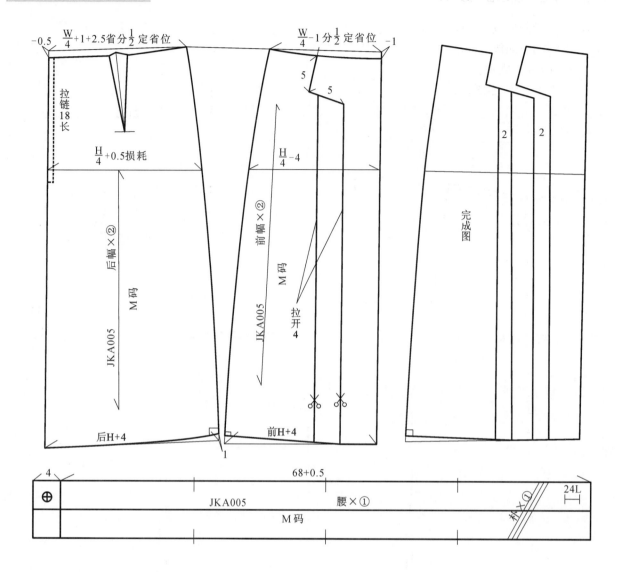

$\dfrac{W}{4}+1+2.5$省分$\dfrac{1}{2}$定省位　　　　　$\dfrac{W}{4}-1$分$\dfrac{1}{2}$定省位

−0.5　　　　　　　　　　　　　　　　　　　　　　−1

拉链18长

5　　5

$\dfrac{H}{4}+0.5$损耗　　　　　$\dfrac{H}{4}-4$

后幅×②　　　前幅×②

M码　　　M码

JKA005　　　JKA005

拉开4

完成图

2　　2

后H+4　　前H+4

1

4　　　　　　　　　　68+0.5　　　　　　　　24L

⊕　　JKA005　　　腰×①　　　杯×①

M码

女直筒裙生产展示图（面布）

1. 所有缝份加放 1 cm。
2. 下脚拆边加放 4 cm。
3. 整件锁边，挑脚。
4. 后中拉链完成 18 cm。
5. 开口左助线 0.5 cm。
6. 平口拉链。
7. 腰头直腰。
8. 腰头粘衬。
9. 后中拉链位粘衬。
10. 腰头钮 24L。
11. 两侧内缝装挂耳 8 cm。

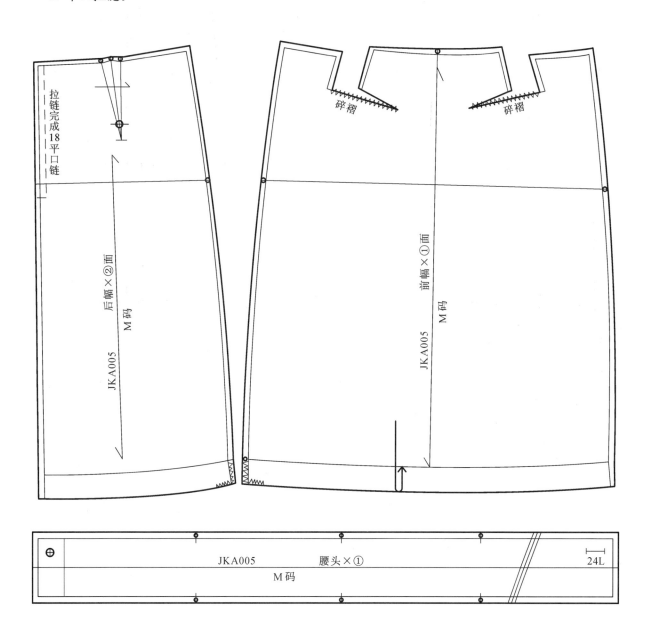

女直筒裙生产展示图（里布）

1. 前后里在裙面布基础上放宽 0.3 cm。
2. 后幅里布腰口处上升 0.5 cm 加取里布拉链溶位。
3. 里布下脚环口 1 cm。
4. 里布下脚折盖面布折边下 1 cm。
5. 裙里活里。

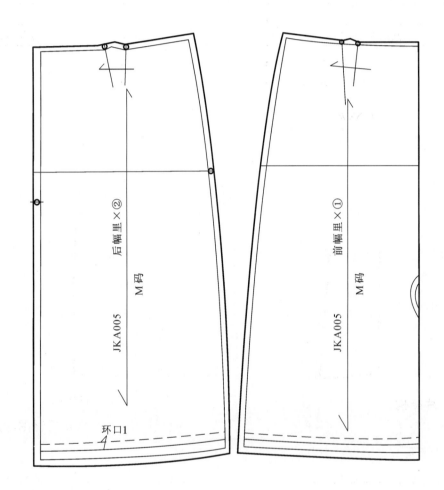

6. 女直筒窄裙

款号:JKA006					款式:女直筒窄裙	
制板通知单××年××月××日						单位:cm
部位尺寸	度量方法	S	M	L	头板	复板
裙　长	前中度	63	67	69		
腰　围	平度	64	68	72		
臀　围	V度	87.5	91.5	95.5		
腰头高		3	3	3		
后中拉链	拉起度	18	18	18		
后衩高		15	15	15		
设计师	制板人		纸样片数	钮 24L	用料 0.78 m	

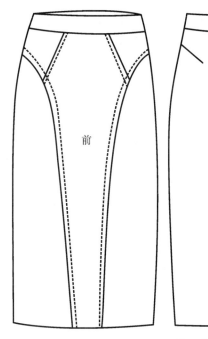

前　　后

女直筒窄裙前片结构

1. 裙长另加 0.5 cm 加工损耗量。

2. 腰口水平线下 18 cm 定臀围线(淑女)。

3. 腰围 $\frac{W}{4}$ +0.5 cm 定前腰围,另加 2.5 cm 前腰省,前腰口宽分 $\frac{1}{2}$ 定省位。

4. 臀围 $\frac{H}{4}$ -0.5 cm 定前臀围。

5. 前臀围围度减 1.2 cm 定实际前脚围。

6. 腰头 3.2 cm。

女直筒窄裙后片结构

1. 腰围 $\frac{W}{4}$ -0.5 cm 定后腰围,另加 3 cm 后腰省,后腰口宽分两份定省位。

2. 臀围 $\frac{H}{4}$ +0.5 cm 定后臀围,另加 0.5 cm 加工损耗。

3. 后臀围围度减 1.2 cm 定实际后脚围。

4. 后中腰口线下落 18 cm 定后中拉链长。

5. 后中下脚上升 15 cm 定衩高。

6. 衩搭位 4 cm。

女直筒窄裙重点与难点

• 前片分割线

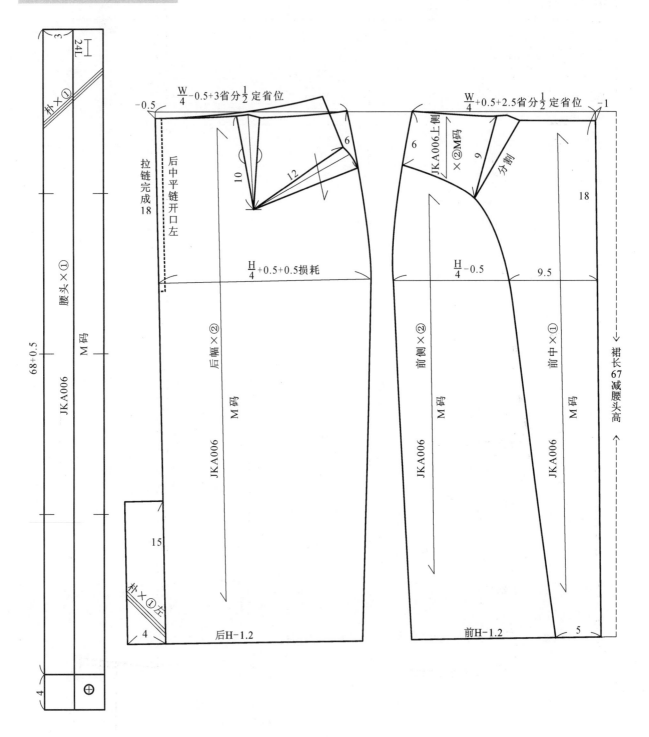

$\frac{W}{4}-0.5+3$省分$\frac{1}{2}$定省位

$\frac{W}{4}+0.5+2.5$省分$\frac{1}{2}$定省位

-0.5

-1

6

10

12

6

9

分割

18

拉链完成18

后中平链开口左

朴×①

24L

3

腰头×①
M码
JKA006
68+0.5

4

$\frac{H}{4}+0.5+0.5$损耗

后侧×②
M码
JKA006

$\frac{H}{4}-0.5$

9.5

前侧×②
M码
JKA006

前中×①
M码
JKA006

18

裙长67减腰头高

15

朴×①左

4

后H-1.2

前H-1.2

5

女直筒窄裙生产展示图（面布）

1. 所有缝份加放 1 cm。
2. 下脚折边加放 4 cm。
3. 整件锁边，下脚挑脚。
4. 后中拉链完成 18 cm 拉起计。
5. 开口左助线 0.5 cm。

6. 平口拉链。
7. 腰头直腰加放 0.5 cm 腰头粘衬损耗。
8. 后中拉链位粘衬。
9. 腰头钮 24L。
10. 两侧内缝装挂耳 8 cm。

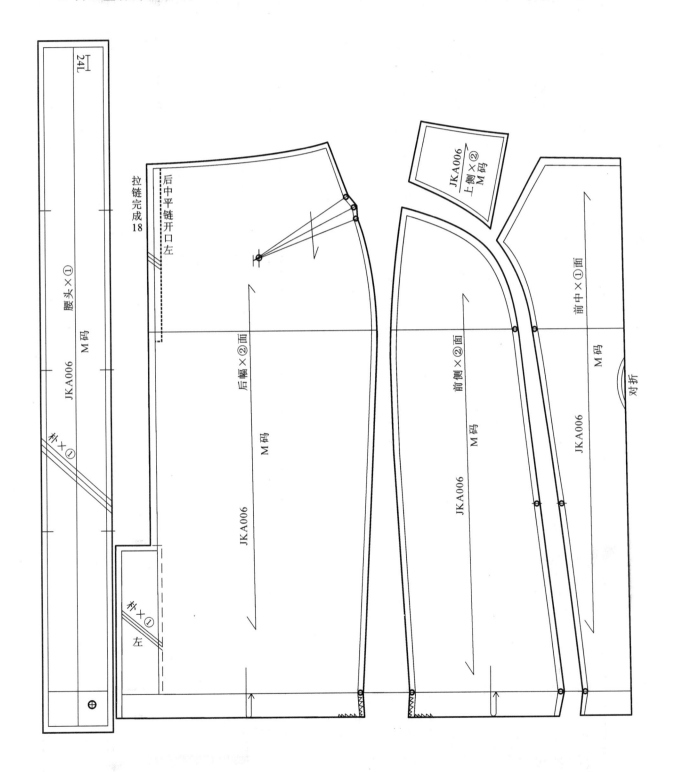

女直筒窄裙生产展示图(里布)

1. 前后里布在裙面布纸样基础上放宽 0.3 cm。
2. 后幅里布腰口处上升 0.5 cm 加取里布拉链溶位。
3. 里布下脚环口 1 cm。
4. 里布下脚折盖面布折边 1 cm。
5. 裙里活里。

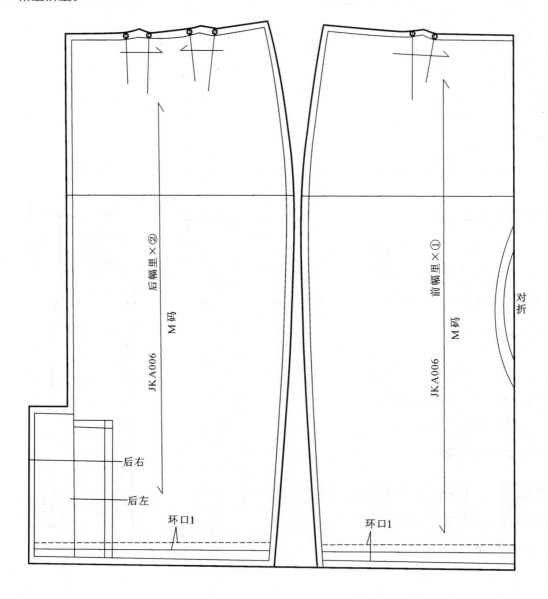

7. 女直筒连腰裙

款号:JKA007					款式:女直筒连腰裙	
制板通知单××年××月××日						单位:cm
部位尺寸	度量方法	S	M	L	头板	复板
裙 长	后中度	48	50	52		
腰 围	平度	64	68	72		
臀 围	V度	86	90	94		
腰头高		3	3	3		
拉链长	拉起度	18	18	18		
后衩高		13	13	13		
设计师	制板人	纸样片数		钮 24L	用料 0.75 m	

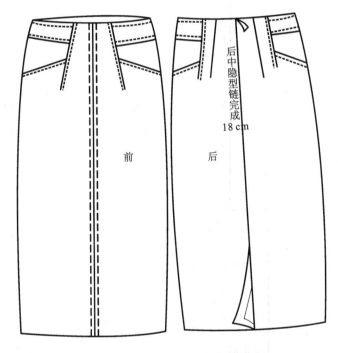

女直筒连腰裙前片结构

1. 裙长另加 0.5 cm 加工损耗量。

2. 腰口水平线下落 18 cm 定臀围线(淑女)。

3. 腰围$\frac{W}{4}$+0.5 cm 定前腰围,另加 2 cm 前腰省,分$\frac{1}{2}$定省位。

4. 臀围$\frac{H}{4}$-0.2 cm 定前臀围(淑女)。

5. 前臀围减 1.2 cm 定前脚围。

6. 前后只有侧腰,腰高 3 cm。

女直筒连腰裙后片结构

1. 腰围$\frac{W}{4}$-0.5 cm 定后腰围,另加 5 cm 后腰围,后腰口宽分三等份定后腰省位。

2. 臀围$\frac{H}{4}$+0.2 cm 定后臀围,另加 0.5 cm 加工损耗量。

3. 后臀围减 1.2 cm 定取实际后脚围。

4. 后腰线下 18 cm 定拉链长。

5. 后下脚上升 15 cm 定后中衩高。

6. 后衩搭位 4 cm。

7. 前后腰装腰贴。

女直筒连腰裙重点与难点

- 连腰省道处理
- 重点观察款式分割

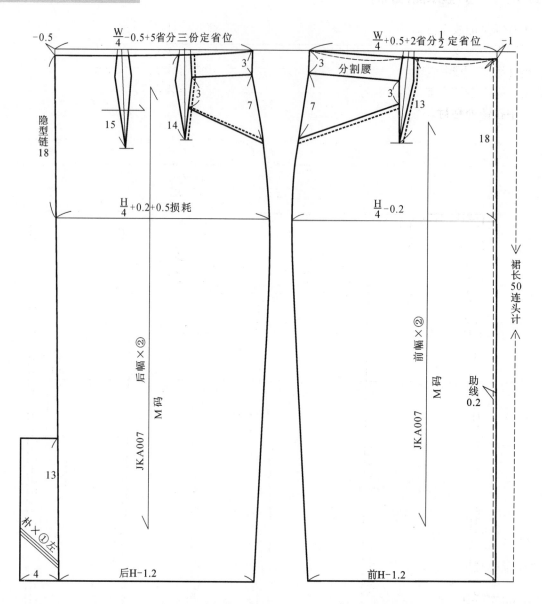

女直筒连腰裙生产展示图（面布）

1. 所有缝份加放 1 cm。
2. 下脚折边加放 4 cm。
3. 整件锁边，下脚挑脚。
4. 后中隐形拉链完成 18 cm 拉起计。
5. 后中拉链处粘衬。
6. 前侧、后侧腰粘衬。
7. 前中助线 0.1 cm。
8. 两侧内缝装挂耳 8 cm。
9. 前后腰装腰贴。

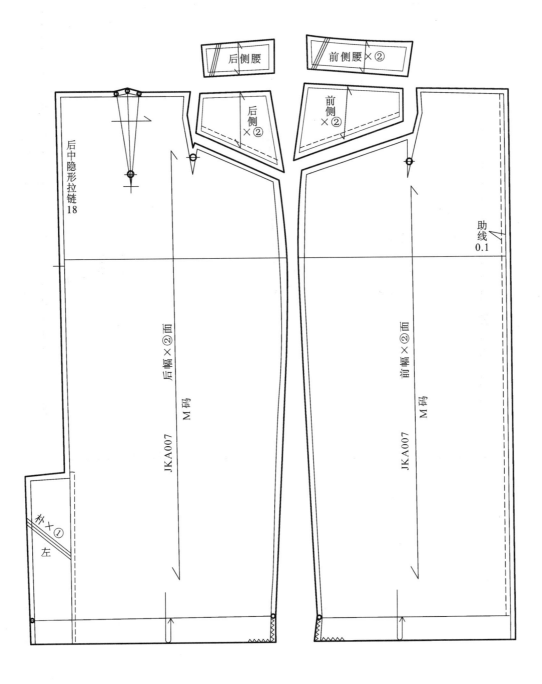

女直筒连腰裙生产展示图（里布）

1. 前后里布在裙面布纸样基础上放宽 0.3 cm。
2. 后幅里布腰口处上升 0.5 cm 加取里布拉链溶位。
3. 里布下脚环口 1 cm。
4. 里布下脚折盖面布折边 1 cm。
5. 裙里活里。

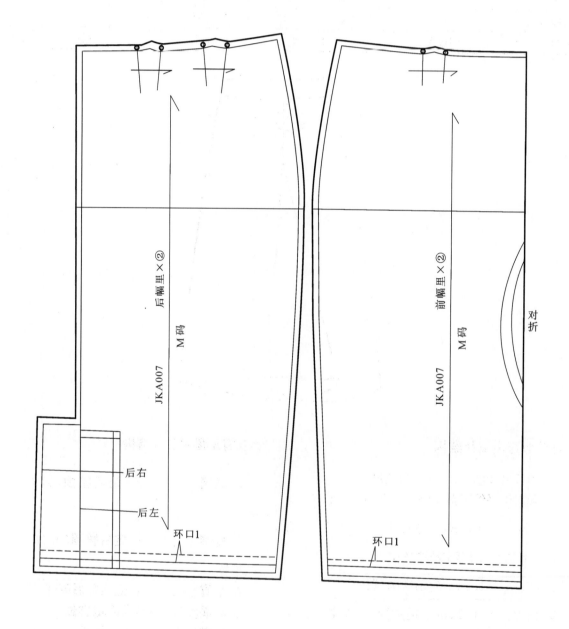

8. 女直筒碎褶裙

款号:JKA008					款式:女直筒碎褶裙	
制板通知单××年××月××日						单位:cm
部位尺寸	度量方法	S	M	L	头板	复板
裙 长	前中度	58	60	62		
腰 围	平度	64	68	72		
臀 围	V度	87.5	91.5	95.5		
腰头高		3.2	3.2	3.2		
拉链长	拉开度	18	18	18		
设计师	制板人		纸样片数	钮 24L	用料 0.75 m	

女直筒碎褶裙前片结构

1. 裙长另加 0.5 cm 加工损耗量。

2. 腰口水平线下落 18 cm 定臀围线(淑女)。

3. 腰围 $\frac{W}{4}$ +0.5 cm 定前腰围,另加 2.5 cm 前腰省,前腰口宽分两等定前腰省位。

4. 臀围 $\frac{H}{4}$ -0.5 cm 定前臀围(淑女)。

5. 前臀围减 1.2 cm 定前脚围,另在中下脚处加 7.5 cm。

6. 腰头高 3.2 cm。

女直筒碎褶裙后片结构

1. 腰围 $\frac{W}{4}$ -0.5 cm 定后腰围,另加 5 cm 后腰省。

2. 臀围 $\frac{H}{4}$ +0.5 cm 定后臀围,另加 0.5 cm 加工损耗量。

3. 后臀围减 1.2 cm 定实际后脚围。

4. 后腰腰口宽分 3 份定取省位。

5. 后腰口下 18 cm 定拉链长。

女直筒碎褶裙重点与难点

• 前片碎褶量位置

女直筒碎褶裙结构制板图

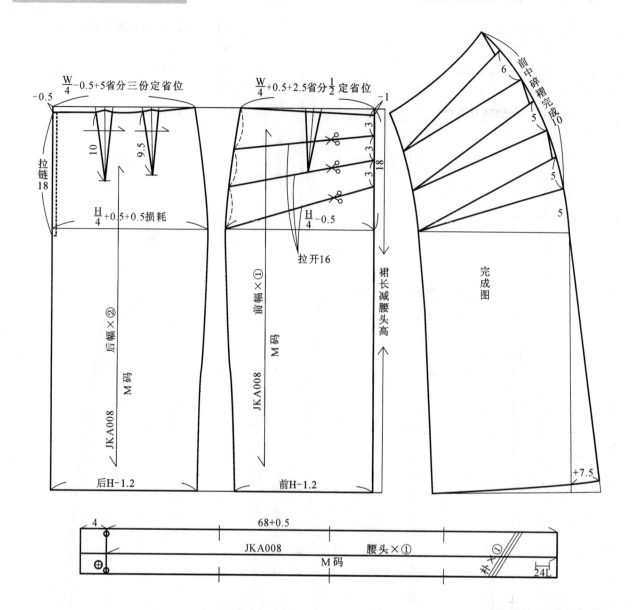

$\dfrac{W}{4}-0.5+5$省分三份定省位

$\dfrac{W}{4}+0.5+2.5$省分$\dfrac{1}{2}$定省位

前中碎褶完成

-0.5

-1

拉链 18

10

9.5

3

3

3

3

18

$\dfrac{H}{4}+0.5+0.5$损耗

$\dfrac{H}{4}-0.5$

拉开16

裙长减腰头高

6

0

5

5

5

完成图

后幅×②

M码

JKA008

前幅×①

M码

JKA008

+7.5

后H-1.2

前H-1.2

4

68+0.5

JKA008　　　腰头×①

M码

朴×①

24L

女直筒碎褶裙生产展示图(面布)

1. 所有缝份加放 1 cm。
2. 下脚折边加放 4 cm。
3. 整件锁边,下脚挑脚。
4. 后中拉链完成 18 cm 拉起计。
5. 拉链开口左助线 0.5 cm。
6. 平口拉链。

7. 腰头直腰,加放 0.5 cm 腰头粘衬损耗。
8. 落坑线完成腰头。
9. 后中拉链位处粘衬。
10. 腰头钮 24L。
11. 两侧内缝装挂耳 8 cm。

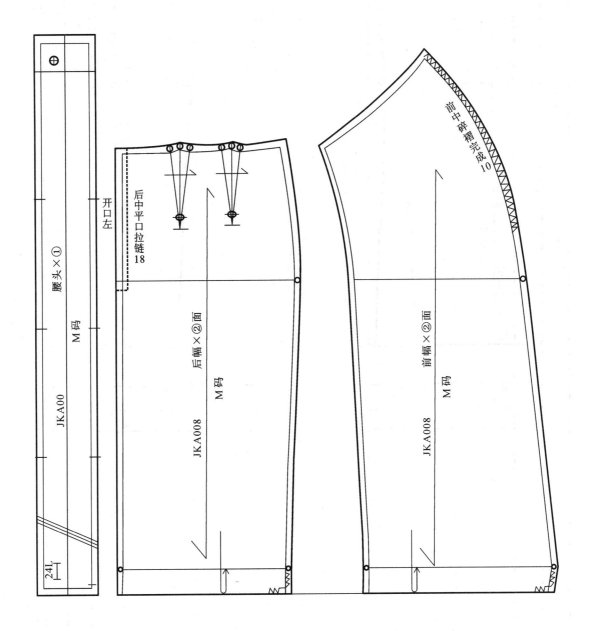

女直筒碎褶裙生产展示图（里布）

1. 前后里布在裙面布纸样基础上放宽 0.3 cm。
2. 后幅里布腰口处上升 0.5 cm 加取里布拉链溶位。
3. 里布下脚环口 1 cm。
4. 里布下脚折盖面折边 1 cm。
5. 裙里活里。

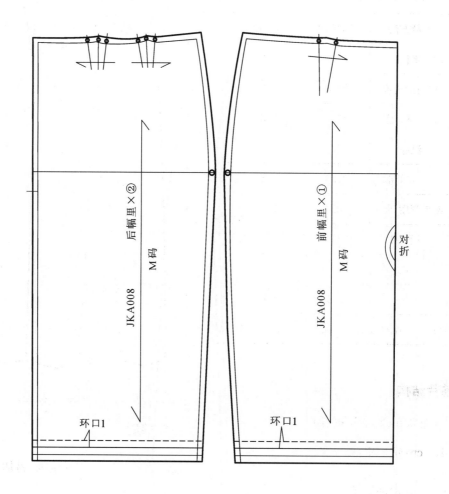

第三章 裤 装

1. 女直筒裤

款号:JKA001		款式:女直筒裤		
制板通知单××年××月××日			单位:cm	
部位尺寸	度量方法	155/64A	160/68A	165/72A
裤 长	侧长	100	102	104
腰 围	腰顶沿边度	63.5	67.5	71.5
臀 围	浪上8V底	87.5	91.5	95.5
脾 围	浪底	57	59	61
前 浪	连头度(量)	22.5	24.5	26.5
后 浪	连头弯度(量)	32	34	36
膝 围	脾下32	41	43	45
脚 围	平度	41	43	45
腰头高		3.2	3.2	3.2
设计师 制板人 纸样片数 腰头钮24L 用料1.07 m				

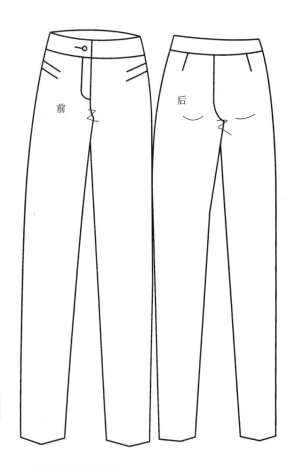

前 后

女直筒裤前片结构

1. 裤长另加 0.5 cm 加工损耗量。

2. $\frac{H}{4}+1.5$ cm 定前浪深(立裆)。

3. $\frac{H}{4}-0.5$ cm 定前臀围。

4. 腰口水平线下落 18 cm 定臀围线。

5. $\frac{W}{4}+0.5$ cm 定前腰围,另加 2.5 cm 省。

6. 前小裆加 4 cm,前裤脾线下落 32 cm 定膝围线。

7. 前脾宽分 $\frac{1}{2}$ 定裤中线(烫迹线)。

8. (膝围 43 cm—2.5 cm)/2 定前膝围。

9. (脚围 43 cm—2.5 cm)/2 定前脚围。

10. 前后弯腰,腰高 3.2 cm。

女直筒裤后片结构

1. $\frac{W}{4}-0.5$ cm 定后腰围,另加 2.5 cm 省。

2. $\frac{H}{4}+0.5$ cm 定后臀围,另加 0.5 cm 损耗。

3. 前膝围度加 2.5 cm 定后膝围。

4. 前脚围度加 2.5 cm 定后脚围。

5. 其它部位参照结构图。

女直筒裤重点与难点

- 前后腰组合
- 前侧省位转移

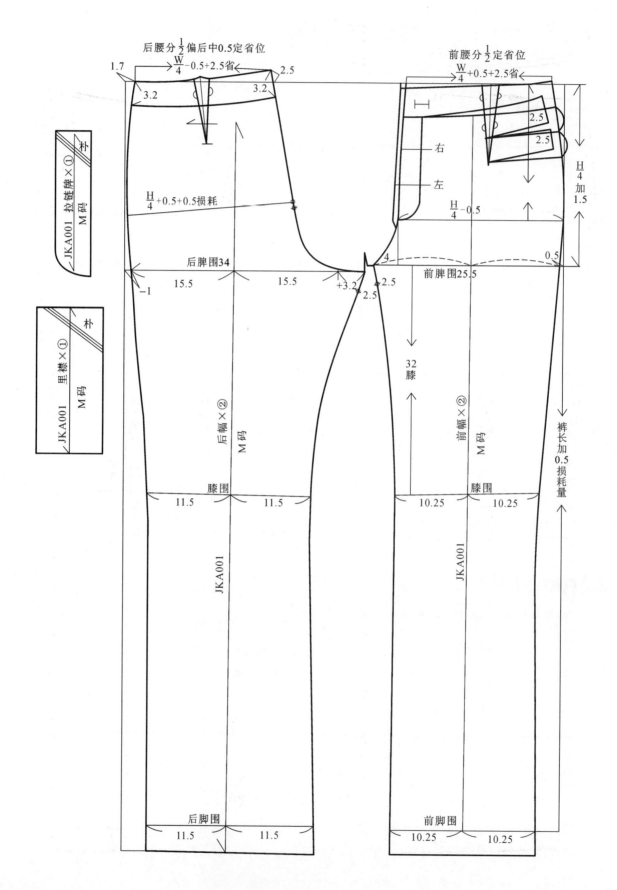

后腰分 $\frac{1}{2}$ 偏后中0.5定省位

前腰分 $\frac{1}{2}$ 定省位

$\frac{W}{4}-0.5+2.5$省

$\frac{W}{4}+0.5+2.5$省

1.7

3.2

3.2

2.5

2.5

2.5

JKA001 拉链牌×①
朴
M码

$\frac{H}{4}+0.5+0.5$损耗

$\frac{H}{4}$ 加 1.5

右

左

$\frac{H}{4}-0.5$

后脾围34

前脾围25.5

JKA001 里襟×①
朴
M码

15.5

15.5

+3.2

+2.5

2.5

-1

4

0.5

32
膝

后幅×②
M码

前幅×②
M码

裤长加0.5损耗量

膝围

膝围

11.5

11.5

10.25

10.25

JKA001

JKA001

后脚围

前脚围

11.5

11.5

10.25

10.25

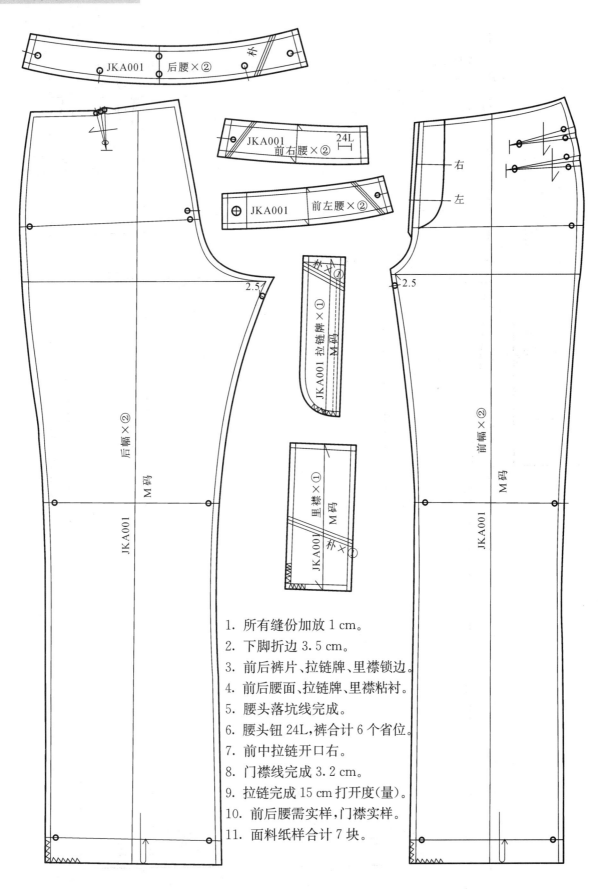

1. 所有缝份加放 1 cm。
2. 下脚折边 3.5 cm。
3. 前后裤片、拉链牌、里襟锁边。
4. 前后腰面、拉链牌、里襟粘衬。
5. 腰头落坑线完成。
6. 腰头钮 24L，裤合计 6 个省位。
7. 前中拉链开口右。
8. 门襟线完成 3.2 cm。
9. 拉链完成 15 cm 打开度(量)。
10. 前后腰需实样，门襟实样。
11. 面料纸样合计 7 块。

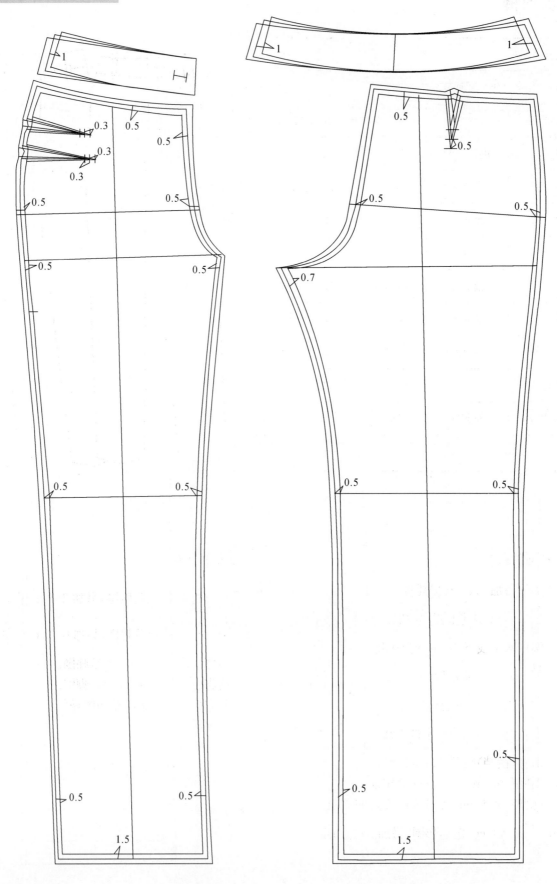

2. 女西裤

款号:JKA003				款式:女西裤	
制板通知单××年××月××日				单位:cm	
部位尺寸	度量方法	155/64A	160/68A 头板	165/72A	
裤 长	腰顶侧度	101	102	103	
腰 围	腰直度	64.5	68.5	72.5	
臀 围	腰下 18	88	92	96	
脾 围	浪底	58	60	62	
全 浪	前后度	61.5	63.5	65.5	
膝 围	浪下 32	44	46	48	
脚 围	平度	42.5	44.5	46.5	
腰头高		3.2	3.2	3.2	
前中拉链	拉起度	18	18	18	
设计师	制板人	纸样片数	腰头钮 24L	用料 1.15 m	

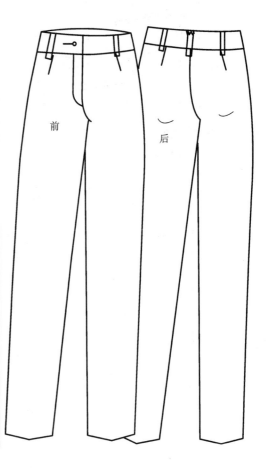

前 后

女西裤前片结构

1. 裤长另加 0.5 cm 损耗量。

2. $\dfrac{H}{4}+2$ cm 定前浪深(立裆)。

3. 腰口水平线下 18 cm 定臀围线。

4. $\dfrac{H}{4}-0.5$ cm 定前臀围。

5. 前小裆加 4 cm(前浪底)。

6. 前脾(横裆)线分 $\dfrac{1}{2}$ 定裤中线。

7. 前脾(横裆)线下 32 cm 定膝线。

8. (膝围 46 cm－2.5 cm)/2 定前膝围。

9. (脚围 44.5 cm－2.5 cm)/2 定前脚围。

10. $\dfrac{W}{4}+0.5$ cm 定前腰围,另加 2.5 cm 省。

女西裤后片结构

1. $\dfrac{W}{4}-0.5$ cm 定后腰围,另加 2.5 cm 省。

2. $\dfrac{H}{4}+0.5$ cm 定后臀围,另加 0.5 cm 损耗量。

3. 前膝围度加 2.5 cm 定后膝围。

4. 前脚围度加 2.5 cm 定后脚围。

5. 其它部位参照后幅结构图操作。

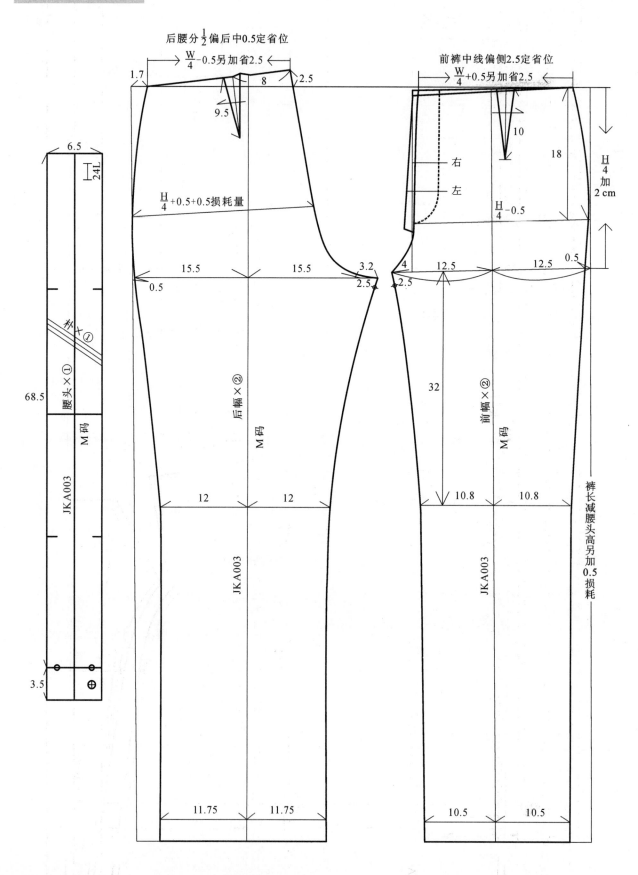

后腰分 $\frac{1}{2}$ 偏后中0.5定省位

$\frac{W}{4}$ -0.5另加省2.5

前裤中线偏侧2.5定省位

$\frac{W}{4}$ +0.5另加省2.5

1.7

8

2.5

9.5

10

18

$\frac{H}{4}$ 加 2 cm

$\frac{H}{4}$ +0.5+0.5损耗量

$\frac{H}{4}$ -0.5

右

左

6.5

24L

15.5 15.5 3.2 4 12.5 12.5 0.5

0.5 2.5 2.5

朴×①

腰头×①

M码

JKA003

68.5

后幅×② M码

前幅×② M码

32

JKA003

JKA003

10.8 10.8

3.5

12 12

裤长减腰头高另加0.5损耗

11.75 11.75 10.5 10.5

女西裤生产展示图

1. 所有缝份加放 1 cm。
2. 下脚折边 3.5 cm。
3. 前后片、拉链牌、里襟锁边。
4. 腰头、拉链牌、里襟粘衬。
5. 腰头落坑线完成。
6. 腰头钮 24L,裤合计 4 个腰省。
7. 前中拉链开口右。
8. 拉链长完成 17 cm 拉起计。
9. 门襟线完成 3.2 cm。
10. 腰头需实样,门襟线需实样。
11. 面料纸样合计 5 块。

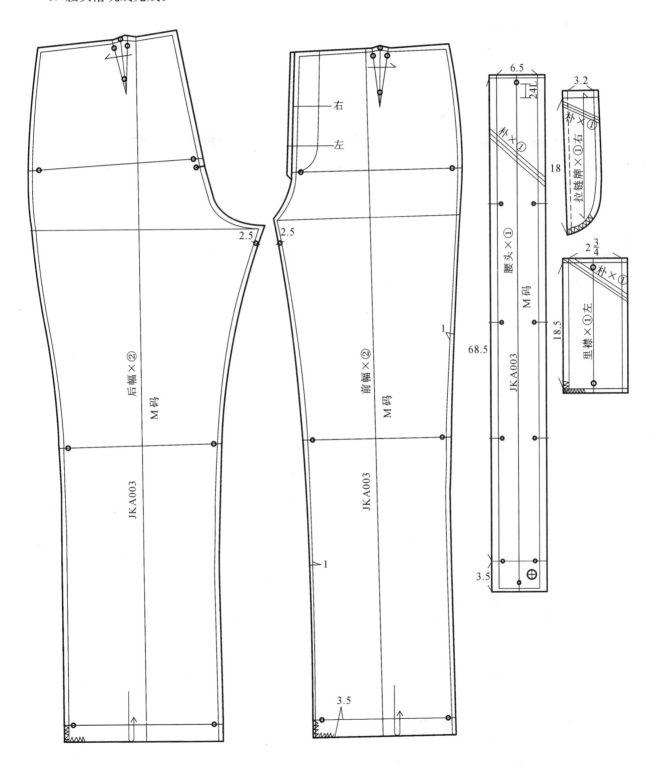

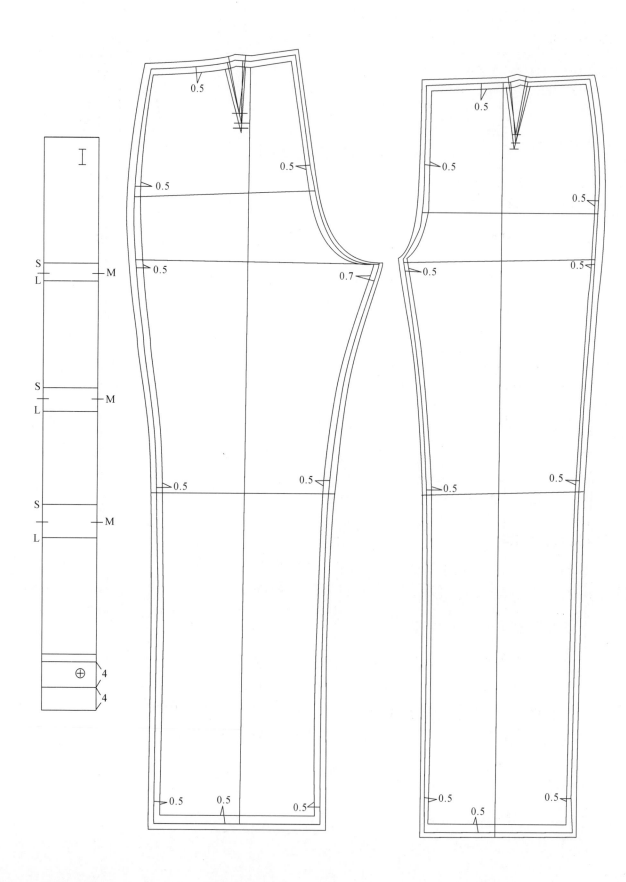

3. 女橡根裤

部位尺寸	度量方法	155/64A	160/68A	165/72A
款号:F8216B1476			款式:女橡根裤	
制板通知单××年××月××日			单位:cm	
裤　长	内长	98	100	102
腰　围	腰顶沿边度	64+18	68+18	72+18
臀　围	前浪3V度	91.5	95.5	99.5
脾　围	浪下2.5	55.5	57.5	59.5
前　浪	连头	27.5	29.5	31.5
后　浪	连头	37.5	39.5	41.5
膝　围	浪下29.5	42.5	44.5	46.5
脚　围	平度	38.5	40.5	42.5
前贴袋		25.5×15.5	25.5×15.5	25.5×15.5
设计师	制板人		纸样片数　6块	

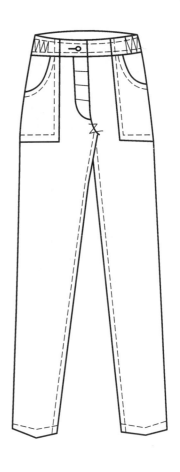

女橡根裤前片结构

1. 裤长另加 0.5 cm 加工损耗量。

2. $\dfrac{H}{4}$＋2.5 cm 定前浪深(立裆)。

3. 腰口水平线下落 19 cm 定臀围线。

4. $\dfrac{H}{4}$－0.5 cm 定前臀围。

5. 前浪底加 4 cm(小裆宽)。

6. 前脾(横裆)线宽分 $\dfrac{1}{2}$ 定取裤中线(烫迹线)。

7. 前裤脾(横裆)线下落 29.5 cm 定膝围线。

8. (膝围 44.5 cm－2.5 cm)/2 定前膝围。

9. (脚围 40.5 cm－2.5 cm)/2 定前脚围。

10. $\dfrac{W}{4}$ 定前腰围。

11. 腰头高 3.5 cm 直腰头。

女橡根裤后片结构

1. $\dfrac{W}{4}$ 定后腰,另加 2.5 cm 省。

2. $\dfrac{H}{4}$＋0.5 cm 定后臀围,另加 0.5 cm 损耗。

3. 前膝围度加 2.5 cm 定后膝围。

4. 前脚围度加 2.5 cm 定后脚围。

5. 其它部位参照结构图。

女橡根裤重点与难点

- 腰围缩量
- 计算腰橡根完成长度

女橡根裤结构制板图

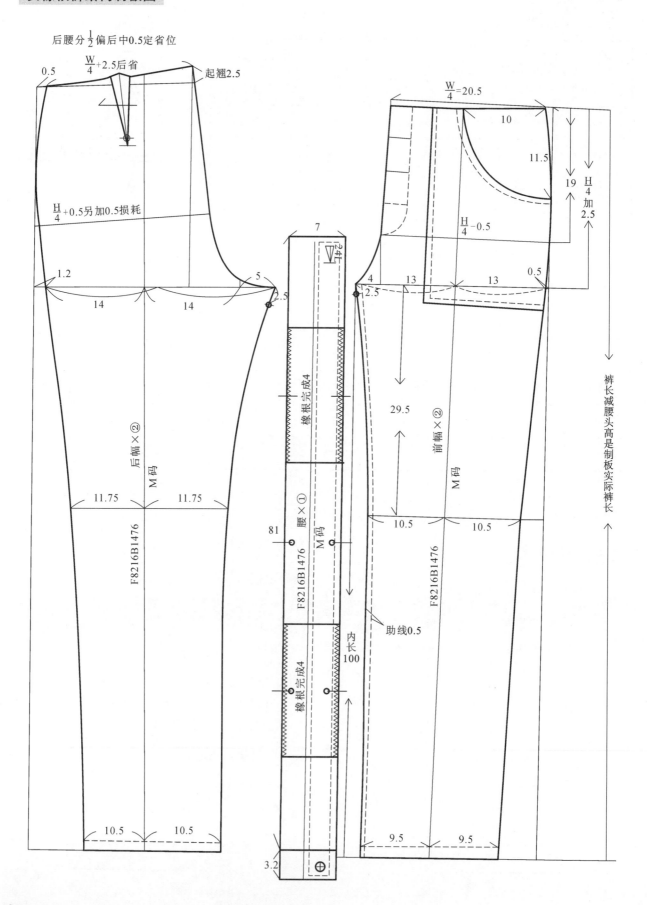

后腰分 $\frac{1}{2}$ 偏后中0.5定省位

$\frac{W}{4}$+2.5后省

0.5

起翘2.5

$\frac{H}{4}$+0.5另加0.5损耗

1.2

14   14

5

2.5

后幅×②

M码

11.75   11.75

F8216B1476

10.5   10.5

7

↓24㎝

橡根完成4

腰×①

M码

81

F8216B1476

橡根完成4

内长100

3.2

$\frac{W}{4}$=20.5

10

11.5

19

$\frac{H}{4}$加2.5

$\frac{H}{4}$-0.5

4   2.5

13   13

0.5

29.5

前幅×②

M码

10.5   10.5

助线0.5

F8216B1476

9.5   9.5

裤长减腰头高是制板实际裤长

女橡根裤生产展示图

1. 所有缝份 1.2 cm，下脚折边 2 cm。
2. 前后侧缝合缝及骨（锁边）。
3. 拉链牌、里襟锁边、粘衬。
4. 腰顶、腰底助 0.1 cm 明线。
5. 前侧两个贴袋助线 0.6 cm 双线。
6. 前内缝助 0.2 cm 明线。
7. 前中拉链开口右。
8. 门襟线 3.2 cm，另加装饰线。
9. 前中拉链完成 17.5 cm 拉起计。
10. 前贴袋、腰头、门排、下脚需实样。
11. 有两个后腰省。
12. 合计面料纸样 6 块。

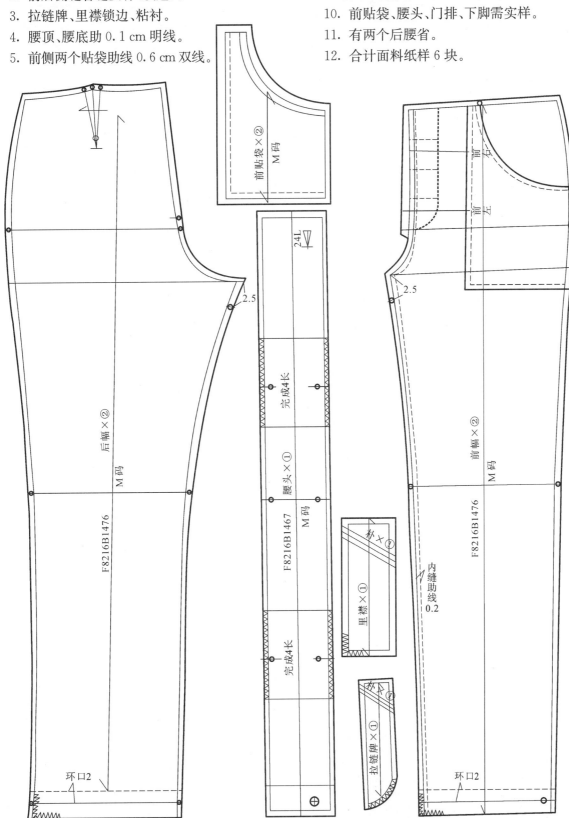

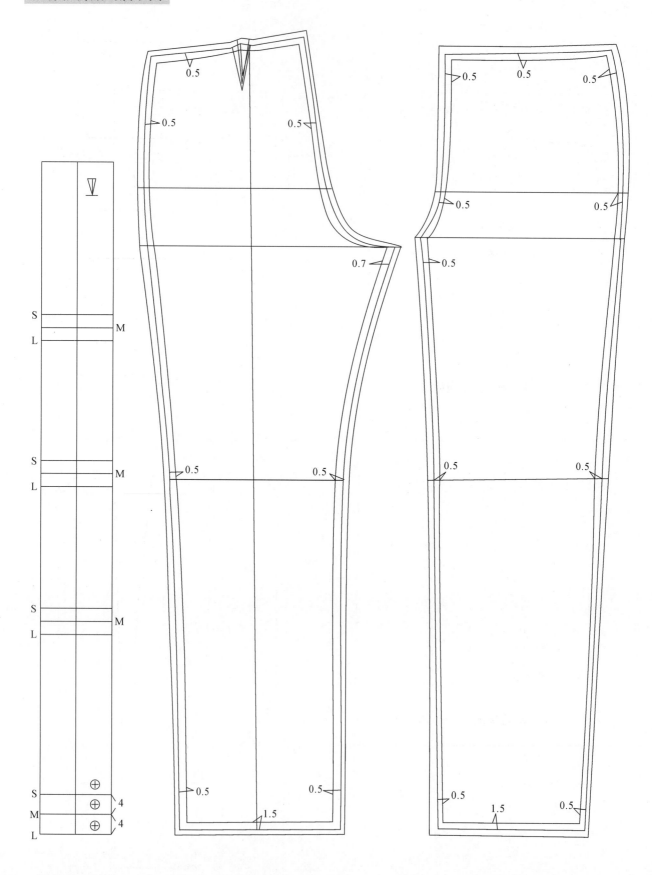

4. 女大脚裤

款号：JKA007					款式：女大脚裤	
制板通知单××年××月××日						单位：cm
部位尺寸	度量方法	S	M	L	头板	复板
裤　长	内长	79	81	83		
腰　围	顶沿边度	69.5	73.5	77.5		
臀　围	脾上8V度	90	94	98		
前　浪	连头度	18.5	20.5	22.5		
膝　围	浪下31	50	52	54		
脚　围	平度	54	56	58		
腰头高			3.2			
设计师	制板人		纸样片数	钮号24L		用料1.2 m

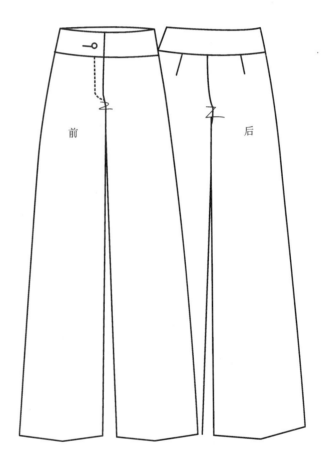

女大脚裤前片结构

1. 内长另加 0.5 cm 加工损耗量。

2. 前浪连头 20.5 cm－1 cm＝19.5 cm 定前浪深（立裆）。

3. $\dfrac{H}{4}$－1.2 cm 定前臀围。

4. 前裤脾线上升 8 cm 定臀围线（前浪底加 4 cm）。

5. $\dfrac{W}{4}$＋1 cm 定前腰围。

6. 前脾宽分两等份定取裤中线。

7. 前脾线下 32 cm 定膝线。

8. (膝围 52 cm－2.5 cm)/2 定前膝围。

9. (脚围 56 cm－2.5 cm)/2 定前脚围。

10. 腰头高 3.2 cm。

女大脚裤后片结构

1. $\dfrac{W}{4}$－1 cm 定后腰围，另加 22.5 cm 省。

2. $\dfrac{H}{4}$＋1.2 cm 定后臀围，另加 0.5 cm 损耗。

3. 前膝围度加 2.5 cm 定后膝围。

4. 前脚围度加 2.5 cm 定后脚围。

5. 其它部位参照结构图。

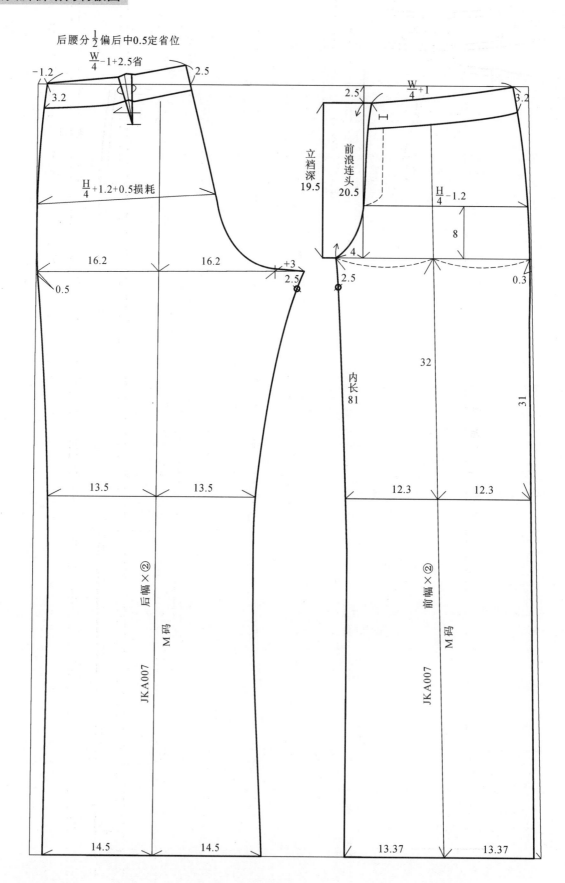

后腰分 $\frac{1}{2}$ 偏后中0.5定省位

$\frac{W}{4}-1+2.5$省

-1.2

2.5

3.2

$\frac{H}{4}+1.2+0.5$损耗

16.2   16.2

+3

0.5   2.5

13.5   13.5

后幅×②

M码

JKA007

14.5   14.5

2.5 $\frac{W}{4}+1$ 3.2

立裆深 19.5   前浪连头 20.5 $\frac{H}{4}-1.2$

8

4

2.5   0.3

内长 81   32

31

12.3   12.3

前幅×②

M码

JKA007

13.37   13.37

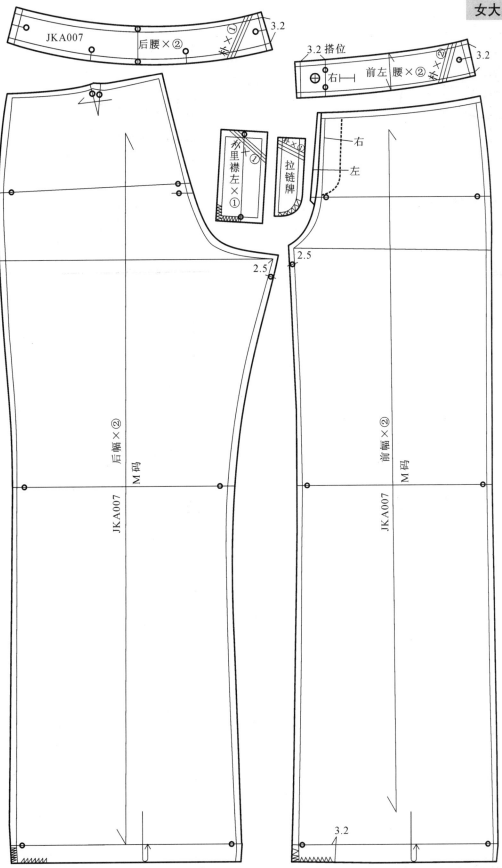

1. 所有缝份1 cm。

2. 下脚折边3.2 cm挑脚。

3. 前后腰面粘衬。

4. 拉链牌、里襟粘衬、锁边。

5. 整件锁边。

6. 腰头落坑线完成。

7. 前中拉链完成11 cm。

8. 腰头、门襟线需实样。

9. 面料裁片纸样合计7块。

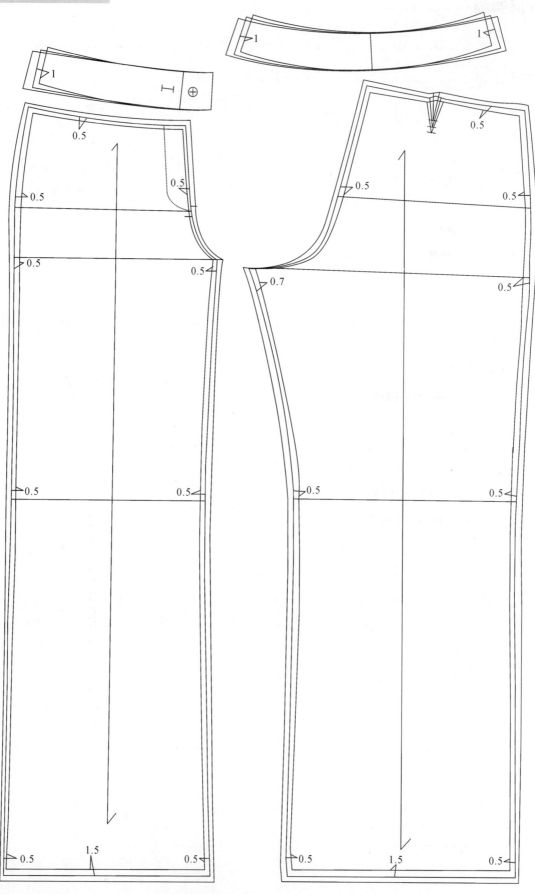

5. 女时装裤

款号:JKA009					款式:女时装裤	
制板通知单××年××月××日						单位:cm
部位尺寸	度量方法	S	M	L	头板	复板
裤　长	侧长	100	102	104		
腰　围	腰顶度	63.5	67.5	71.5		
臀　围	浪上8V度	87.5	91.5	95.5		
脾　围	浪底	56.5	58.5	60.5		
膝　围	脾下32	41	43	45		
脚　阔	平度	41	43	45		
腰头高		3.2	3.2	3.2		
右侧拉链		18	18	18		
设计师	制板人		纸样片数	隐形拉链单骨		用料1.1 m

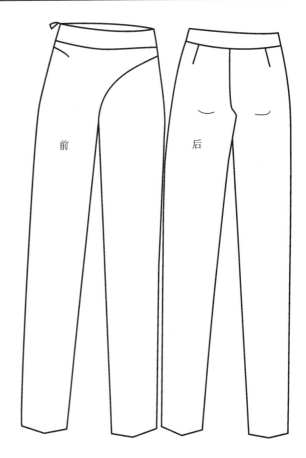

前　　后

女时装裤前片结构

1. 裤长另加 0.5 cm 加工损耗量。

2. $\dfrac{H}{4}$−0.5 cm 定前臀围。

3. $\dfrac{H}{4}$+1.5 cm 定前浪深(立裆)。

4. 前脾线上升 8 cm 定臀围线。

5. $\dfrac{W}{4}$+0.5 cm 定前腰,另加 2.5 cm 腰省。

6. 前浪加高 4 cm 定前浪底(前小裆宽)。

7. 前裤脾线下 32 cm 定膝线。

8. 前脾宽分 $\dfrac{1}{2}$ 定取裤中线(烫迹线)。

9. (膝围 43 cm−2.5 cm)/2 定前膝围。

10. (脚围 43 cm−2.5 cm)/2 定前脚围。

11. 腰头弯腰、腰高 3.2 cm。

女时装裤后片结构

1. $\dfrac{W}{4}$−0.5 cm 定后腰围,另加 2.5 cm 省。

2. $\dfrac{H}{4}$+0.5 cm 定后臀围,另加 0.5 cm 损耗。

3. 前膝围度加 2.5 cm 定后膝围。

4. 前脚围度加 2.5 cm 定后脚围。

5. 其它部位参照结构图。

女时装裤重点与难点

- 前腰省组合
- 前中左侧分割线

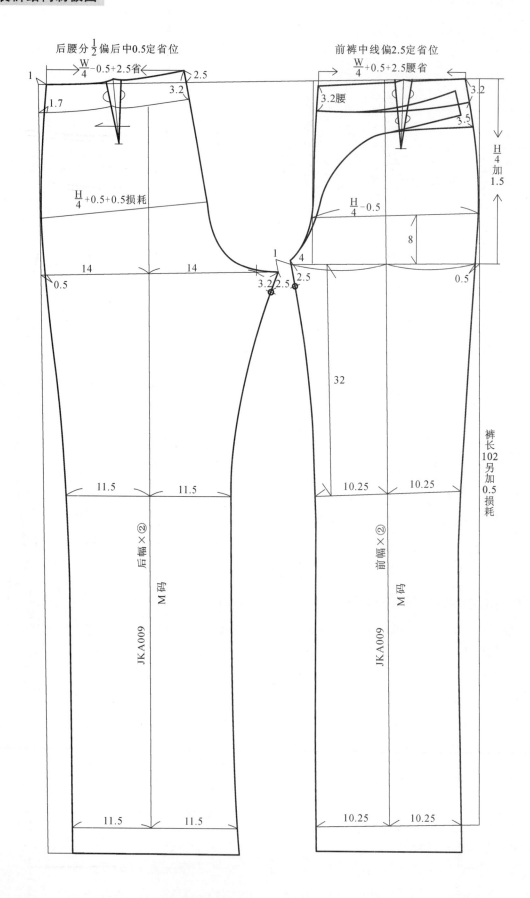

后腰分 $\frac{1}{2}$ 偏后中0.5定省位

$\frac{W}{4}-0.5+2.5$省

前裤中线偏2.5定省位

$\frac{W}{4}+0.5+2.5$腰省

1

2.5

3.2

1.7

3.2腰

3.2

3.5

$\frac{H}{4}+0.5+0.5$损耗

$\frac{H}{4}-0.5$

$\frac{H}{4}$ 加 1.5

8

14   14

0.5

1   4

3.2 2.5   2.5

0.5

32

11.5   11.5

10.25   10.25

后幅×②

前幅×②

M码

M码

JKA009

JKA009

裤长102另加0.5损耗

11.5   11.5

10.25   10.25

女时装裤生产展示图

1. 所有缝份 1 cm。
2. 下脚折边 3.2 cm。
3. 前右分割组合到前右上。
4. 前右腰省转移右侧。

5. 左侧至腰顶装隐型拉链。
6. 腰头高完成 3.2 cm。
7. 腰头面粘衬。
8. 腰头需实样。
9. 合计裁片纸样 5 块。

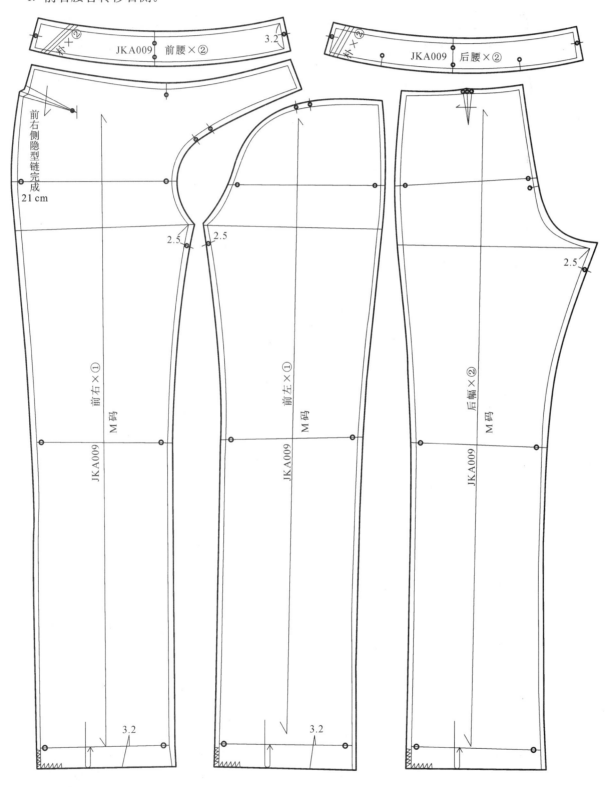

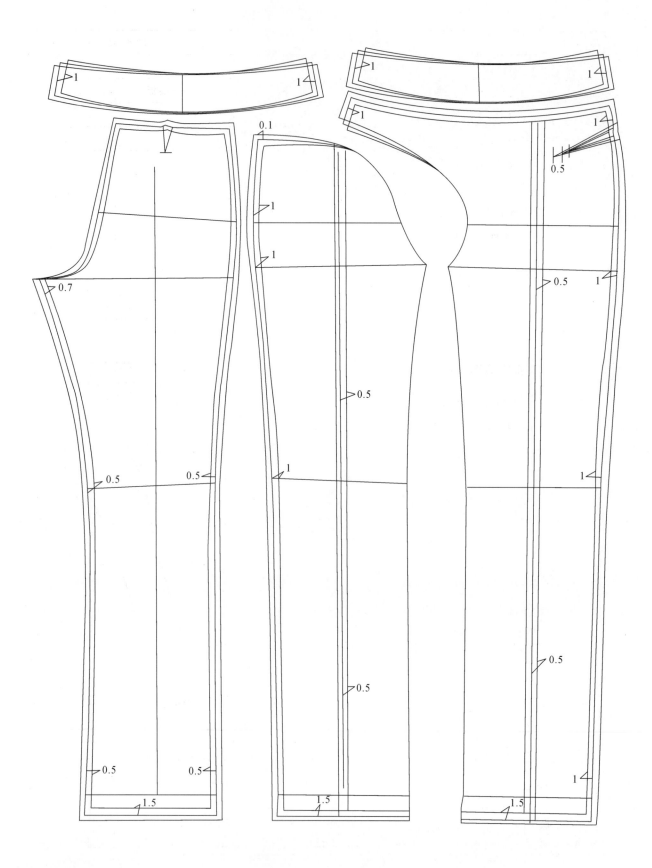

6. 女无侧缝时装裤

款号:JKA011					款式:女无侧缝时装裤	
制板通知单××年××月××日						单位:cm
部位尺寸	度量方法	S	M	L	头板	复板
裤　长	侧长	100	102	104		
腰　围	腰顶度	64	68	72		
臀　围	浪上8V度	87.5	91.5	95.5		
脾　围	浪底	52	56	60		
膝　围	脾下31	41	43	45		
脚　围	平度	41	43	45		
腰头高		3.2	3.2	3.2		
前中拉链		14.5	15	15.5		
设计师	制板人		纸样片数	钮号24L		用料1.2 m

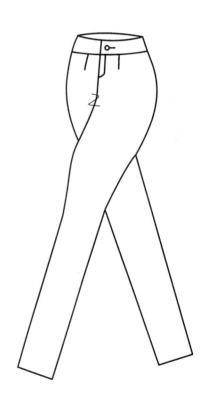

女无侧缝时装裤前片结构

1. 裤长另加0.5 cm损耗量。

2. $\dfrac{H}{4}+2.5$ cm定前浪深(立裆)。

3. $\dfrac{H}{4}-0.5$ cm定前臀围。

4. 前脾线上升8 cm定臀围线。

5. 前浪底加高4 cm。

6. 前脾宽分$\dfrac{1}{2}$定裤中线。

7. $\dfrac{W}{4}+0.5$ cm定前腰围。

8. (膝围43 cm−2.5 cm)/2定前膝围。

9. (脚围43 cm−2.5 cm)/2定前脚围。

10. 腰头高3.2 cm。

女无侧缝时装裤后片结构

1. $\dfrac{W}{4}-0.5$ cm定后腰围,另加2.5 cm省。

2. $\dfrac{H}{4}+0.5$ cm定后臀围,另加0.5 cm损耗量。

3. 前膝围度加2.5 cm定后膝围。

4. 前脚围度加2.5 cm定后脚围。

5. 前后侧缝组合与其它观察结构图。

女无侧缝时装裤重点与难点

- 前后侧缝组合
- 前后内缝处理

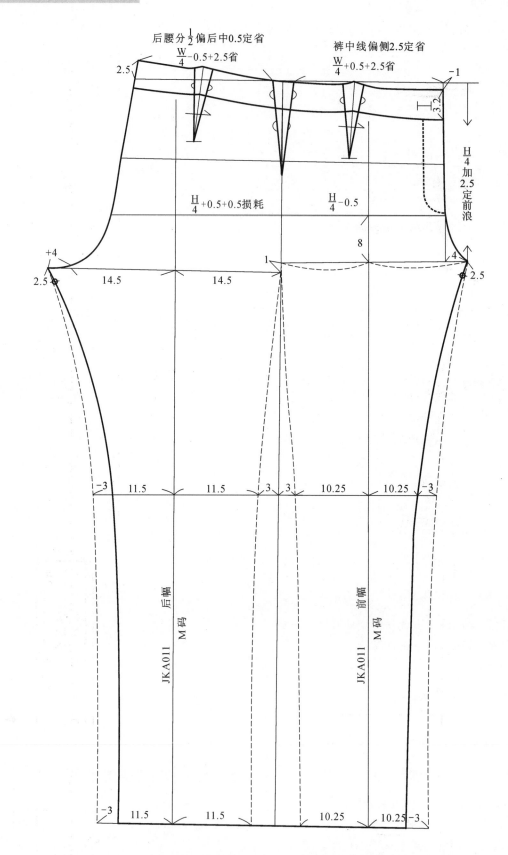

后腰分$\frac{1}{2}$偏后中0.5定省

$\frac{W}{4}$-0.5+2.5省

裤中线偏侧2.5定省

$\frac{W}{4}$+0.5+2.5省

2.5

-1

3.2

$\frac{H}{4}$加2.5定前浪

$\frac{H}{4}$+0.5+0.5损耗

$\frac{H}{4}$-0.5

8

+4

2.5

14.5

14.5

1

4

2.5

-3

11.5

11.5

3

3

10.25

10.25

-3

JKA011 后幅 M码

JKA011 前幅 M码

-3

11.5

11.5

10.25

10.25 -3

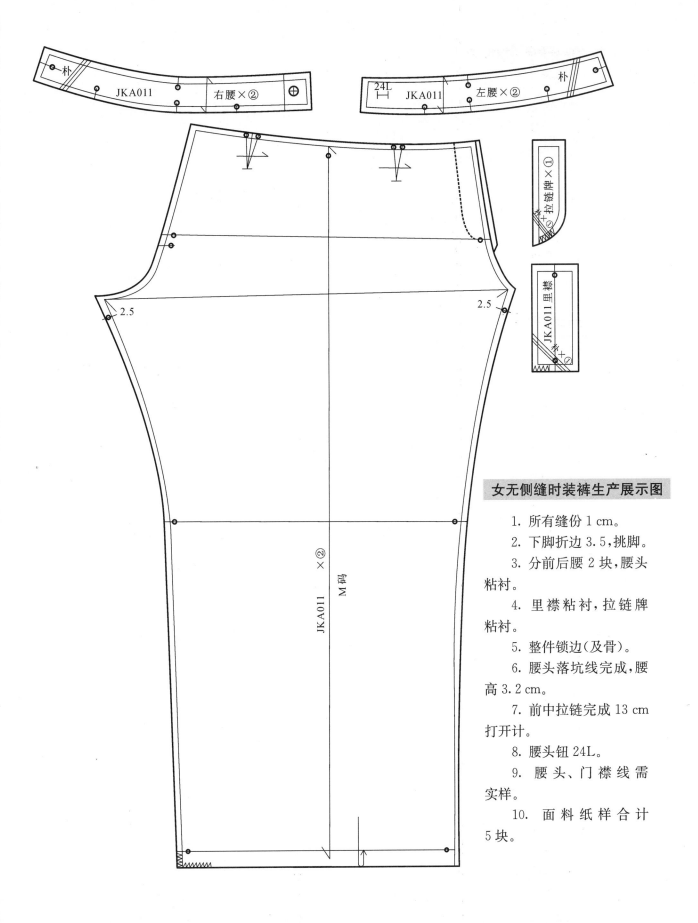

女无侧缝时装裤生产展示图

1. 所有缝份 1 cm。

2. 下脚折边 3.5,挑脚。

3. 分前后腰 2 块,腰头粘衬。

4. 里襟粘衬,拉链牌粘衬。

5. 整件锁边(及骨)。

6. 腰头落坑线完成,腰高 3.2 cm。

7. 前中拉链完成 13 cm打开计。

8. 腰头钮 24L。

9. 腰头、门襟线需实样。

10. 面料纸样合计5 块。

7. 女锥形裤

| 款号:JKA013 | | | | 款式:女锥型裤 | |
| 制板通知单××年××月××日 | | | | | 单位:cm |

部位尺寸	度量方法	155/64A	160/68A	165/72A
裤 长	内长	76.5	78.5	80.5
腰 围	腰顶沿边度	67	71	75
臀 围	浪上8V度	86	90	94
脾 围	浪底	54	56	58
前 浪	连头弯度	18.5	20.5	22.5
后 浪	连头弯度	29.5	31.5	33.5
膝 围	脾下30.5	36	38	40
脚 围	平度	31	33	35
腰头高			4	
前中拉链长	拉起度		7.5	
设计师	制板人	纸样片数	腰头钮24L	用料1.15 m	幅宽1.5 m

女锥型裤前片结构

1. 裤长另加 0.5 cm 加工损耗量。

2. 前浪深 20.5 cm(立裆)。

3. 立裆线上升 7.5 cm 定臀围线。

4. $\dfrac{H}{4}-1.2$ cm 定前臀围。

5. 前小裆宽加 3 cm。

6. 前横裆宽分 $\dfrac{1}{2}$ 定裤中线。

7. 前横裆线(裤脾)下落 31 cm 定膝线。

8. (膝围 38 cm－4 cm)/2 定前膝围。

9. (脚围 33 cm－3.2 cm)/2 定前脚围。

10. $\dfrac{W}{4}+1$ cm 定前腰围,另加 0.5 cm 前腰吃势量
(溶量)。

11. 腰头高 4 cm。

女锥型裤后片结构

1. $\dfrac{W}{4}-1$ cm 定后腰围,另加 2.5 cm 省。

2. $\dfrac{H}{4}+1.2$ cm 定后臀围,另加加工损耗 0.5 cm。

3. 前膝围度加 4 cm 定后膝围。

4. 前脚围度加 3.2 cm 定后脚围。

5. 其它部位参照后幅结构图。

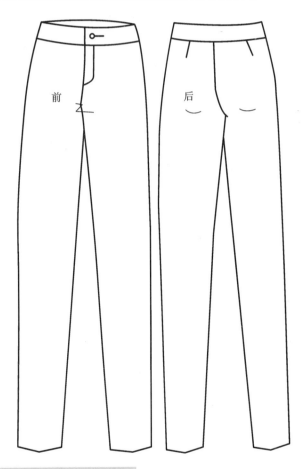

前   后

女锥型裤重点与难点

• 在后幅结构图仔细观察,要做到后臀与大腿
处平服、美观舒适

女锥形裤结构制板图

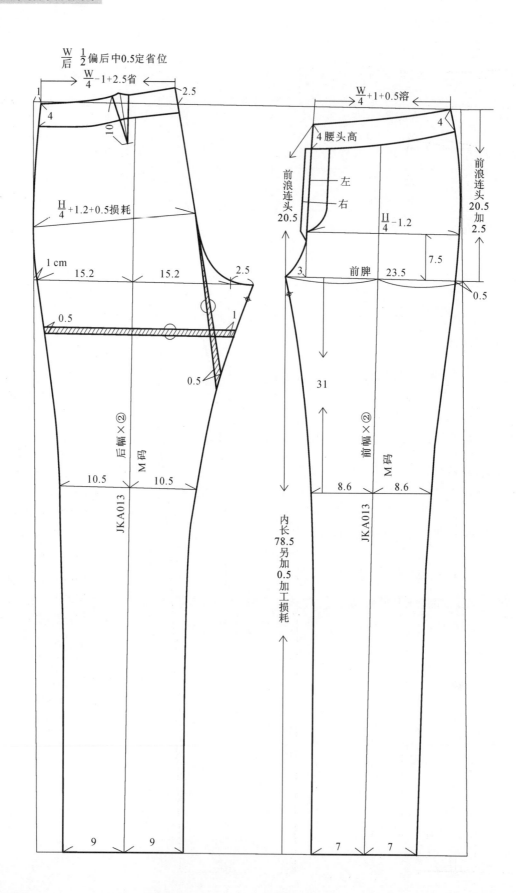

$\dfrac{W}{4}$后　$\dfrac{1}{2}$偏后中0.5定省位

$\dfrac{W}{4}-1+2.5$省

2.5

4

10

$\dfrac{H}{4}+1.2+0.5$损耗

1 cm

15.2　15.2　2.5

0.5

1

0.5

后幅×②

M码

JKA013

10.5　10.5

9　9

$\dfrac{W}{4}+1+0.5$溶

4

4腰头高

左

右

前浪连头
20.5

$\dfrac{H}{4}-1.2$

前浪连头
20.5
加
2.5

7.5

3　前脾　23.5

0.5

31

前幅×②

M码

JKA013

8.6　8.6

内长
78.5
另加
0.5
加工
损耗

7　7

女锥形裤生产展示图

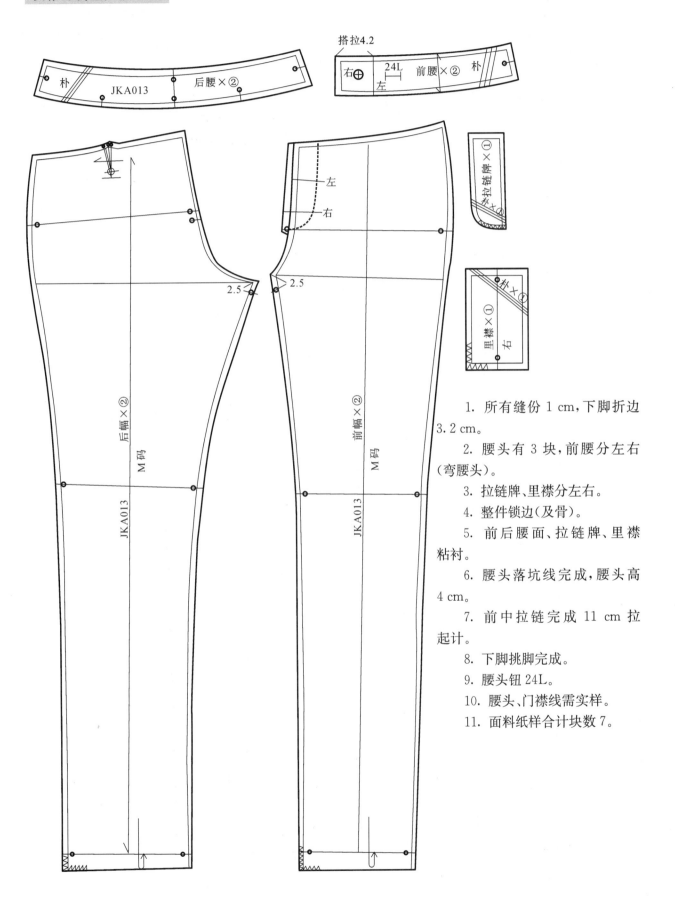

1. 所有缝份 1 cm，下脚折边 3.2 cm。

2. 腰头有 3 块，前腰分左右（弯腰头）。

3. 拉链牌、里襟分左右。

4. 整件锁边（及骨）。

5. 前后腰面、拉链牌、里襟粘衬。

6. 腰头落坑线完成，腰头高 4 cm。

7. 前中拉链完成 11 cm 拉起计。

8. 下脚挑脚完成。

9. 腰头钮 24L。

10. 腰头、门襟线需实样。

11. 面料纸样合计块数 7。

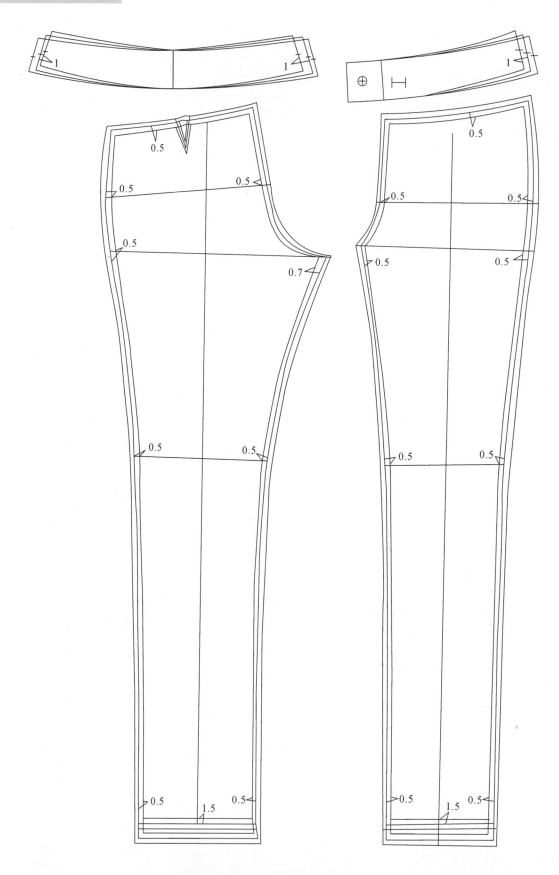

8. 女牛仔喇叭裤

部位尺寸	度量方法	155/64A	160/68A	165/72A
款号:JKA015			款式:女牛仔喇叭裤	
制板通知单××年××月××日				单位:cm
裤　长	侧长	101	102	103
腰　围	腰顶沿边度	67	71	75
臀　围	前浪上8V度	86	90	94
脾　围	浪下2.5	54	56	58
前　浪	前浪连头度	18.5	20.5	22.5
后　浪	连头弯度	32	34	36
膝　围	浪下30.5	36	38	40
脚　围	平度	44	46	48
前挖袋阔		10×7	10×7	10×7
后贴袋阔		13×13.5	13×13.5	13×13.5
后中机头高		6.5	6.5	6.5
前中拉链长	拉起度	10	10	10
设计师	制板人	纸样片数	腰头钮24L	用料1.1 m

女牛仔喇叭裤前片结构

1. 裤长另加 0.5 cm 损耗量。

2. 前浪深 20.5 cm(立档)。

3. 立档线上升 8 cm 定臀围线。

4. $\frac{H}{4}$ −1.2 cm 定前臀围。

5. 前小档宽加 3.5 cm。

6. 前横档宽(裤脾)分 $\frac{1}{2}$ 偏前侧 0.5 cm 定取裤中线。

7. 前横档线(裤脾)下落 32 cm 定膝围线。

8. (膝围 38 cm−4 cm)/2 定前膝围。

9. (脚围 46 cm−3.2 cm)/2 定前脚围。

10. $\frac{W}{4}$ +0.5 cm 定前腰围,另加 1 cm 袋口暗省。

11. 腰头高 4 cm。

女牛仔喇叭裤后片结构

1. $\frac{W}{4}$ −0.5 cm 定后腰围,另加 2.5 cm 省。

2. $\frac{H}{4}$ +1.2 cm 定后臀围,另加 0.5 cm 损耗量。

3. 前膝围度加 4 cm 定后膝围。

4. 前脚围度加 3.2 cm 定后脚围。

5. 其它部位参照后幅结构图。

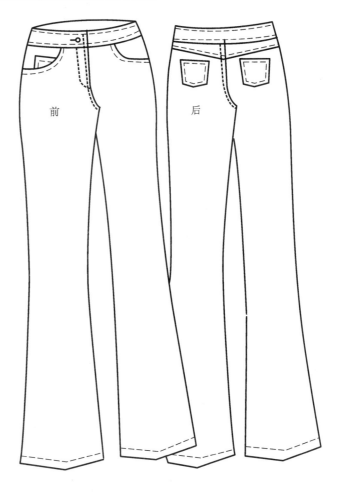

前　后

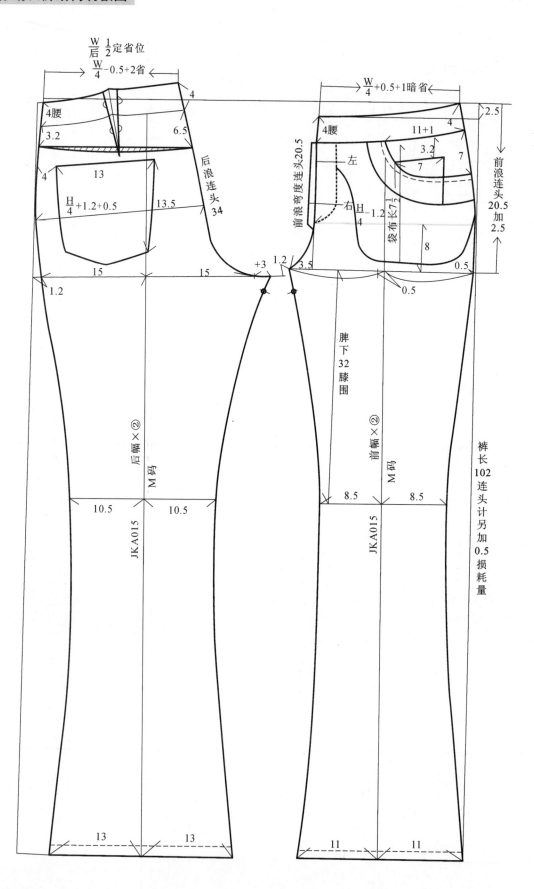

女牛仔喇叭裤生产展示图

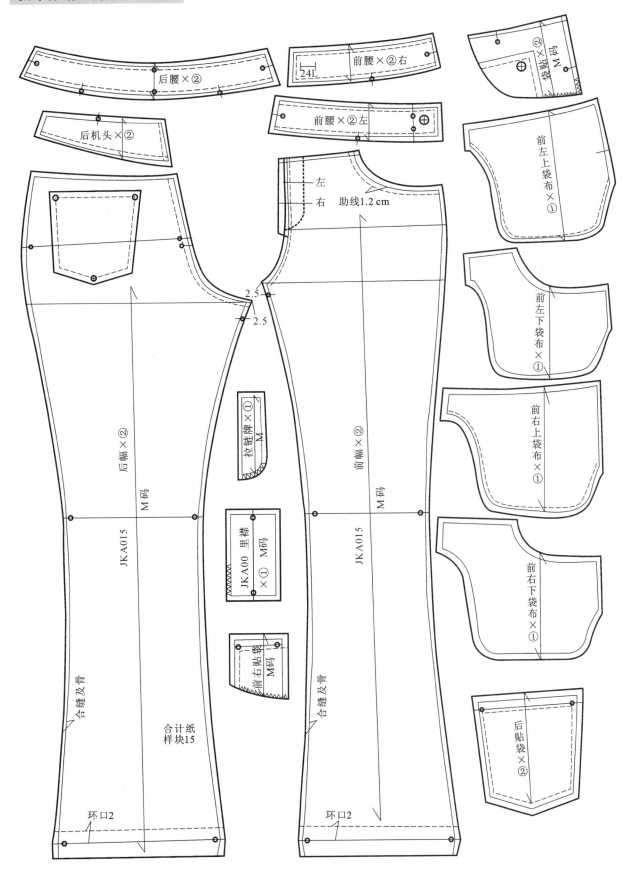

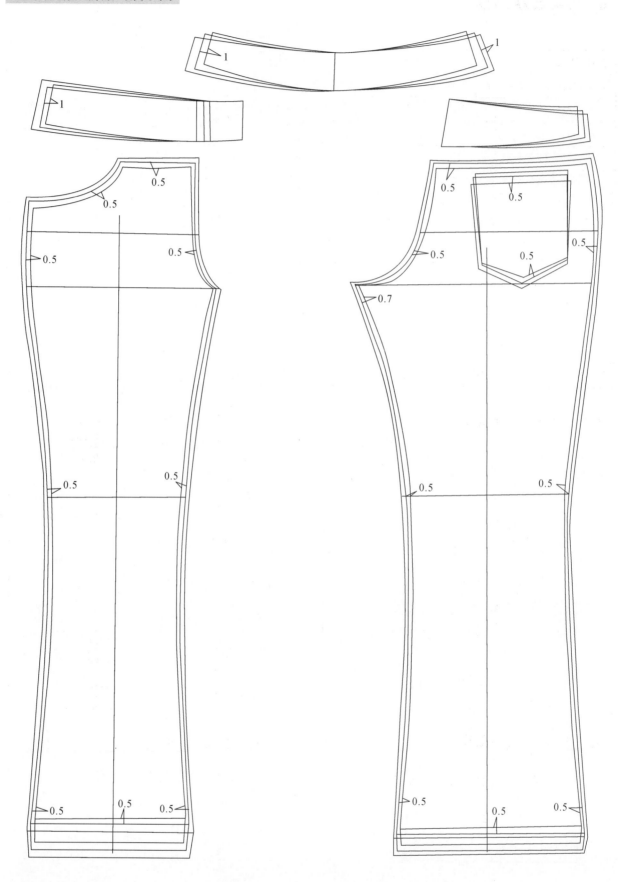

9. 女九分休闲裤

部位尺寸	度量方法	155/64A	160/68A	165/72A
款号:JKA017			款式:女九分休闲裤	
制板通知单××年××月××日				单位:cm
裤　长	内长	65	67	69
腰　围	腰顶沿边度	69.5	73.5	77.5
臀　围	前浪8V度	90	94	98
脾　围	浪下2.5	59.5	61.5	63.5
前　浪	连头弯度	18.5	20.5	22.5
后　浪	连头弯度	31.5	33.5	35.5
膝　围	浪下27	48	50	52
脚　围	平度沿边	32.5	34.5	36.5
左侧风琴袋			15×18	
后袋盖			11×4.5	
设计师	制板人	纸样片数	腰头钮24L	用料0.94 m

女九分休闲裤前片结构

1. 裤长另加 0.5 cm 损耗量。

2. 前浪深 20.5 cm(立裆)。

3. 裤脾线(横裆)上升 8 cm 定臀围线。

4. $\frac{H}{4}-0.5$ cm 定前臀围。

5. 前浪底加 4 cm(前小裆)。

6. 前裤脾宽分 $\frac{1}{2}$ 定裤中线。

7. 前裤脾(横裆)下落 26 cm 定膝围线。

8. (膝围 50 cm－2 cm)/2 定前膝围。

9. (脚围 34 cm－2.5 cm)/2 定前脚围,另加 10 cm。

10. $\frac{W}{4}+0.5$ cm 定前腰围。

11. 腰头高完成 4 cm。

女九分休闲裤后片结构

1. $\frac{W}{4}-0.5$ cm 定后腰围,另加 2 cm 省。

2. $\frac{H}{4}+0.5$ cm 定后臀围,另加 0.5 cm 损耗。

3. 前膝围度加 2 cm 定后膝围。

4. 前脚围度加 2.5 cm 定后脚围。

5. 其它部位参照前后幅结构图操作。

女九分休闲裤重点与难点

● 前腰与袋布组合,下脚碎褶量

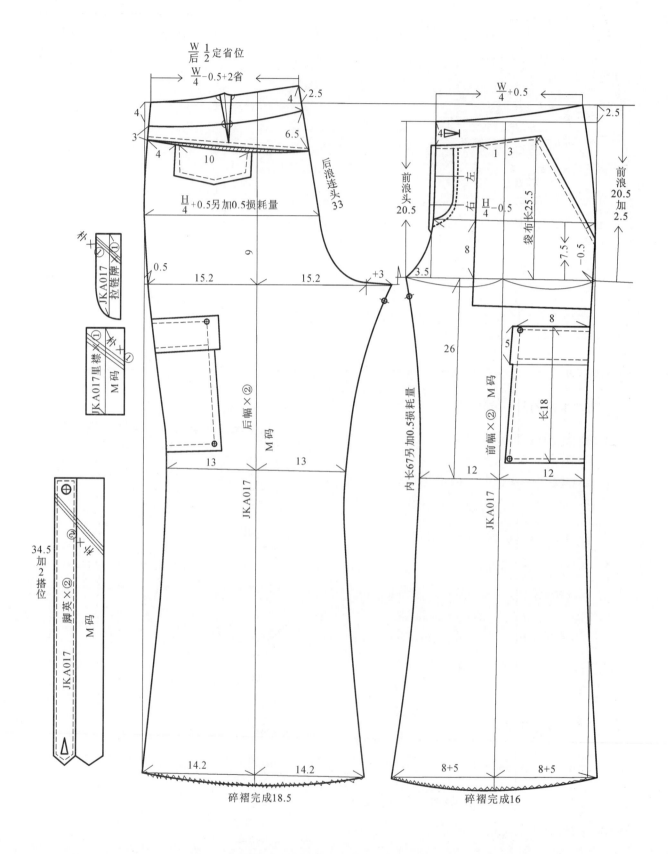

$\frac{W}{后}\frac{1}{2}$定省位

$\frac{W}{4}-0.5+2$省

2.5

4

4

4

3

4

10

6.5

后浪连头 33

$\frac{H}{4}+0.5$另加0.5损耗量

$\frac{W}{4}+0.5$

2.5

4

1 3

左

右

$\frac{H}{4}-0.5$

袋布长25.5

前浪头 20.5

前浪 20.5 加 2.5

8

7.5

-0.5

JKA017 拉链牌 ①

样

JKA017 里襟 ×① M码

样

0.5

15.2

9

15.2

+3

3.5

后幅 ×② M码

JKA017

内长67另加0.5损耗量

26

12

前幅 ×② M码

JKA017

13

13

8

5

长18

12

12

34.5 加 2 搭位

JKA017 脚英 ×② M码

样

14.2

14.2

8+5

8+5

碎褶完成18.5

碎褶完成16

女九分休闲裤生产展示图

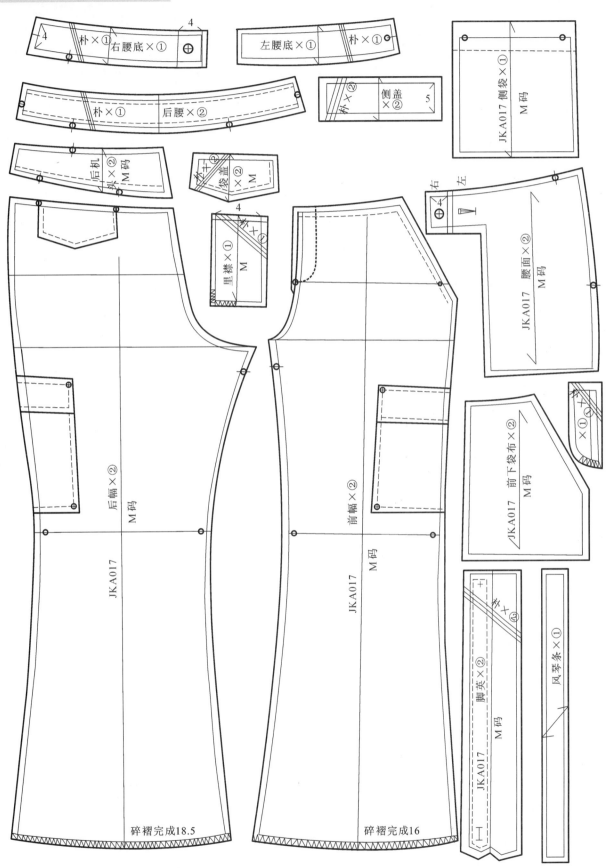

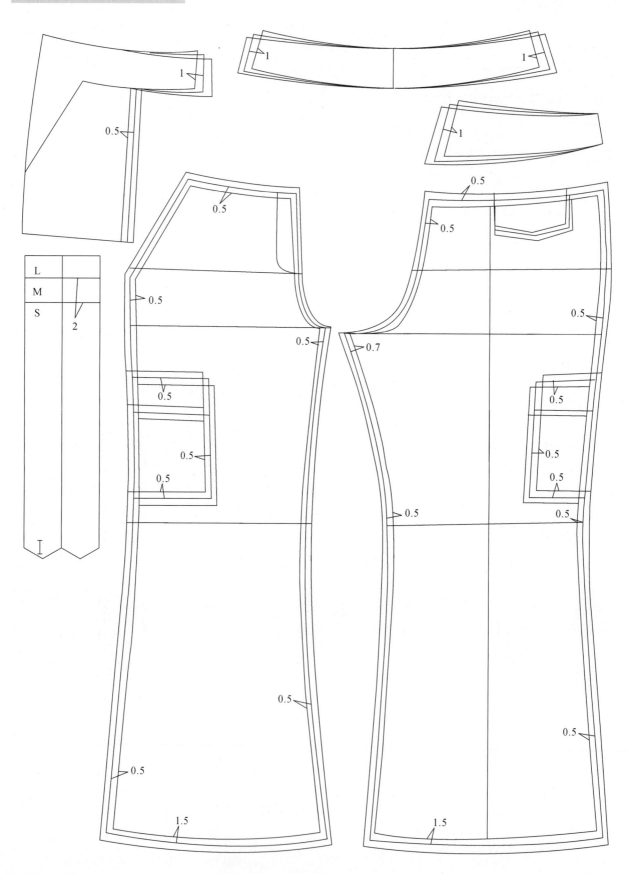

10. 女时装大脚裤

款号:JKA019					款式:女时装大脚裤	
制板通知单××年××月××日						单位:cm
部位尺寸	度量方法	S	M	L	头板	复板
裤　长	内长	79	81	83		
腰　围	腰顶度	69.5	73.5	77.5		
臀　围	浪上 8V 度	90	94	98		
脾　围	浪底	63.7	65.7	67.7		
膝　围	脾下 30.5	60	62	64		
脚　围	平度	66	68	70		
腰头高		4	4	4		
后袋阔		13	13	13		
前中拉链		11	11	11		
前　浪	连头弯度	19.5	21.5	23.5		
设计师	纸样师	纸样片数		钮号 24L	均用料 1.25 m	

女时装大脚裤前片结构

1. 裤长另加 0.5 cm 损耗量。

2. 前浪深定尺寸 20.5 cm(立裆)。

3. 脾围线上升 8 cm 定臀围线。

4. $\dfrac{H}{4}$—0.5 cm 定前臀围。

5. 前小裆宽加 4 cm(前浪底)。

6. 前裤脾线(横裆)宽分 $\dfrac{1}{2}$ 定裤中线。

7. 前裤脾线(横裆)下落 31 cm 定膝围线。

8. (膝围 62 cm—10 cm)/2 定前膝围。

9. (脚围 68 cm—10 cm)/2 定前脚围。

10. $\dfrac{W}{4}$+1 cm 定前腰围。

11. 腰头高完成 4 cm。

女时装大脚裤后片结构

1. $\dfrac{W}{4}$—1 cm 定后腰围,另加 2.5 cm 省。

2. $\dfrac{H}{4}$+0.5 cm 定后臀围,另加 0.5 cm 损耗。

3. 前膝围度加 10 cm 定后膝围。

4. 前脚围度加 10 cm 定后脚围。

5. 其它部位参照前后幅结构图。

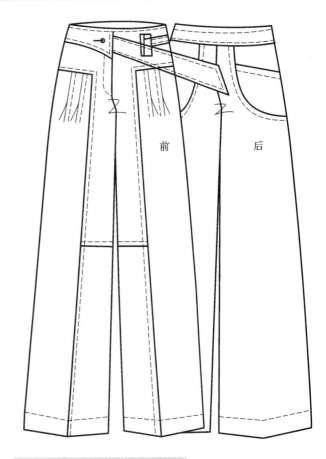

前　　　后

女时装大脚裤重点与难点

- 前腰分割,前侧褶量展开
- 后幅侧缝分割与袋位

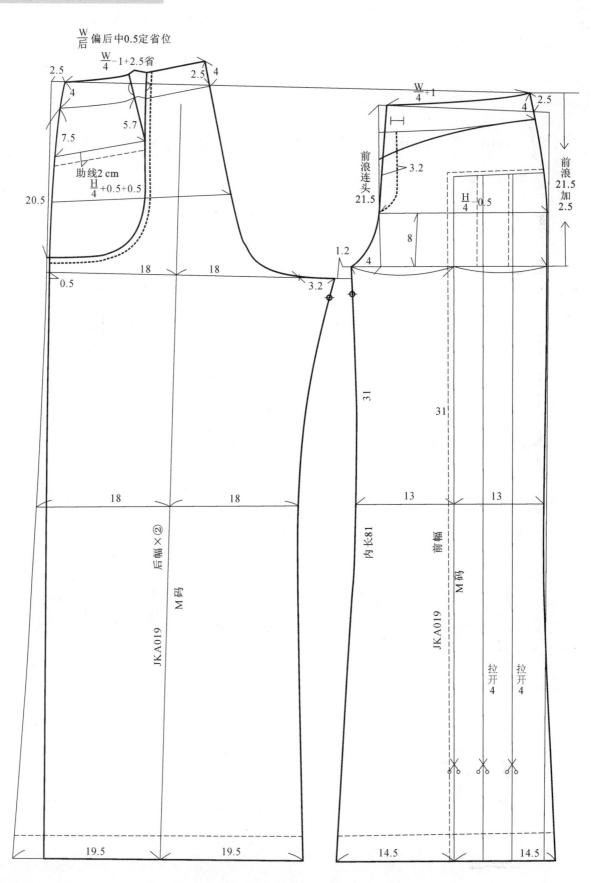

女时装大脚裤生产展示图

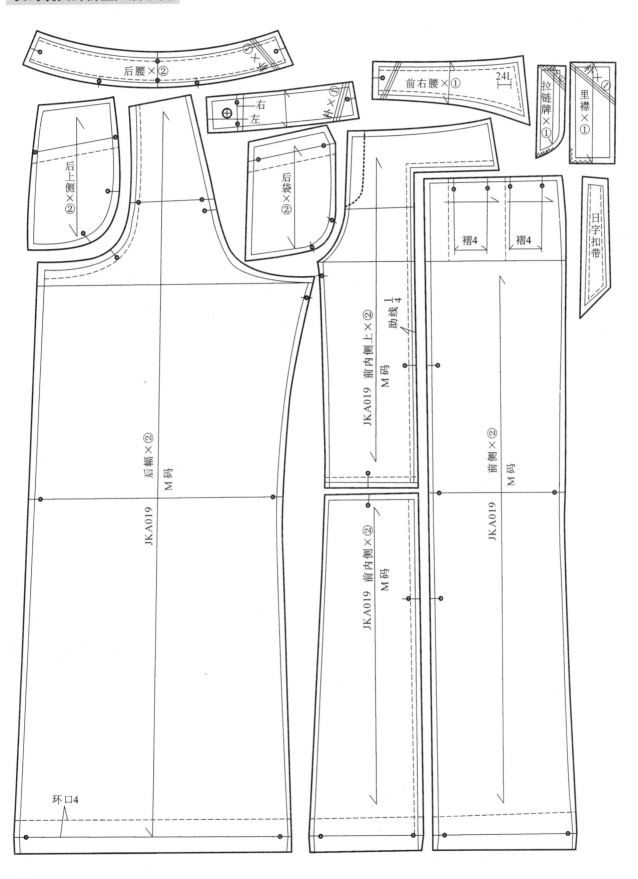

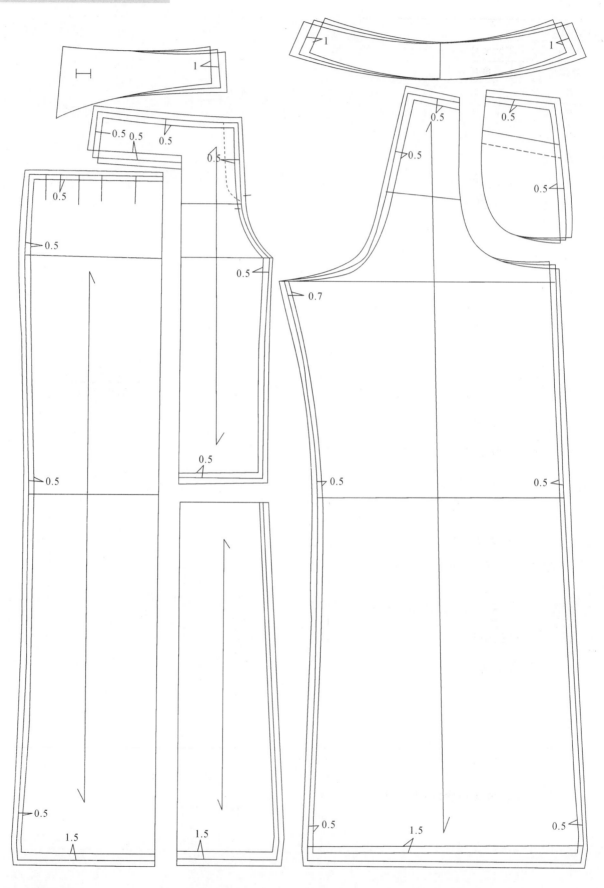

11. 女春秋裤

| 款号:JKA022 | | | | | 款式:女春秋裤 | |

| 制板通知单××年××月××日 | | | | | | 单位:cm |
部位尺寸	度量方法	S	M	L	头板	复板
裤 长	侧度	98	100	102		
腰 围	缩起度	62	66	70		
臀 围	平度	90	94	98		
前 浪	直度	24	26	28		
脾 围	浪底	63	65	68		
膝 围	脾下 31	59	61	63		
脚 围	平度	73	75	77		
腰头高		6	6	6		
前 袋		9.5×5.5	10×6	10.5×6.5		
后机头高		3.2	3.2	3.2		
后中机头高		6	6	6		
设计师	制板人	纸样片数		均用数 1.3 m		

女春秋裤前片结构

1. 裤长另加 0.5 cm 加工损耗量。

2. $\dfrac{H}{4}+2.5$ cm 定前浪深(立裆)。

3. 立裆线上升 7.5 cm 定臀围线。

4. $\dfrac{H}{4}-1.2$ cm 定前臀围。

5. 前小裆宽加 4.5 cm。

6. 前横裆宽分 $\dfrac{1}{2}$ 定裤中线。

7. 前横裆线(裤脾)下落 31 cm 定膝围线。

8. (膝围 61 cm－5 cm)/2 定前膝围。

9. (脚围 75 cm－3 cm)/2 定前脚围。

10. $\dfrac{W}{4}+1.2$ cm 定前腰围。

11. 腰头高完成 6 cm。

12. 前后腰头全部装橡根缩起计 66 cm。

女春秋裤后片结构

1. $\dfrac{W}{4}-1.2$ cm 定后腰围,另加 2.5 cm 省。

2. $\dfrac{H}{4}+1.2$ cm 定后臀围,另加 0.5 cm 损耗量。

3. 前膝围度加 5 cm 定后膝围。

4. 前脚围度加 3 cm 定后脚围。

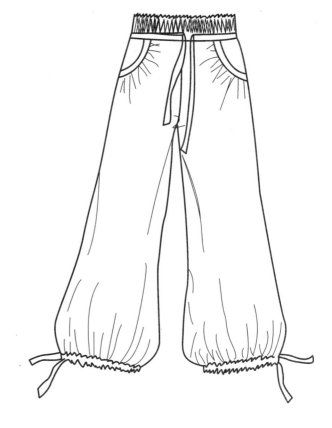

5. 其它部位参照前后幅结构图操作。

女春秋裤重点与难点

• 前幅袋口碎褶量展开

• 前后幅侧缝下褶量

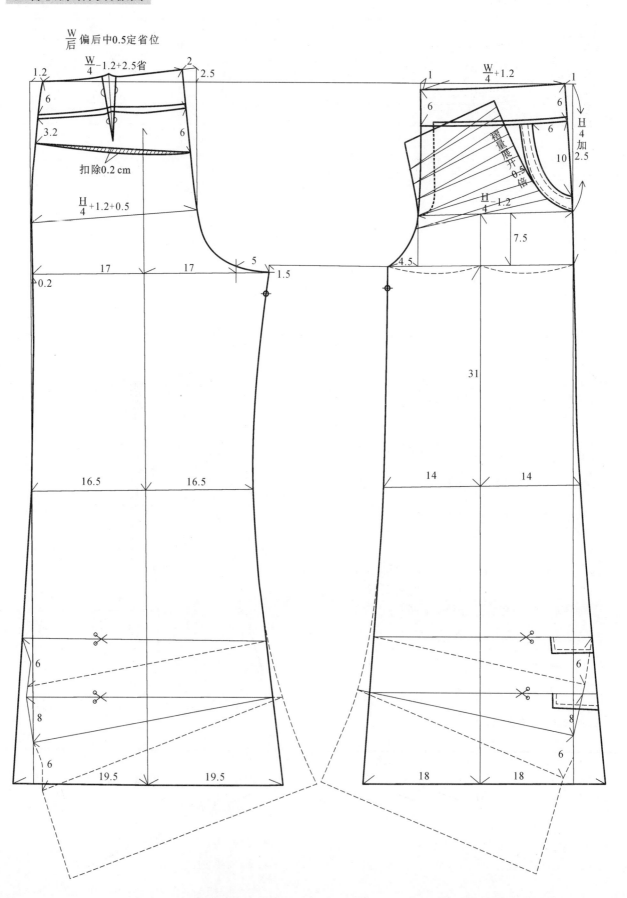

$\dfrac{W}{后}$ 偏后中0.5定省位

$\dfrac{W}{4}-1.2+2.5$省

2

2.5

1.2

6

3.2

6

扣除0.2 cm

$\dfrac{H}{4}+1.2+0.5$

17

17

5

0.2

1.5

16.5

16.5

6

8

6

19.5

19.5

1

$\dfrac{W}{4}+1.2$

1

6

6

6

$\dfrac{H}{4}$加2.5

10

$\dfrac{H}{4}-1.2$

4.5

7.5

31

14

14

6

8

6

18

18

女春秋裤生产展示图

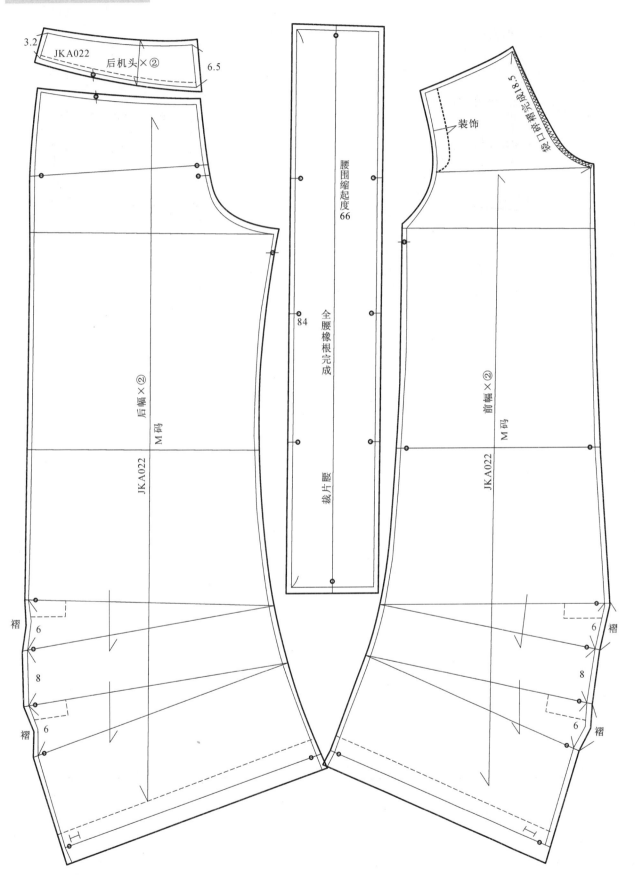

3.2
JKA022
后机头×②
6.5

腰围缩起度66

全腰橡根完成

84

裁片腰

完成裤口袋18.5

装饰

后幅×②

M码

JKA022

前幅×②

M码

JKA022

褶
6
8
褶
6

褶
6
8
6
褶

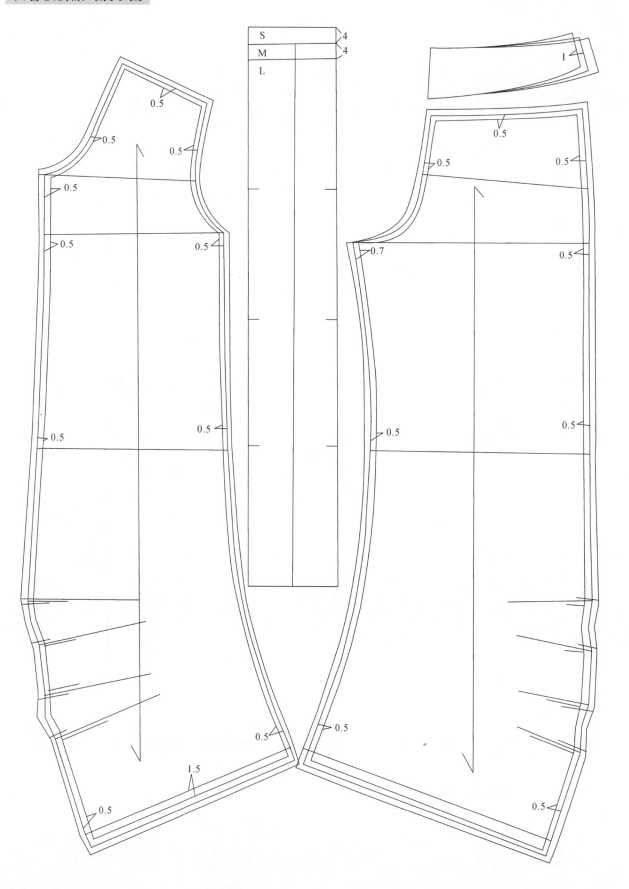

12. 女环浪裤 1

款号:JKA023					款式:女环浪裤	
制板通知单××年××月××日						单位:cm
部位尺寸	度量方法	S	M	L	头板	复板
裤　长	侧度	100	102	104		
腰　围	顶度	64.5	68.5	72.5		
臀　围	浪上8V度	87.5	91.5	95.5		
全　浪	前后浪	59	61	63		
膝　围	脾下31	41	43	45		
脚　围	平度	41	43	45		
腰头高		3.2	3.2	3.2		
前中拉链	扣起度	18	18	18		
设计师	制板人	纸样片数		腰头钮24L		用料2.2 m

女环浪裤前片结构

1. 裤长另加 0.5 cm 损耗量。

2. $\dfrac{H}{4}+2$ cm 定前浪深(立裆)。

3. 立裆线上升 8 cm 定臀围线。

4. $\dfrac{H}{4}-0.5$ cm 定前臀围。

5. 前小裆加 4 cm。

6. 前横裆宽分 $\dfrac{1}{2}$ 定裤中线。

7. 前横裆线(裤脾)下落 32 cm 定膝围线。

8. (膝围 43 cm－2.5 cm)/2 定前膝围。

9. (脚围 43 cm－2.5 cm)/2 定前脚围。

10. $\dfrac{W}{4}+4$ cm 定前腰围。

11. 腰头高完成 3.2 cm。

女环浪裤后片结构

1. $\dfrac{W}{4}+5$ cm 定后腰围。

2. $\dfrac{H}{4}+0.5$ cm 定后臀围,另加 0.5 cm 损耗。

3. 前膝围度加 2.5 cm 定后膝围。

4. 前脚围度加 2.5 cm 定后脚围。

5. 其它部位参照前后幅结构图。

女环浪裤重点与难点

- 前后侧缝环浪尺寸控制

女环浪裤结构制板图

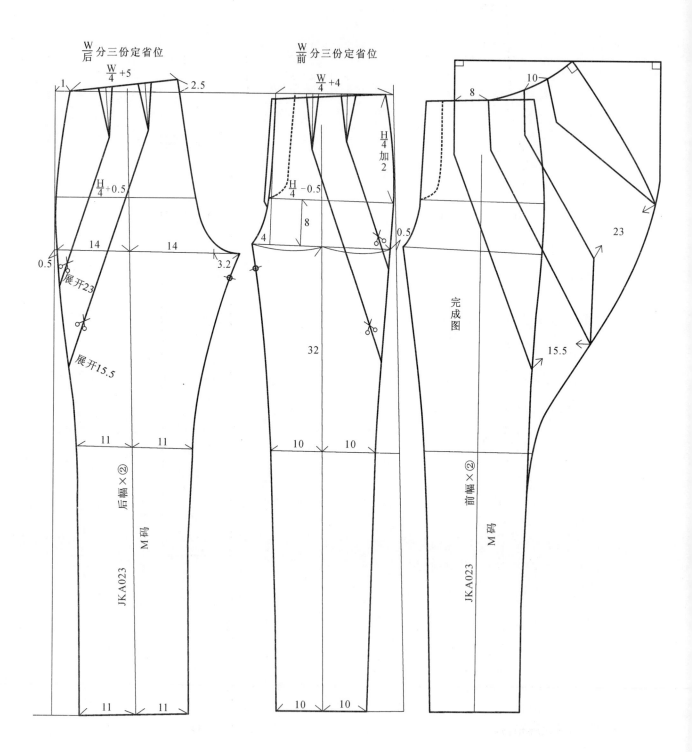

女环浪裤生产展示图（前片）

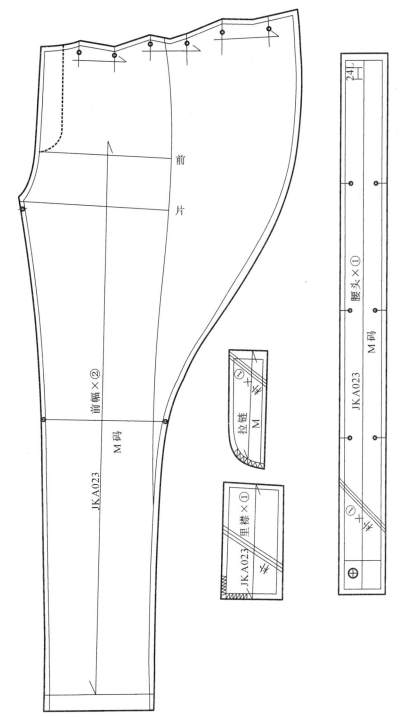

1. 所有缝份 1 cm，下脚折边 3.2 cm。
2. 腰头一块粘衬。
3. 里襟、拉链牌粘衬。
4. 整件锁边（及骨）。
5. 前中拉链完成 14 cm 拉起计。

6. 腰头钮 24L。
7. 下脚挑脚完成。
8. 腰头、门襟需实样。
9. 面料纸样块数 5 块。

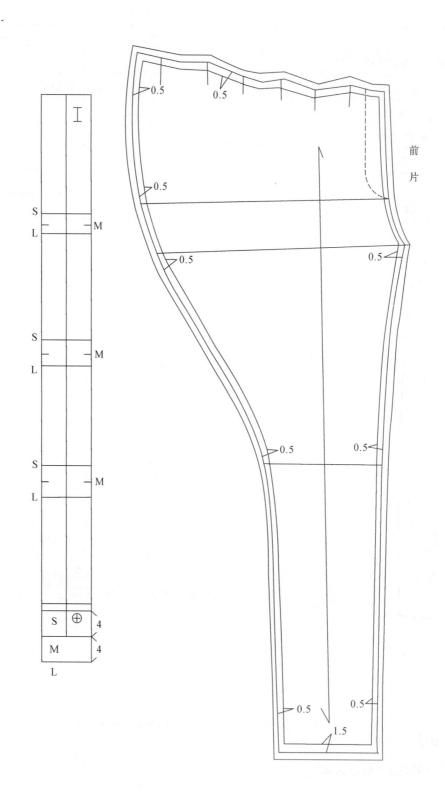

前
片

13. 女环浪裤2

款号:JKA025					款式:女环浪裤	
制板通知单××年××月××日						单位:cm
部位尺寸	度量方法	S	M	L	头板	复板
裤　长	侧度	100	102	104		
腰　围	腰顶沿边度	64	68	72		
前裆深	直度	37	39	41		
腰头高			3			
前中拉链	腰下度		18			

女环浪裤结构(前后一致)

1. 定取裤长。

2. 计算腰围$\frac{W}{4}$,另加你所需要的褶量。

3. 前浪深(立裆深)一般定为39~40 cm。

4. 腰口每个褶量定在4~5 cm。

5. 注意有侧缝,无内缝。

女环浪裤重点与难点

• 仔细观察结构图

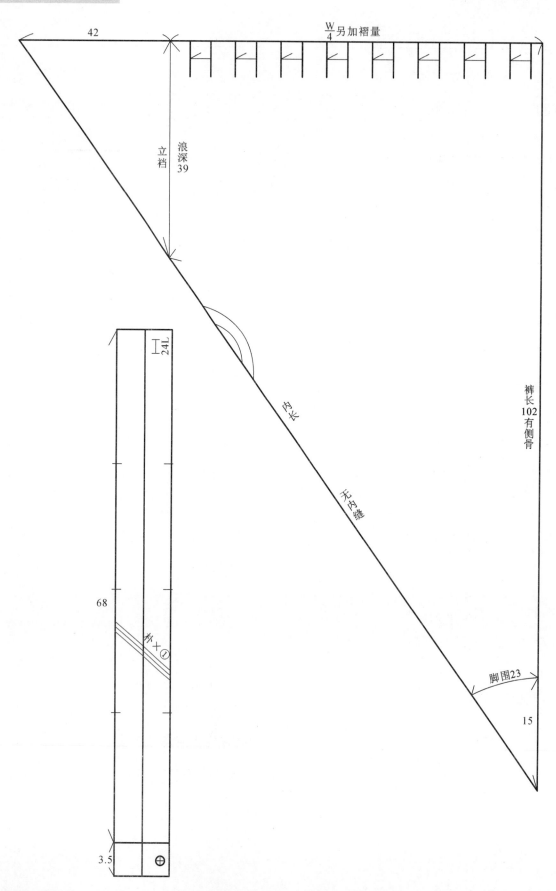

$\frac{W}{4}$ 另加褶量

42

立档

浪深 39

内长

无内缝

裤长 102 有侧骨

脚围23

15

24L

68

3.5

女环浪裤生产展示图

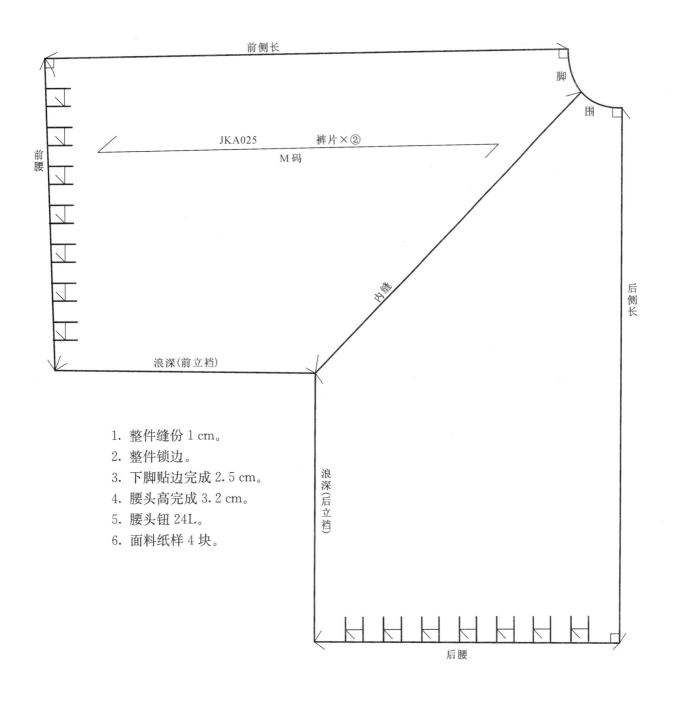

前侧长

脚

围

JKA025　　　裤片×②
M 码

前腰

内缝

后侧长

浪深(前立裆)

浪深(后立裆)

1. 整件缝份 1 cm。
2. 整件锁边。
3. 下脚贴边完成 2.5 cm。
4. 腰头高完成 3.2 cm。
5. 腰头钮 24L。
6. 面料纸样 4 块。

后腰

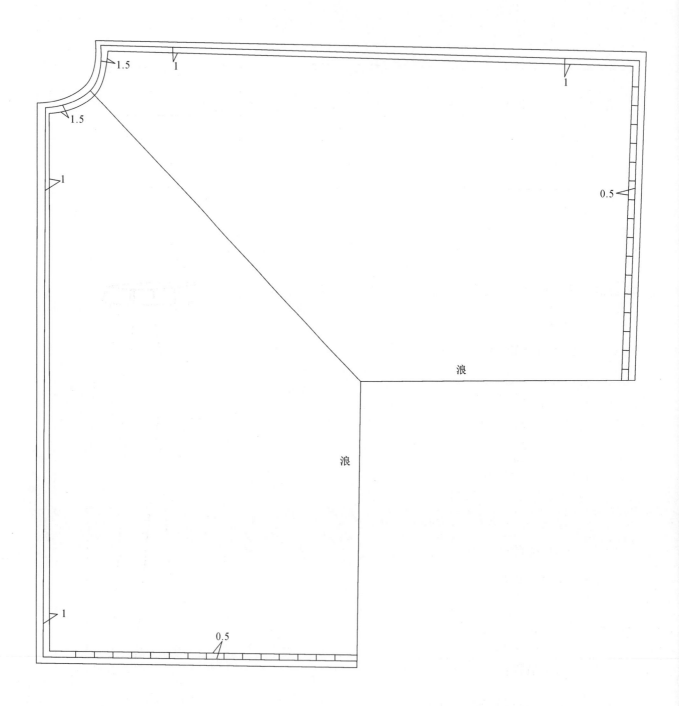

浪

浪

14. 男西裤

款号:xiao					款式:男西裤	
制板通知单××年××月××日						单位:cm
部位尺寸	度量方法	S	M	L	头板	复板
裤　长	侧度	105	107	109		
裤　腰	腰顶度	78	82	86		
臀　围	V度	103	107	110		
膝　围		50	52	54		
脚　围	沿边度	44	46	48		
全　浪		67	69	71		
裤　脾	浪底度	64	66	68		
斜袋口		16.5	16.5	16.5		
后袋宽		12.5	13	13.5		
腰头高		4	4	4		
设计师	制板人		纸样片数	后袋钮 24L		用料1.2 m

男西裤前片结构

1. 裤长另加 0.5 cm 加工损耗量。

2. 全浪 69 cm—13 cm＝56 cm,分$\frac{1}{2}$减腰头高 4 cm 等于 24 cm 为前浪深。

3. 前脾线(横裆)上升 7 cm 定臀围线。

4. $\frac{H}{4}$＋1 cm 定前臀围。

5. 前浪底加 4 cm(小裆)。

6. 前脾线(横裆)下 27 cm 定膝围线。

7. (膝围 52 cm—2 cm)/2 定前膝围。

8. (脚围 46 cm—2 cm)/2 定前脚围。

9. $\frac{W}{4}$＋6.5 cm 褶裥定前腰围。

10. 腰头直腰,完成 4 cm。

11. 前幅其它部位参照结构图。

男西裤后片结构

1. $\frac{W}{4}$＋2 cm 后腰省定后腰围。

2. $\frac{H}{4}$—1 cm 定后臀围,另加 0.5 cm 加工损耗量。

3. 前膝围度加 2 cm 定后膝围。

4. 前脚围度加 2 cm 定后脚围。

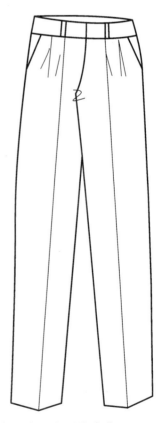

5. 后腰口线平移下定后袋高位。

6. 后侧缝减进 4 cm 定袋宽。

7. 后袋宽 13 cm。

8. 后袋宽 13 cm,分$\frac{1}{2}$定后腰省位。

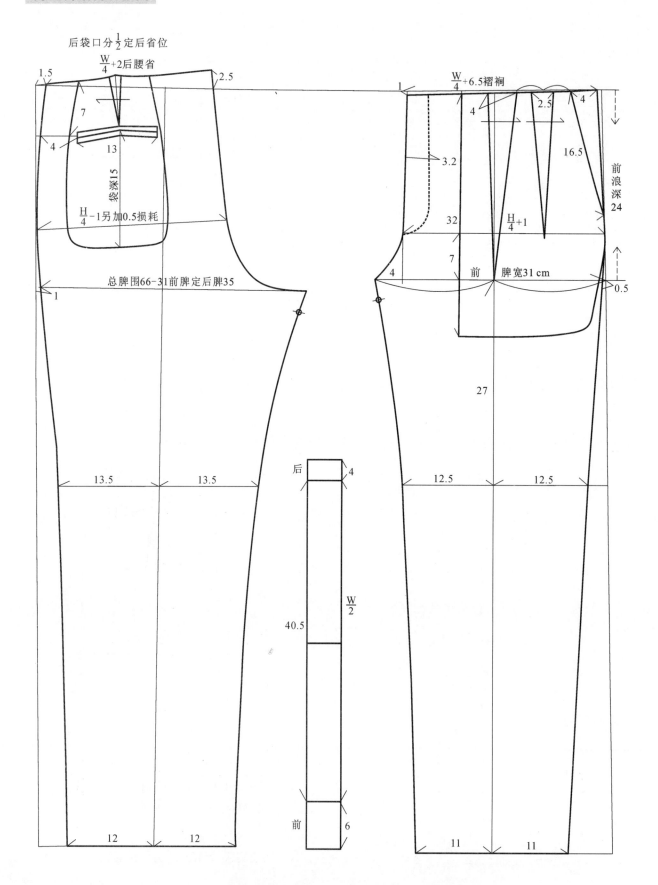

后袋口分 $\frac{1}{2}$ 定后省位

$\frac{W}{4}+2$ 后腰省

1.5

2.5

7

4

13

袋深15

$\frac{H}{4}-1$ 另加0.5损耗

总脾围66-31前脾定后脾35

1

13.5   13.5

12   12

后   4

$\frac{W}{2}$

40.5

前   6

1

$\frac{W}{4}+6.5$ 褶裥

4   2.5   4

3.2

16.5

前浪深24

32    $\frac{H}{4}+1$

7

4   前   脾宽31 cm   0.5

27

12.5   12.5

11   11

男西裤生产展示图

1. 所有缝份 1 cm,下脚折边 4 cm。
2. 腰头粘衬(树脂衬)。
3. 拉链牌、里襟粘衬。
4. 整件锁边。
5. 腰头落坑线完成 4 cm。
6. 前中拉链长完成 18 cm。
7. 门襟需实样。
8. 面料纸样块数 15。

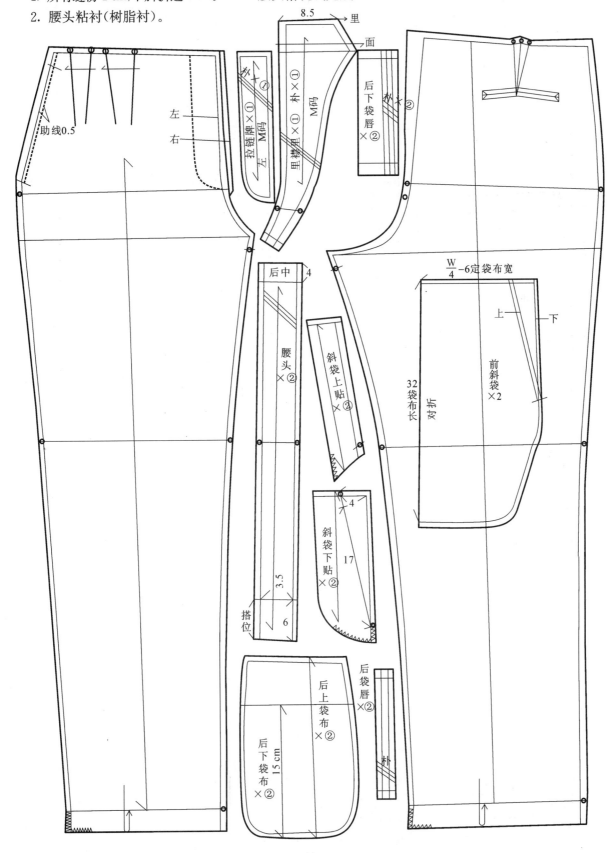

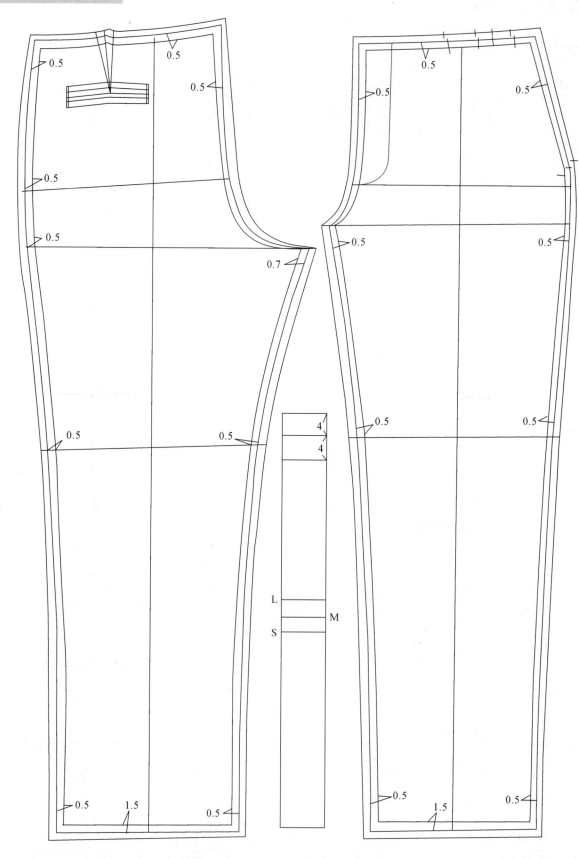

15. 女牛仔短裤

款号:xiao						款式:女牛仔短裤	
制板通知单××年××月××日							单位:cm
部位尺寸	度量方法	S	M	L		头板	复板
裤　长	腰度	32	33	34			
腰　围	平度	67	71	75			
臀　围	V度	87.5	91.5	95.5			
腰头高		4	4	4			
前浪连头		18.5	20.5	22.5			
前袋宽		10	10	10			
前袋深		7	7	7			
后中机头高		6	6	6			
后侧机头高		3.2	3.2	3.2			
后袋宽		12.5	12.5	12.5			

女牛仔短裤前片结构

1. 裤长另加 0.5 cm 加工损耗量。

2. 前浪连头 20.5 cm—1.2 cm 定前浪深直度(立裆)。

3. 前裤脾线(横裆)上升 8 cm 定臀围线。

4. $\dfrac{H}{4}$—1 cm 定前臀围。

5. 前浪底加 3.2 cm(小裆)。

6. 前脾宽(横裆)分 $\dfrac{1}{2}$ 定裤中线。

7. $\dfrac{W}{4}$+1 cm 前腰暗省。

8. 前挖袋口宽 11 cm。

9. 前挖袋深 7 cm。

10. 前幅其它部位参照结构图。

女牛仔短裤后片结构

1. $\dfrac{W}{4}$+2 cm 定后腰省位。

2. $\dfrac{H}{4}$+1 cm 定后臀围,另加 0.5 cm 损耗量。

3. 后中机头高 6 cm,后侧机头高 3.2 cm。

4. 后袋宽 13 cm,后袋长 14 cm。

5. 后幅其它部位参照结构图。

6. 腰头高 4 cm。

女牛仔短裤结构制板图

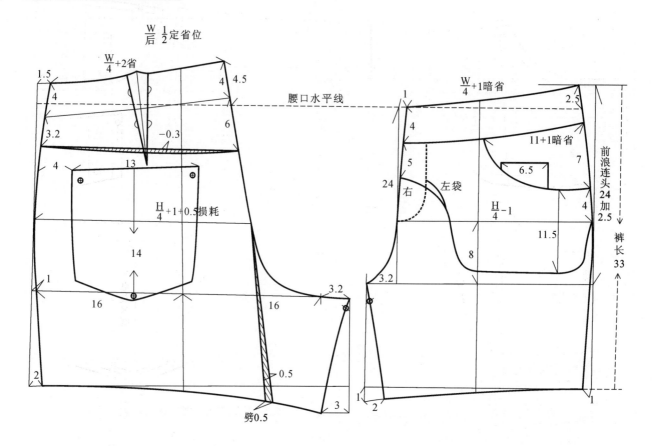

女牛仔短裤生产展示图

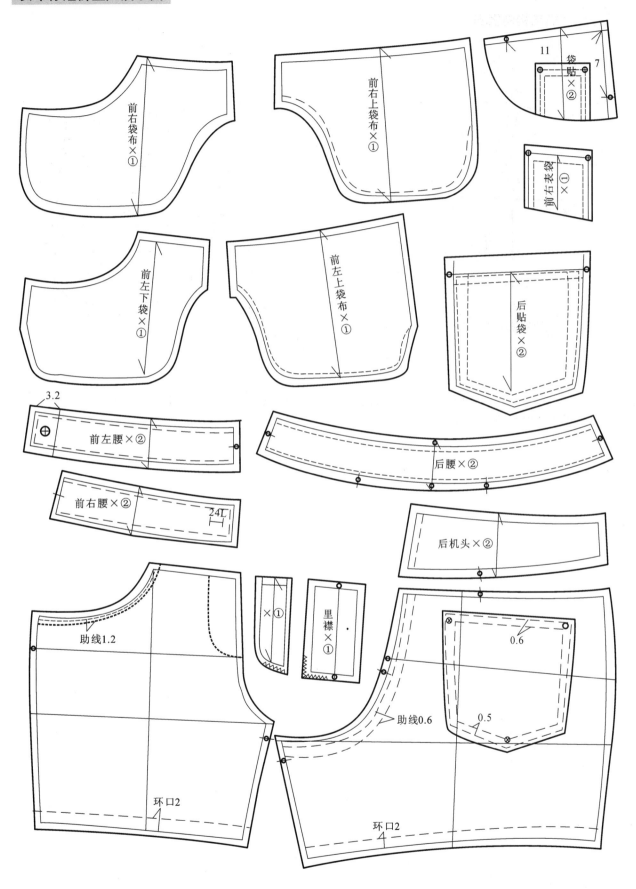

前右袋布×①

前右上袋布×①

11 袋贴×② 7

前右表袋×①

前左下袋×①

前左上袋布×①

后贴袋×②

3.2 前左腰×②

后腰×②

前右腰×② 24

后机头×②

助线1.2

×① 里襟×①

0.6

助线0.6

0.5

环口2

环口2

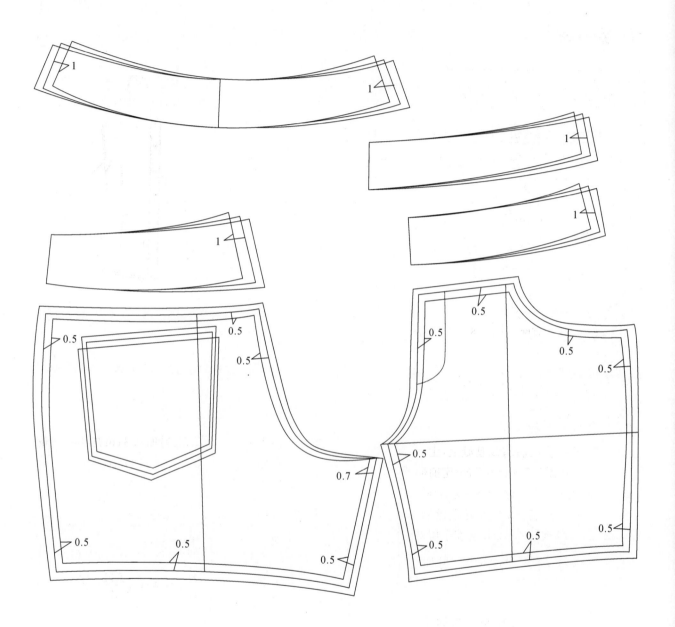

第四章 女 衬 衫

1. 女衬衫 1

款号：xiao		款式：女衬衫		
制板通知单××年××月××日				单位：cm
		S	M	L
部位尺寸	度量方法	155/80A	160/84A	165/88A
后中长	后中度	55	56	57
胸 围	夹底度	87.5	91.5	95.5
肩 宽	平度	37	38	39
腰 围	平度	72	76	80
脚 围	沿边度	91.5	95.5	99.5
袖 长	肩点度	57.5	58.5	59.5
袖 肥	平度	31	33	35
夹 圈（袖窿）		42.5	44.5	46.5
袖 口	扣起度	19.5	20.5	21.5
领 围	打开度	41	42	43
领尖长	直度	8	8	8
前筒宽		2.5	2.5	2.5
介英（袖克夫）		4	4	4
设计师　制板人　纸样片数　前筒钮18L　用料1.3 m				

女衬衫前片结构

1. 前肩点线在后肩线基础上，上升 0.5 cm。

2. 后横开领 7.5 cm－0.5 cm 定前横开领。 } 关门计算法

3. 前横开领宽 7 cm＋1 cm 定前领深。

4. 制板前总肩 20.5 cm 定前落肩 5.5 cm。

5. 后小肩宽减 0.3 cm 定前小肩宽。

6. $\dfrac{B}{4}$＋0.2 cm 定前胸围，另加 0.5 cm 加工损耗。

7. $\dfrac{W}{4}$－0.2 cm 定前腰围，另加 2.5 cm 前腰省。

8. $\dfrac{1}{4}$ 脚围减 0.2 cm 定前脚围。

9. 前中线减进 9.5 cm 定胸距点，偏进 1 cm 定前腰省位。

10. 前胸围线上升 2.5 cm 定前腋下省量。

11. 前中搭位加出 1.25 cm。

12. 前幅其它部位参照结构图。

女衬衫后片结构

1. 后中长后领深计算，另加 0.3 cm 加工损耗量。

2. 后横开领定尺寸 7.5 cm，后领深定尺寸 2 cm。

3. 制板后总肩 21 cm 定后落肩 4.8 cm。

4. 实际肩宽$\dfrac{S}{2}$定取后小肩宽。

5. $\dfrac{B}{4}$－0.2 cm 定后胸围。

6. $\dfrac{B}{2}$－1.2 cm 定夹圈（AH），$\dfrac{AH}{2}$－2 cm 定后夹直。

7. 后肩点水平线下 41 cm 定腰围线。

8. $\dfrac{W}{4}$－0.2 cm 定后腰围，另加 2.5 cm 后腰省。

9. $\dfrac{1}{4}$ 脚围加 0.2 cm 定后下脚围。

10. 后腰口宽分$\dfrac{1}{2}$，在$\dfrac{1}{2}$处偏侧 0.5 cm 定后腰省位。

11. 后幅其它部位参照结构图。

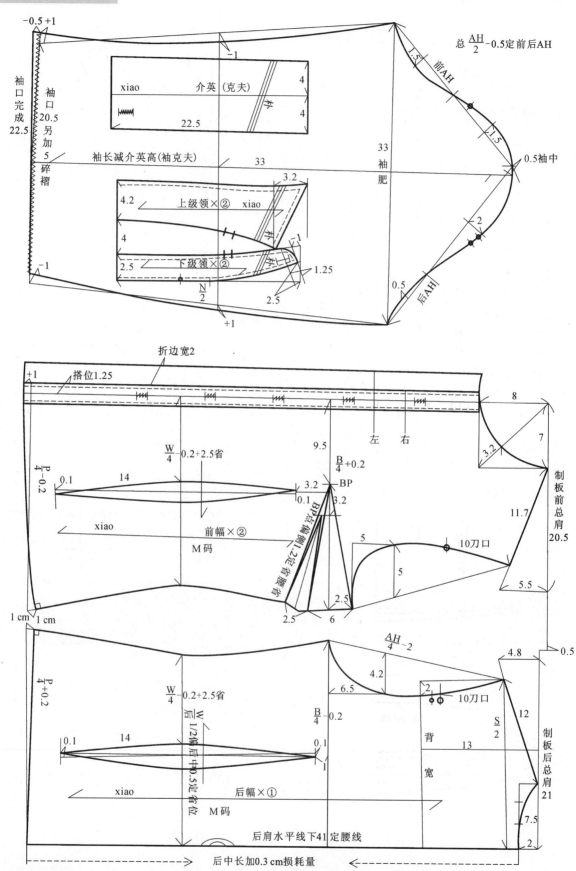

总 $\frac{AH}{2}$ -0.5定前后AH

前AH

0.5袖中

后AH

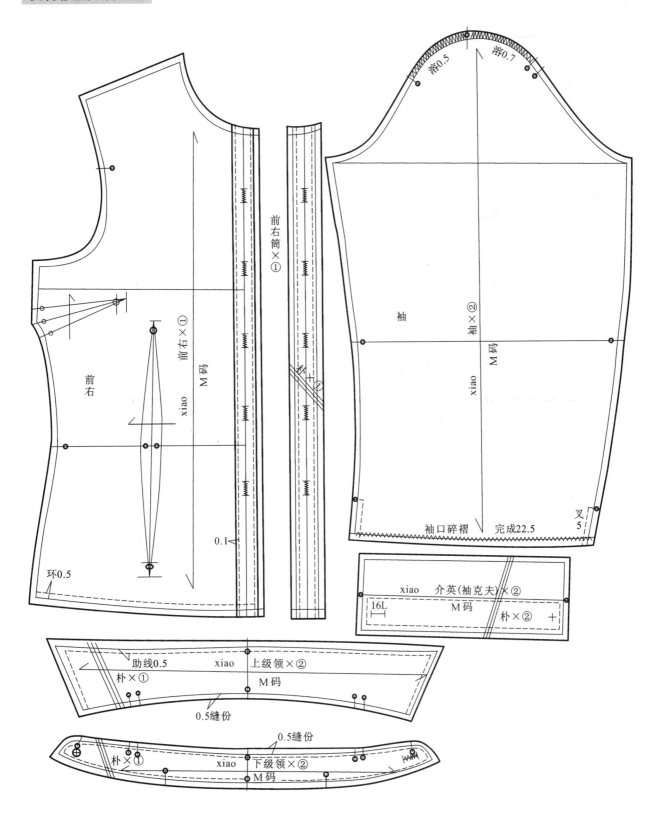

前右筒×①

前右×①

前右

xiao

M 码

0.1

环0.5

袖

袖×②

xiao

M 码

缩0.5 缩0.7

袖口碎褶 完成22.5 叉5

xiao 介英(袖克夫)×②

16L M 码 朴×②

助线0.5 xiao 上级领×②

朴×① M 码

0.5缝份

0.5缝份

朴×① xiao 下级领×②

M 码

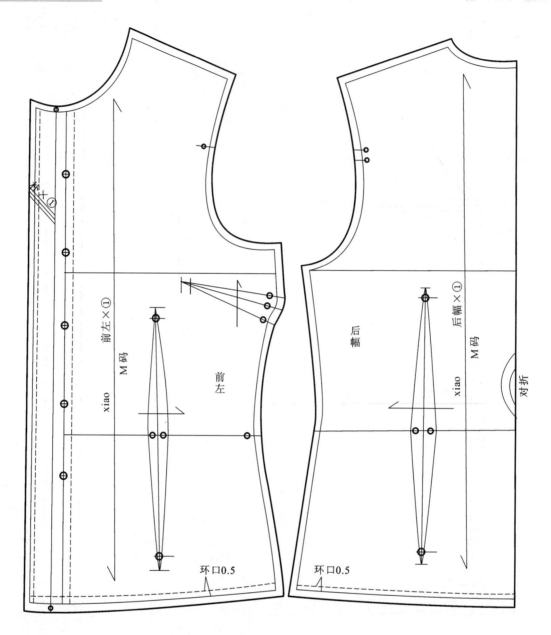

1. 所有缝份 1 cm,下脚环口(车脚)0.5 cm。

2. 前右中贴筒。

3. 粘衬部位:前中右筒,前左门贴,上、下级领,介英。

4. 整件锁边(及骨)。

5. 缝份倒向后侧。

6. 前后橄榄省,省尖平服,省倒向侧缝。

7. 前幅腋下各一个腋下省,省量 2.5 cm。

8. 前右筒助线 0.1 cm。

9. 介英四周助线 0.1 cm,上、下级领助线 0.1 cm。

10. 裁片纸样 8 块,实样 5 块。

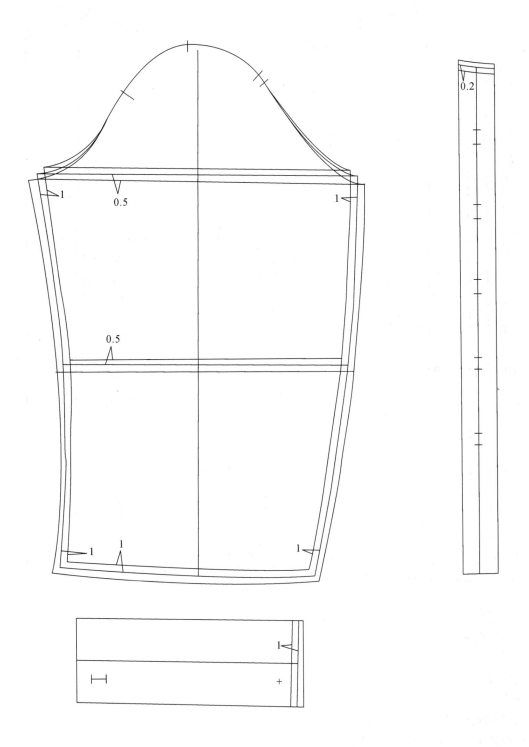

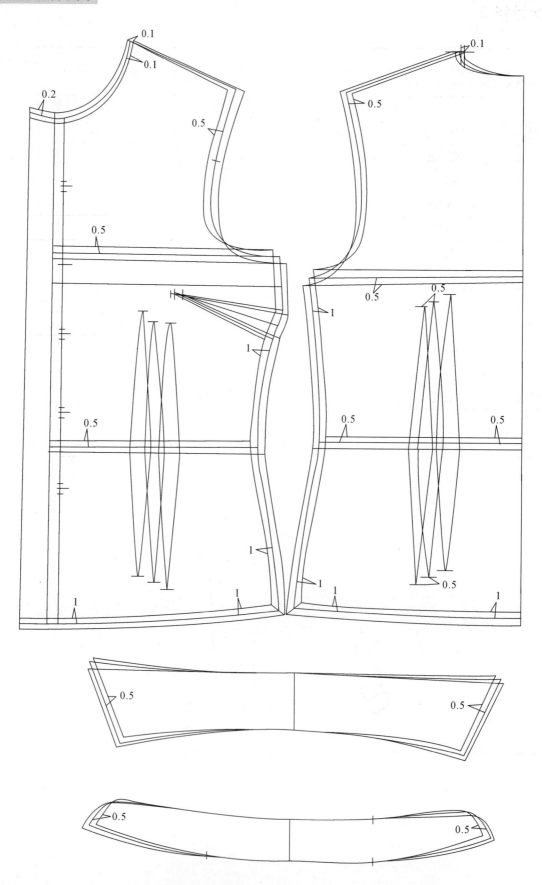

2. 女衬衫 2

款号:xiao					款式:女衬衫	
制板通知单××年××月××日						单位:cm
		S	M	L		
部位尺寸	度量方法	155/80A	160/84A	165/88A	头板	复板
后中长	后中度	55	56	57		
胸　围	夹底度	87.5	91.5	95.5		
肩　宽	平度	37	38	39		
腰　围	平度	72	76	80		
脚　围	沿边度	91.5	95.5	99.5		
袖　长	肩点度	57.5	58.5	59.5		
袖　肥	平度	31	33	35		
夹　圈		42.5	44.5	46.5		
袖　口	扣起度	19.5	20.5	21.5		
领　围	打开度	41	42	43		
领尖长	直度	8	8	8		
前筒宽(门襟)		2.5	2.5	2.5		
设计师	制板人	纸样片数		前筒钮18L	用料1.3 m	

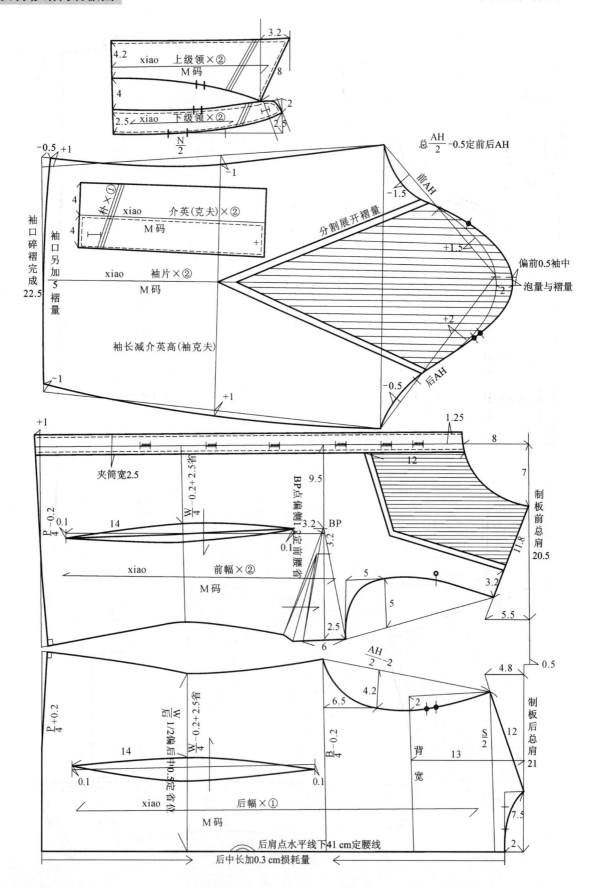

上级领×② M码

下级领×②

总 $\frac{AH}{2}$ -0.5定前后AH

前AH

分割展开褶量

偏前0.5袖中

泡量与褶量

后AH

杯×①

介英(克夫)×② M码

袖片×② M码

袖口碎褶完成 22.5

袖口另加褶量

袖长减介英高(袖克夫)

夹筒宽2.5

制板前总肩 20.5

BP点偏侧1定前腰省

前幅×② M码

背宽

制板后总肩 21

后幅×① M码

后肩点水平线下41cm定腰线

后中长加0.3cm损耗量

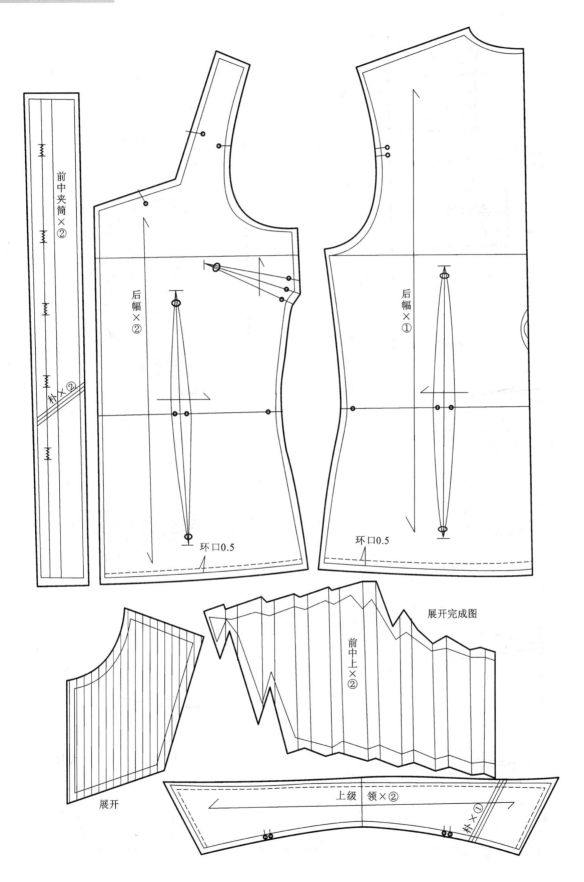

前中夹筒×②

朴×②

后幅×②

环口0.5

后幅×①

环口0.5

展开完成图

前中上×②

展开

上级 领×②

朴×①

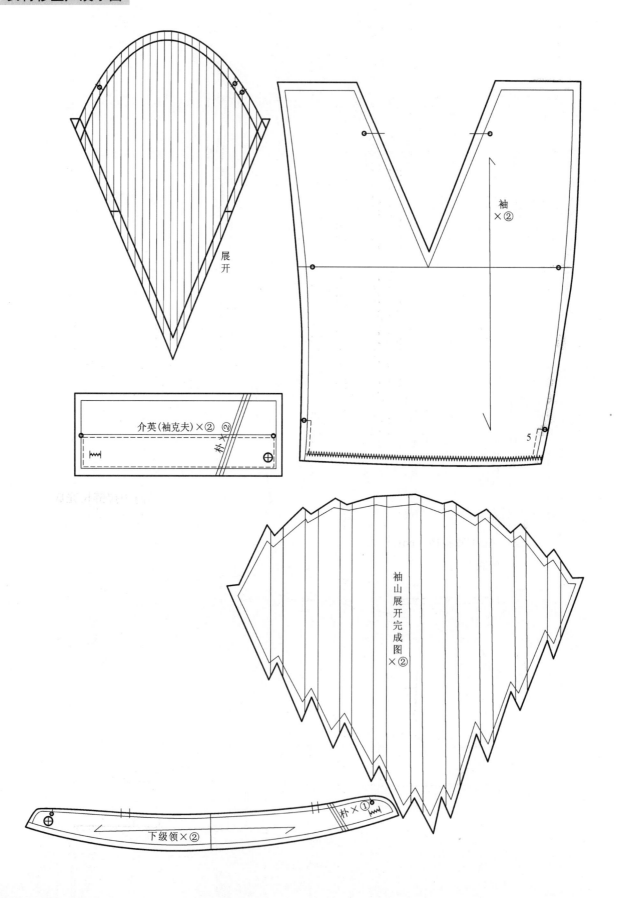

展开

介英(袖克夫)×② ②
朴×②

袖
×②

5

袖山展开完成图
×②

下级领×②
朴×①

第五章 女 马 甲

1. 五粒钮女马甲

款号:xiao				款式:五粒钮女马甲		
制板通知单××年××月××日					单位:cm	
		S	M	L		
部位尺寸	度量方法	155/80A	160/84A	165/88A	头板	复板
后中长		48	49	50		
肩 宽		35	36	37		
胸 围		87.5	91.5+2.5	95.5		
腰 围		72	76+3.2	80		
脚 围		86	90+2.5	94		
夹 圈		44	46	48		
袋 宽		11.5	11.5	11.5		
设计师	制板人	纸样片数		钮号24L	用料60 cm	

五粒钮女马甲前片结构

1. 后肩点线上升0.5 cm定前肩点线。
2. 后横开领减0.5 cm定前横开领宽。
3. 制板前总肩20.5 cm定前落肩5.5 cm。
4. 后小肩宽减0.2 cm定前小肩宽。
5. $\frac{B}{4}$定前胸围。
6. $\frac{W}{4}$－0.2 cm定前腰围,另加2.5 cm前腰省。
7. P代表脚围,$\frac{P}{4}$定前脚围。
8. 前中线与胸围线交点减9.5 cm定胸距点。
9. 前胸距点偏侧2 cm定前公主线位。
10. 前中下脚上升11 cm定袋位。
11. 前幅其它部位参照结构图。

五粒钮女马甲后片结构

1. 后中长,另加0.5 cm加工损耗量。
2. 后横开领8 cm,后领深2 cm。
3. 制板后总肩21 cm定后落肩4.8 cm。
4. 实际肩36 cm定取后小肩宽。
5. $\frac{B}{4}$定后胸围。
6. $\frac{B}{2}$－1.2 cm定夹圈(AH),$\frac{AH}{2}$－2 cm定后夹直深。
7. 后领深下落38 cm定后腰节线。
8. $\frac{W}{4}$－0.2 cm定后腰围,另加2.5 cm后腰省。
9. P代表脚围,$\frac{P}{4}$定后脚围。
10. 后中线与后下脚线相交点减1.3 cm。
11. 后中线与后腰节线交点减1.7 cm。
12. 后领深与后中线交点减0.1 cm定取实际后中线。
13. 后腰口宽分$\frac{1}{2}$,在$\frac{1}{2}$处偏侧1 cm定后公主线位。
14. 后幅其它部位参照结构图。

五粒钮女马甲重点与难点

• 实际胸围加2.5 cm,腰围加3.2 cm,脚围加2.5 cm分配前后,完成胸围前大、后小

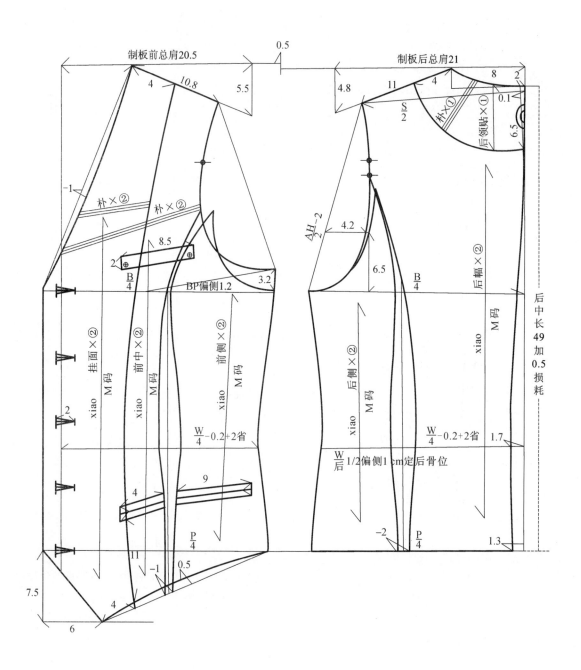

五粒钮女马甲生产展示图

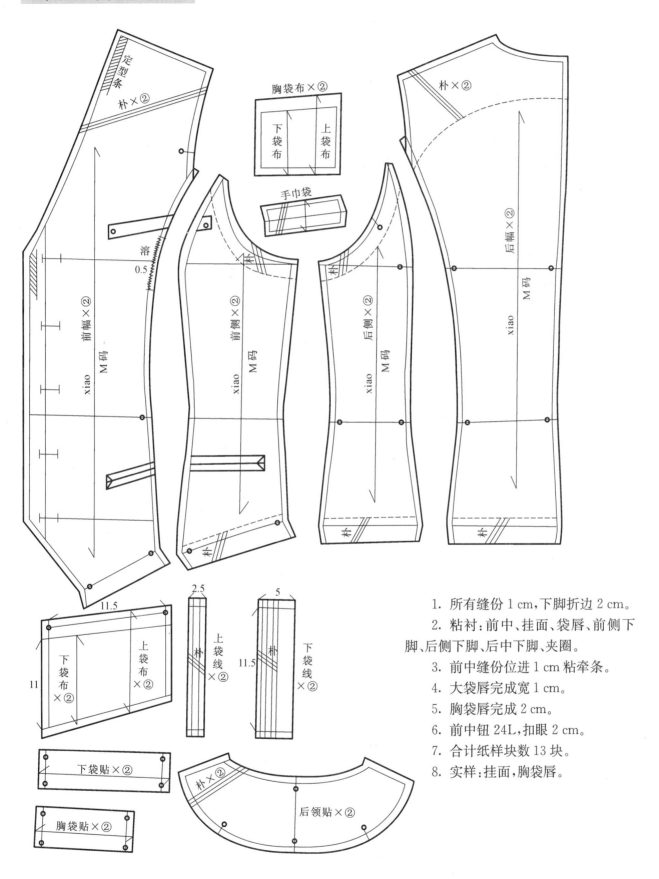

定型条

朴×②

前幅×②

xiao M码

溶
0.5

胸袋布×②

下袋布　上袋布

手巾袋

前侧×②

xiao M码

朴

朴×②

后幅×②

后侧×②

xiao M码

xiao M码

朴

朴

朴

11.5

下袋布×②　上袋布×②

11

2.5

上袋线×②

朴

5

朴

下袋线×②

11.5

下袋贴×②

胸袋贴×②

朴×②

后领贴×②

1. 所有缝份1cm,下脚折边2cm。
2. 粘衬:前中、挂面、袋唇、前侧下脚、后侧下脚、后中下脚、夹圈。
3. 前中缝份位进1cm粘牵条。
4. 大袋唇完成宽1cm。
5. 胸袋唇完成2cm。
6. 前中钮24L,扣眼2cm。
7. 合计纸样块数13块。
8. 实样:挂面,胸袋唇。

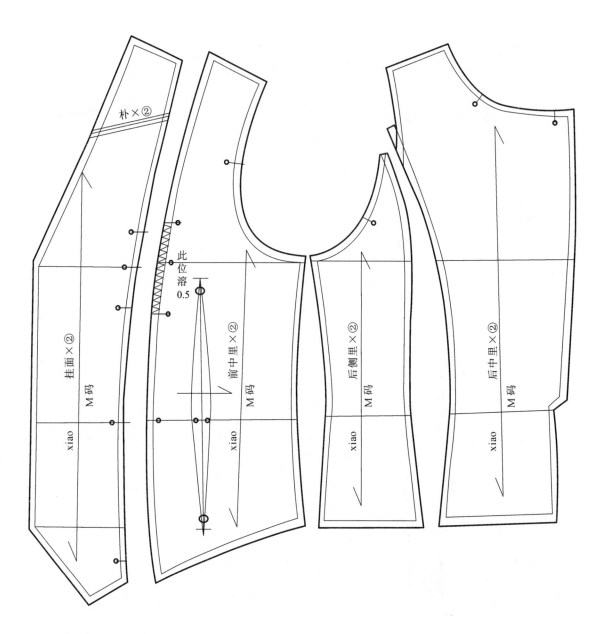

1. 所有缝份1 cm,里下脚1.5 cm。
2. 后中里在面布基础上增大0.2 cm。
3. 前中里在面布基础上增大0.2 cm。
4. 合计里料纸样3块。

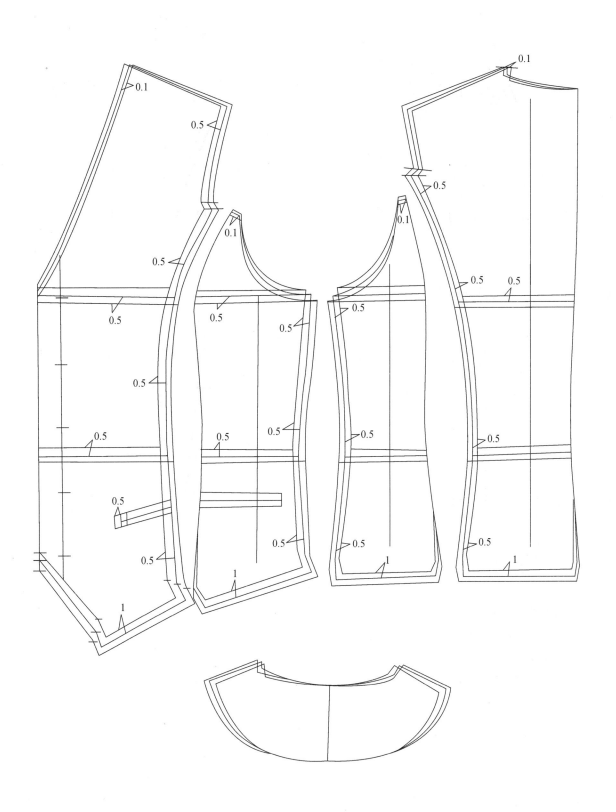

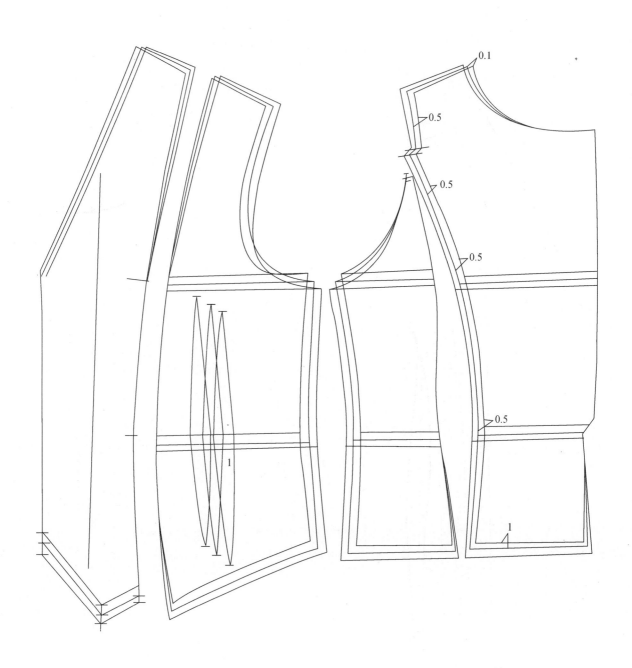

2. 平驳领五粒钮女马甲

平驳领五粒钮女马甲结构制板图

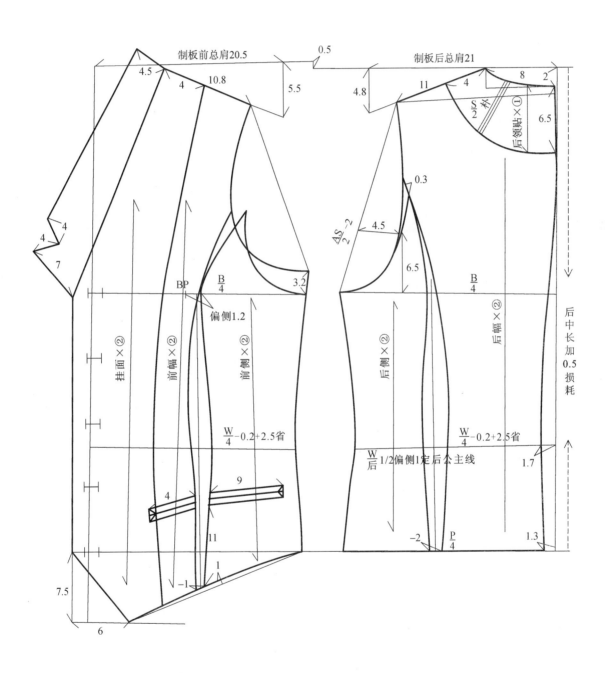

3. 青果领五粒钮女马甲

青果领五粒钮女马甲结构制板图

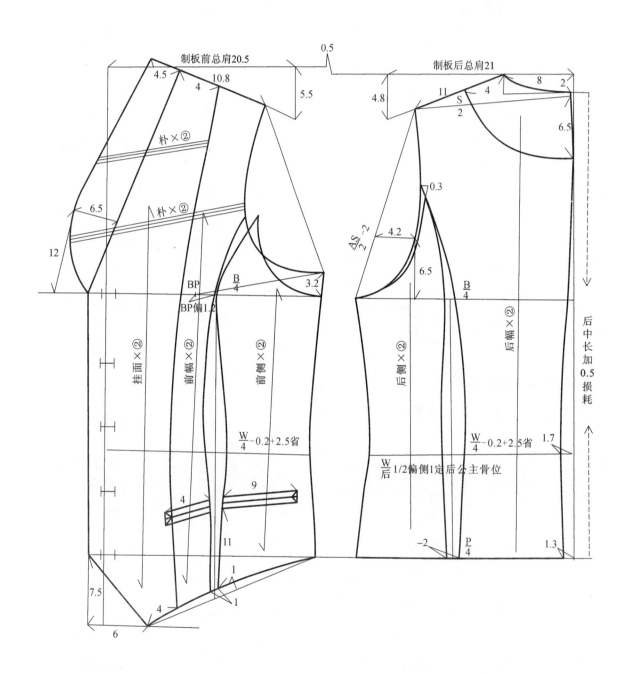

第六章　连　衣　裙

1. 盘领排褶连衣裙

款号:JKA00	款式:盘领排褶连衣裙		
制板通知单××年××月××日			单位:cm
部位尺寸	度量方法	S	M	L
裙长	后中度	90	92	94
肩宽		37	38	39
胸围	夹底度	87.5	91.5	95.5
腰围	平度	72	76	80
臀围	V度	91.5	95.5	99.5
领围	扣起度	39	40	41
袖长		18	19	20
袖肥		31	33	35
袖口		36	37	38
设计师	制板人	纸样片数	用料

盘领排褶连衣裙前片结构

1. 前肩点线在后肩点水平基础上,上升 0.5 cm。

2. 后横开领 7.5 cm—0.5 cm 定前横开领。 关门领

3. 前横开领宽加 1 cm 定前领深。 计算法

4. 制板前总肩 20.5 cm 定前落肩 5.5 cm。

5. 后小肩宽减 0.2 cm 定前小肩宽。

6. $\frac{B}{4}$+0.2 cm 定前胸围,另加 0.5 cm 损耗量。

7. $\frac{W}{4}$−0.2 cm 定前腰围,另加 2.5 cm 前腰省。

8. $\frac{H}{4}$定前臀围,$\frac{H}{4}$+4 cm 定前脚围。

9. 前中线减进 9.5 cm 定胸距点与前腰省位。

10. 前腰分割腰带高 4 cm。

11. 前后小肩重叠配领,领前加放 2 cm 重叠量。

盘领排褶连衣裙后片结构

1. 后中长后领深计算,另加 20.5 cm 加工损耗量。

2. 后横开领 7.5 cm,后领深 2 cm。

3. 制板后总肩 21 cm 定后落肩 4.8 cm。

4. 实际肩宽 $\frac{S}{2}$定取后小肩宽。

5. $\frac{B}{4}$−0.2 cm 定后胸围。

6. $\frac{B}{2}$−1.2 cm 定夹圈(AH),$\frac{AH}{2}$−2 cm 定后夹直。

7. 后领深线下落 38 cm 定后腰节线。

8. $\frac{W}{4}$−0.2 cm 定后腰围,另加 2.5 cm 省。

9. 后腰分割腰带高 4 cm。

10. $\frac{H}{4}$定后臀围。

11. $\dfrac{H}{4}+4$ cm 定后脚围。

12. 后腰口宽分 $\dfrac{1}{2}$，在 $\dfrac{1}{2}$ 处偏中 0.5 cm 定后省位。

13. 后幅其它部位参照结构图。

盘领排褶连衣裙重点与难点

- 领子配置
- 袖子泡泡量
- 下裙排褶

盘领排褶连衣裙结构制板图

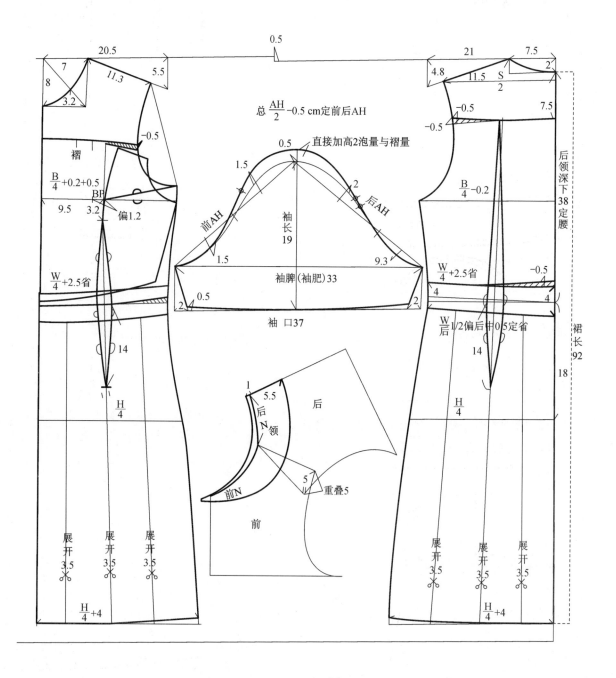

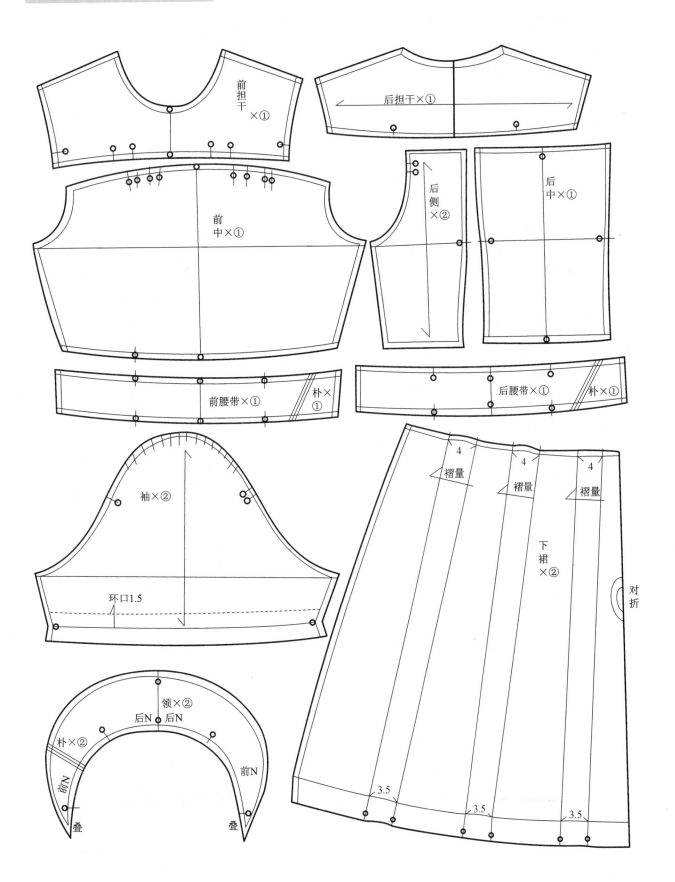

前担干×①

后担干×①

前
中×①

后侧×②

后
中×①

前腰带×① 朴×①

后腰带×① 朴×①

袖×②

环口1.5

4 褶量

4 褶量

4 褶量

下裙×②

对折

3.5

3.5

3.5

领×②

后N 后N

朴×②

前N

前N

叠

叠

盘领排褶连衣裙放码展示图

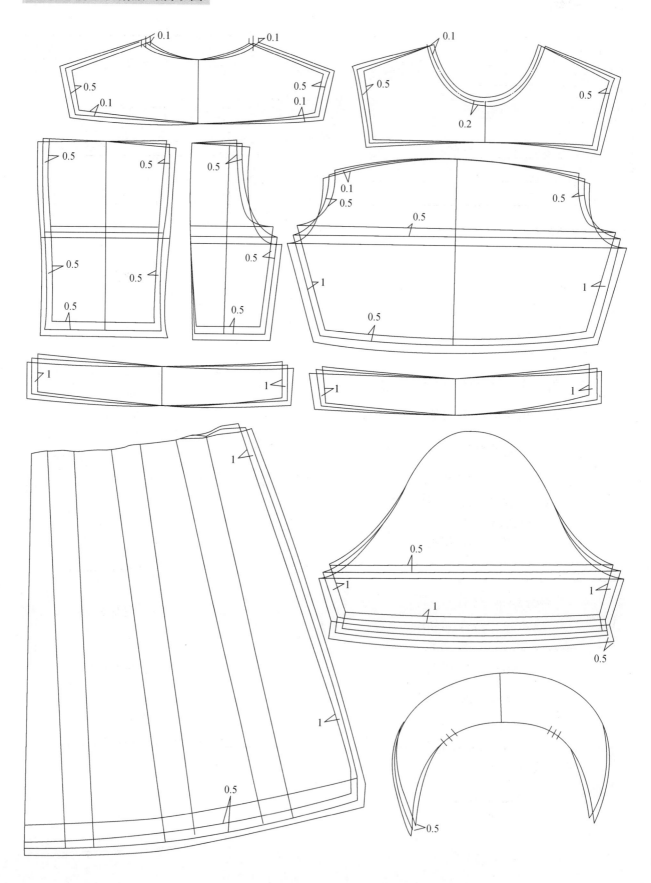

2. 吊带裙

款号:JKA00				款式:吊带裙
制板通知单××年××月××日				单位:cm
裙长	后中度	87	89	91
肩宽		37	38	39
胸围	夹底度	87.5	91.5	95.5
腰围		72	76	80
臀围		91.5	95.5	99.5

吊带裙前片结构

1. 后肩点水平线上升 0.5 cm 定前肩点线。
2. 后横开领宽 7.5 cm—0.5 cm 定前横开领。
3. 前横开领宽加 1 cm 定前领深。
4. 制板前总肩 20.5 cm 定前落肩 5.5 cm。
5. 后小肩宽减 0.2 cm 定前小肩宽。
6. $\dfrac{B}{4}$+0.3 cm 定前胸围,另加损耗量 0.5 cm。
7. $\dfrac{W}{4}$+0.2 cm 定前腰围,另加 2.5 cm 前腰省。
8. $\dfrac{H}{4}$-0.2 cm 定前臀围。
9. 前臀围加 4 cm 定前脚围。
10. 前中线与胸围线交点定取胸距点 9.5 cm。
11. 前胸距点定取前腰省位。
12. 前幅其它部位参照结构图。

吊带裙后片结构

1. 裙长后领深计算,另加 0.5 cm 加工损耗量。
2. 基础后横开领 7.5 cm,后领深 2 cm。
3. 制板后总肩 21 cm 定后落肩 4.8 cm。
4. 实际肩 38 cm 定取后小肩宽。
5. $\dfrac{B}{4}$-0.3 cm 定后胸围。
6. 后肩点水平线直度 23 cm 定后夹直深。
7. 后领深下落 37 cm 定腰节线。
8. 后腰节线下落 18 cm 定后臀围线。
9. $\dfrac{H}{4}$+0.2 cm 定后臀围。

10. $\dfrac{W}{4}$-0.2 cm 定后腰围,另加 2.5 cm 后腰省位。
11. 后腰口宽分 $\dfrac{1}{2}$,在 $\dfrac{1}{2}$ 处偏中 0.5 cm 定后腰省位。
12. 后臀围加 4 cm 定后脚围。
13. 后幅其它部位参照结构图。

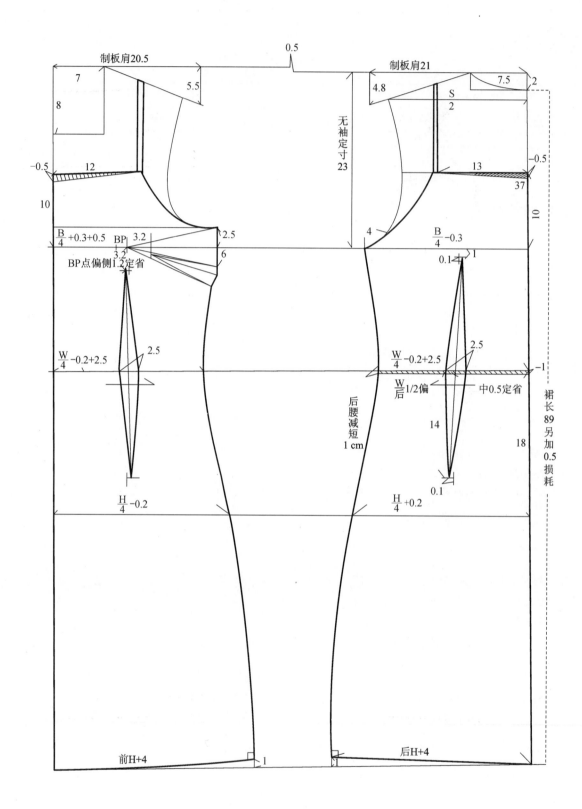

制板肩20.5　　　　　0.5　　　　制板肩21

7

8

5.5

无袖定寸23

制板肩21

4.8　　S/2　　7.5　　2

−0.5　　12　　　　　　　　　13　　　−0.5

10　　　　　　　　　　　　　　　　37

$\frac{B}{4}+0.3+0.5$　BP　3.2　2.5　　　　4　　$\frac{B}{4}-0.3$

3.2　　6　　　　　　　　　　　　0.1　1

BP点偏侧1.2定省

$\frac{W}{4}-0.2+2.5$　2.5　　　　　$\frac{W}{4}-0.2+2.5$　2.5　　−1

$\frac{W}{后}1/2$偏　中0.5定省

10

14

后腰减短1 cm

18

$\frac{H}{4}-0.2$　　　　　　　　　$\frac{H}{4}+0.2$

0.1

裙长89另加0.5损耗

前H+4　　　1　　　　　后H+4

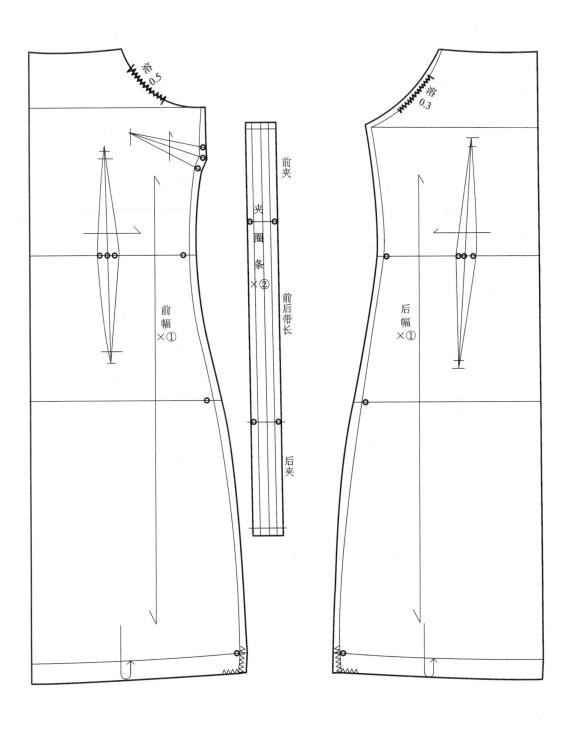

容 0.5

容 0.3

前夹

夹圈条 ×②

前后带长

后夹

前幅 ×①

后幅 ×①

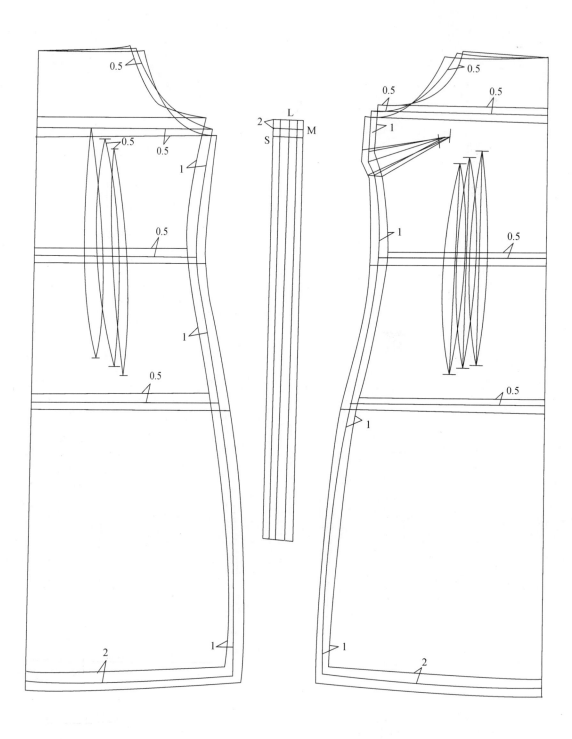

3. 六片大摆裙 1

部位尺寸	度量方法	S	M	L
款号:JKA00				款式:六片大摆裙
制板通知单××年××月××日				单位:cm
裙长	后中度	112	114	116
肩宽		37	38	39
胸围		87.5	91.5	95.5
腰围		72	76	80
设计师	制板人	纸样片数	用料 3 m	

六片大摆裙前片结构

1. 前肩点线在后肩点水平线基础上,上升 0.5 cm。
2. 后横开领 7.5 cm—0.5 cm 定前横开领。
3. 前横开领宽加 1 cm 定前领深。
4. 制板前总肩 20.5 cm 定前落肩 5.5 cm。
5. 后小肩宽减 0.2 cm 定前小肩宽。
6. $\frac{B}{4}$＋0.2 cm 定前胸围,另加 0.5 cm 加工损耗量。
7. $\frac{W}{4}$－0.2 cm 定前腰围,另加 2.5 cm 前腰省。
8. 前中线与下脚线相交点处加 24 cm 定前中裙摆。
9. 前中线与胸围线相交点减进 9.5 cm 定胸距点。
10. 胸距点位定取前腰省位。
11. 胸省位与前侧腰点分 $\frac{1}{2}$ 线垂直至下脚。
12. 垂直线与下脚交点处各加出 24 cm 定前侧裙摆。
13. 前幅其它部位参照结构图。

六片大摆裙后片结构

1. 裙长后领深计算,另加 0.5 cm 加工损耗量。
2. 基础后横开领 7.5 cm,后领深 2 cm。
3. 制板后总肩 21 cm 定后落肩 4.8 cm。
4. 实际肩 $\frac{S}{2}$ 定取后小肩宽。
5. $\frac{B}{4}$－0.2 cm 定后胸围。
6. 后肩点水平线直度 23 cm 定后夹直深。
7. 后领深下落 37 cm 定腰节线。
8. $\frac{W}{4}$－0.2 cm 定后腰围,另加 2.5 cm 后腰省。
9. 实际后中线与下脚线相交点向侧加 24 cm 定侧裙摆。
10. 侧腰点与后腰省中点处分 $\frac{1}{2}$ 定取垂直线至下脚,在下脚处各加出 24 cm 定后侧裙摆。
11. 后幅其它部位参照结构图。

前后腰分取等份

实际后领深仔细观察结构
前后裙摆定取

六片大摆裙结构制板图

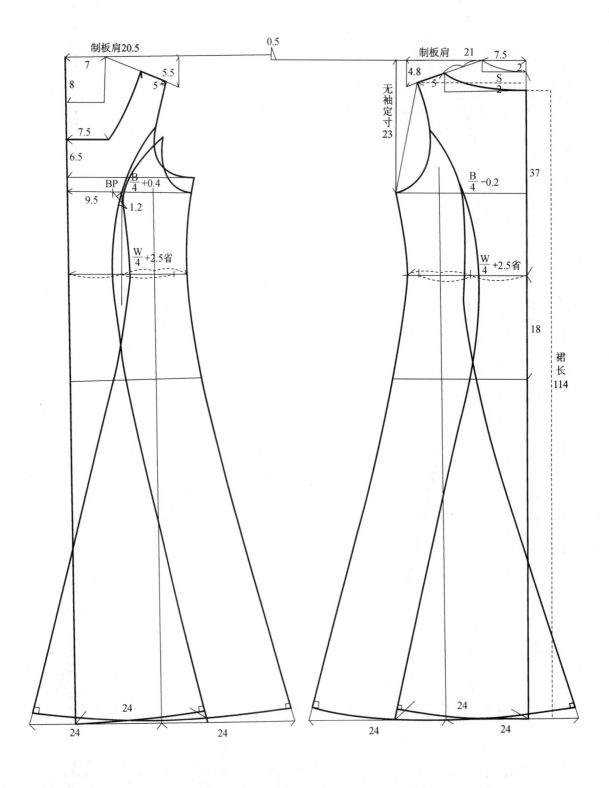

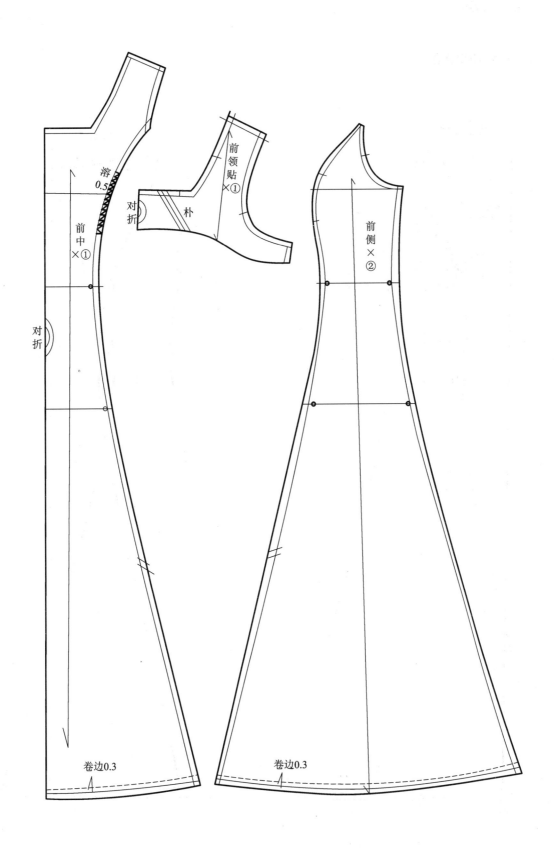

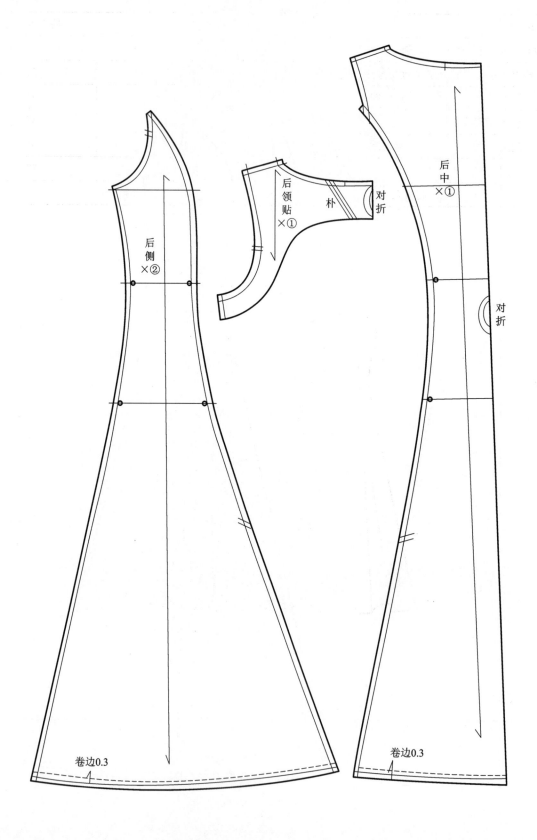

后侧
×②

后领贴
×①

朴

对折

后中
×①

对折

卷边0.3

卷边0.3

4. 六片大摆裙 2

款号:JKA00					款式:六片大摆裙
制板通知单××年××月××日					单位:cm
部位尺寸	度量方法	S	M	L
裙长	后中度	87	89	91
肩宽		35	36	37
胸围	夹底度	86	90	94
腰围		70	74	78
设计师	制板人	纸样片数		用料

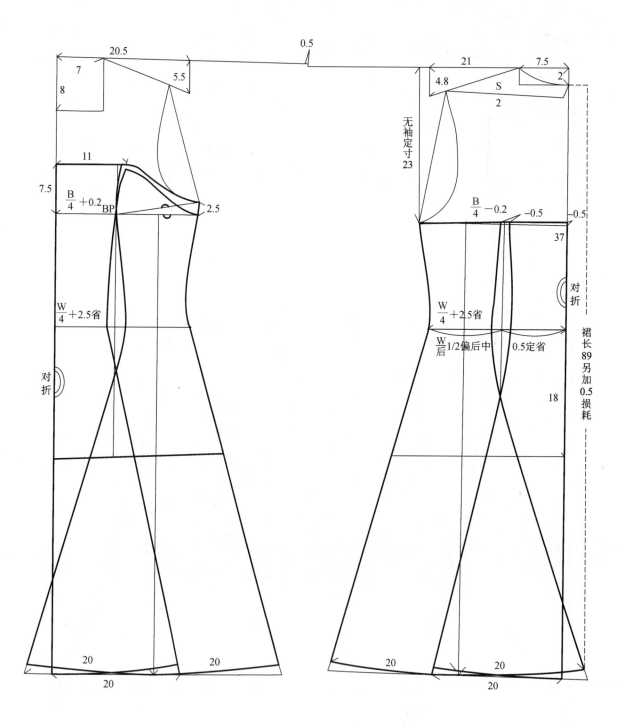

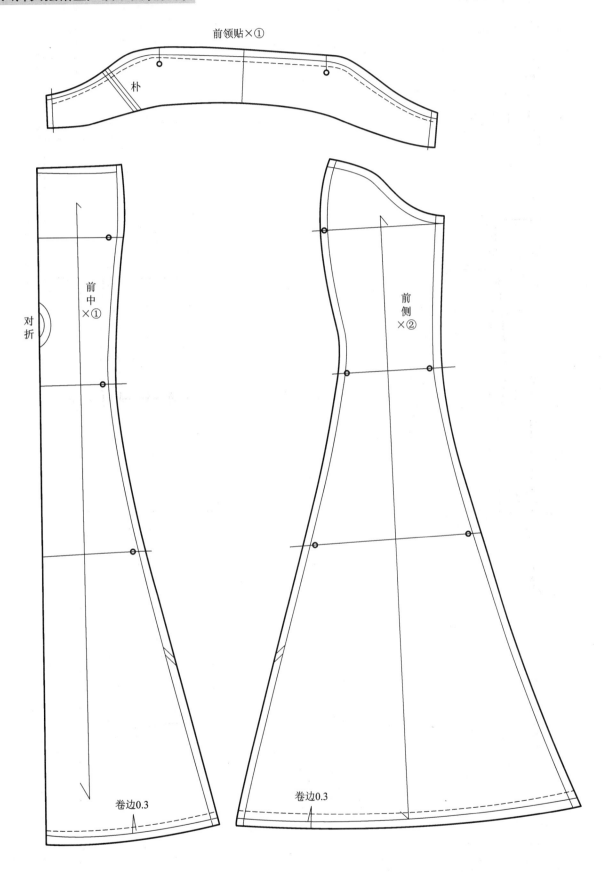

前领贴×①

朴

对折

前中
×①

前侧
×②

卷边0.3

卷边0.3

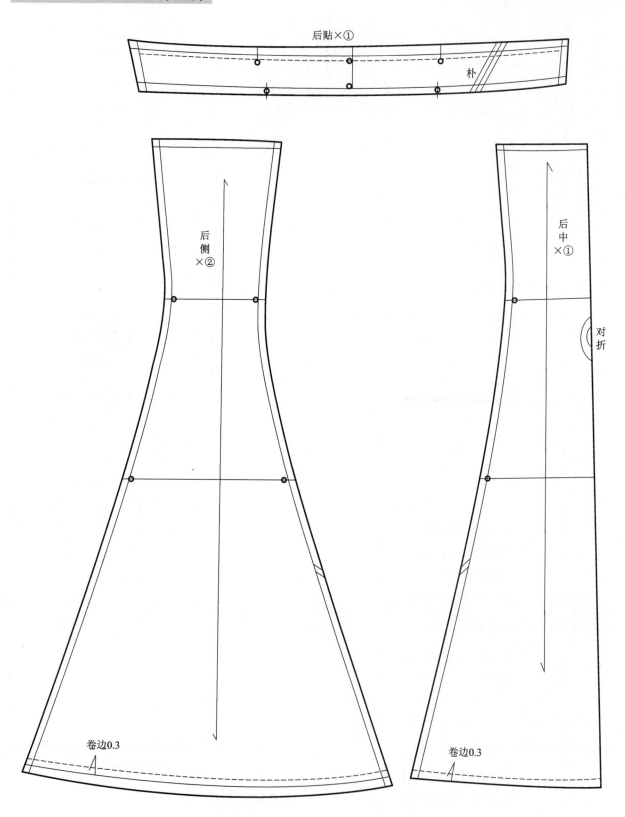

后贴×①

朴

后侧×②

后中×①

对折

卷边0.3

卷边0.3

5. 带子领连衣裙

款号:JK00				款式:带子领连衣裙
制板通知单××年××月××日				单位:cm
部位尺寸	度量方法	S	M	L
裙长		87	89	91
肩宽		35	36	37
胸围		86	90	94
腰围		70	74	78
臀围		90	94	98
设计师 制板人 纸样片数 钮号 18L 用料				

带子领连衣裙前片结构

1. 后肩点水平线上升 0.5 cm 定前肩点线。
2. 后横开领宽减 0.5 cm 定前横开领。
3. 前横开领宽加 1 cm 定前领深。
4. 制板前总肩 20.5 cm 定前落肩 5.5 cm。
5. 后小肩减 0.2 cm 定前小肩宽。
6. $\dfrac{B}{4}$＋0.2 cm 定前胸围,另加 0.5 cm 损耗。
7. $\dfrac{W}{4}$ 定前腰围,另加 2.5 cm 前腰省。
8. $\dfrac{H}{4}$ 定前臀围。
9. 前臀围加 4 cm 定前脚围。
10. 前中线与胸围交点减 9.5 cm 定取胸距点。
11. 前胸距点定前腰省位。
12. 前幅其它部位参照结构图。

带子领连衣裙后片结构

1. 裙长后领深计算,另加 0.5 cm 加工损耗量。
2. 基础后横开领 7.5 cm,后领深 2 cm。
3. 制板后总肩 21 cm 定后落肩 4.8 cm。
4. 实际肩 36 cm 定取后小肩宽。
5. $\dfrac{B}{4}$－0.2 cm 定后胸围。
6. 后肩点水平线直度 23 cm 定后夹直深。
7. 后领深下落 37 cm 定后腰节线。
8. 后腰节下落 18 cm 定臀围线。
9. $\dfrac{W}{4}$ 定后腰围,另加 2.5 cm 后腰省。

10. $\dfrac{H}{4}$ 定后臀围。
11. $\dfrac{H}{4}$ 加 4 cm 定后脚围。
12. 后腰口宽分 $\dfrac{1}{2}$ 定后腰省位。
13. 后幅其它部位参照结构图。

带子领连衣裙重点与难点

• 前幅与裙摆展开量

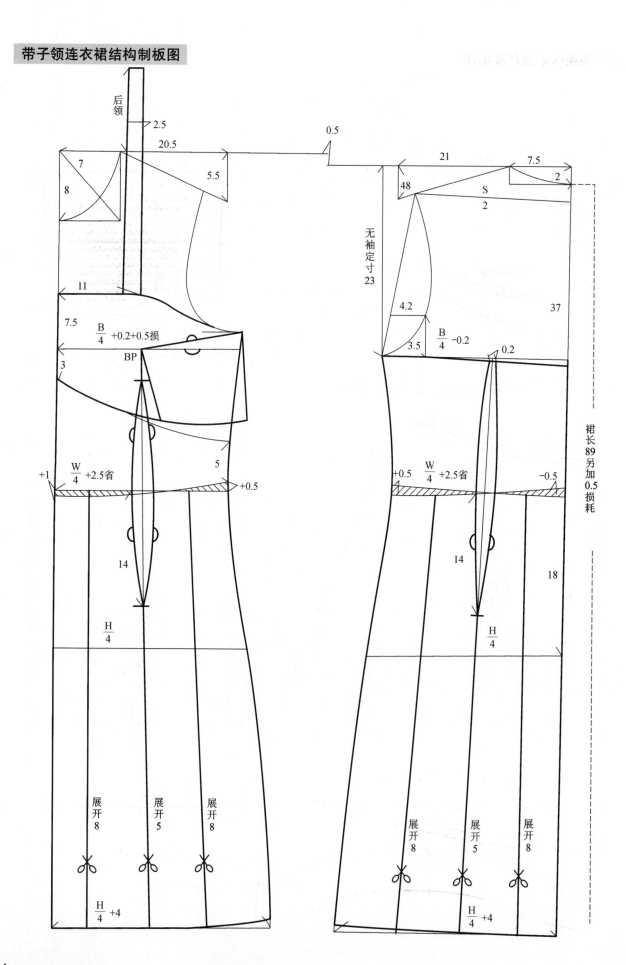

后领

2.5

20.5

0.5

5.5

21

7.5

7

8

48

S

2

2

11

无袖定寸23

4.2

37

7.5

3.5

$\frac{B}{4}$+0.2+0.5损

$\frac{B}{4}$-0.2

BP

0.2

3

+1

$\frac{W}{4}$+2.5省

+0.5

5

+0.5

$\frac{W}{4}$+2.5省

-0.5

裙长89另加0.5损耗

14

14

$\frac{H}{4}$

$\frac{H}{4}$

18

展开8

展开5

展开8

展开8

展开5

展开8

$\frac{H}{4}$+4

$\frac{H}{4}$+4

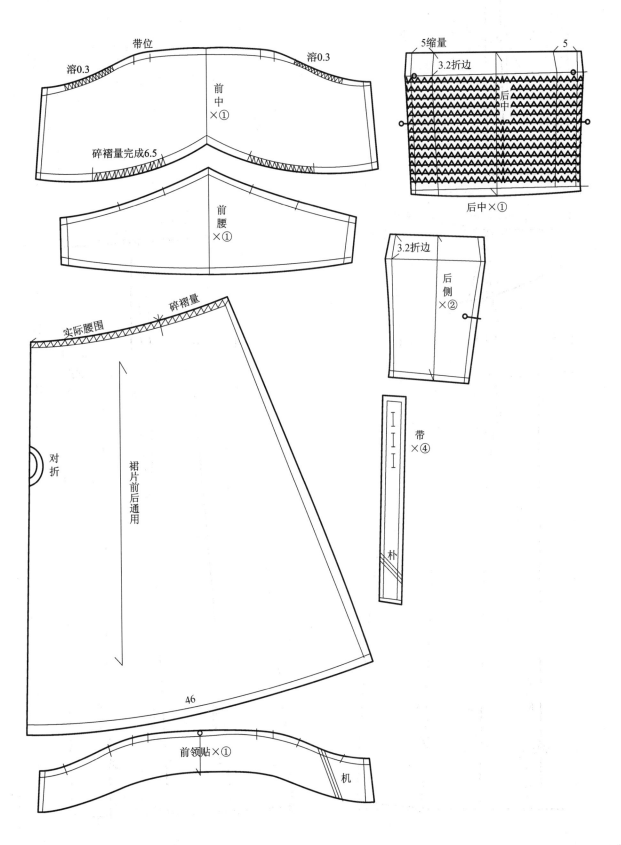

溶0.3　带位　溶0.3

前中×①

碎褶量完成6.5

前腰×①

5缩量　　　5

3.2折边

后中

后中×①

3.2折边

后侧×②

带×④

朴

实际腰围　碎褶量

对折

裙片前后通用

46

前领贴×①

机

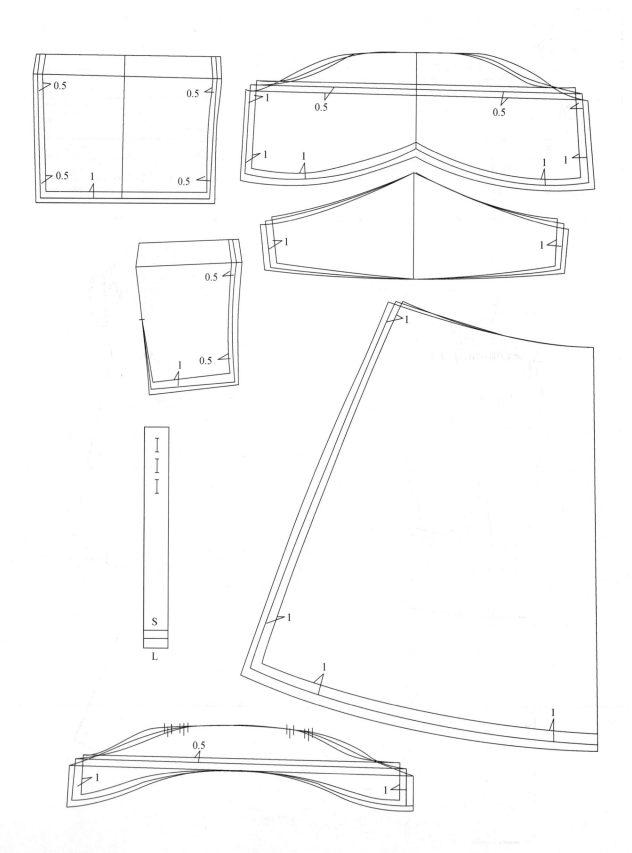

6. 连衣塔裙

部位尺寸	度法	S	M	L
裙长	后中度	90	92	94
肩宽		37	38	39
胸围	夹底度	87.5	91.5	95.5
腰围	平度	72	76	80
臀围		91.5	95.5	99.5
领围	打开度	40	41	42
袖长		18	19	20
袖肥		31	33	35

款号:JKA00　　款式:连衣塔裙

制板通知单××年××月××日　　单位:cm

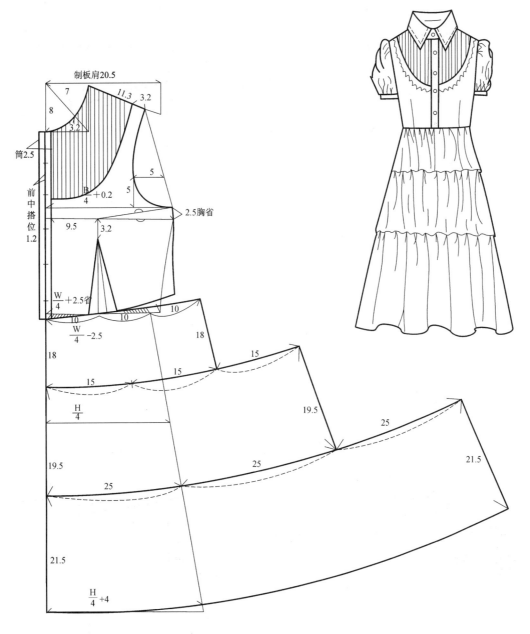

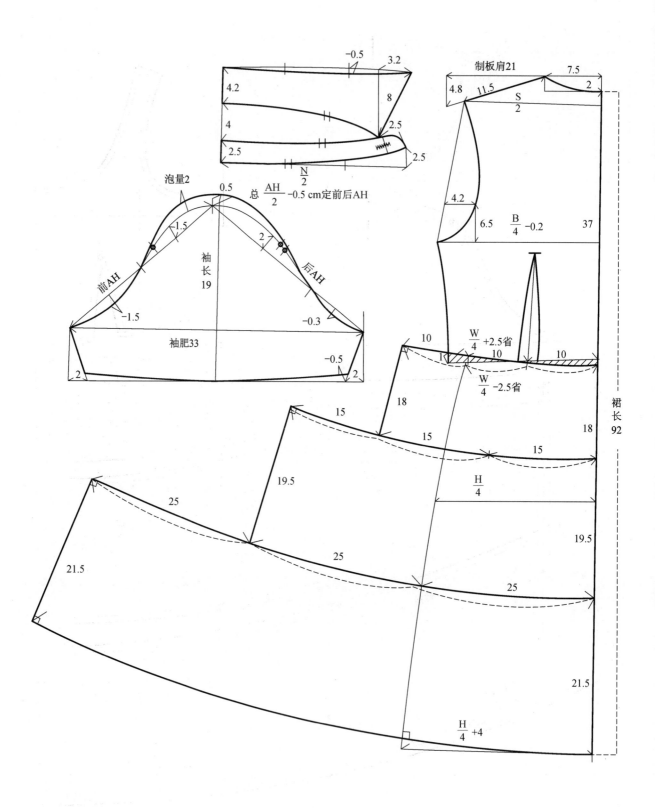

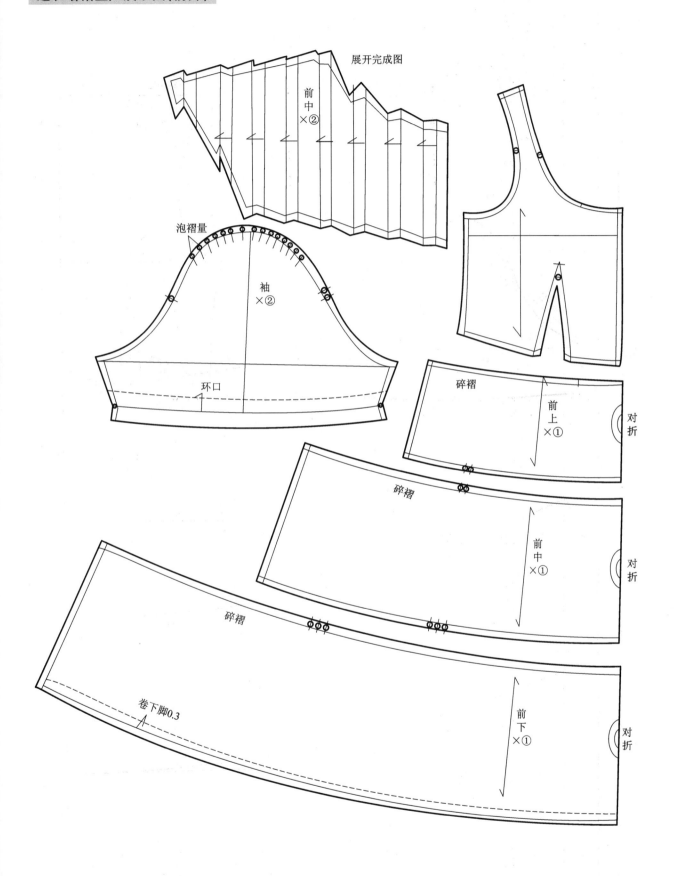

展开完成图

前中×②

泡褶量

袖×②

环口

碎褶

前上×①

对折

碎褶

前中×①

对折

碎褶

卷下脚0.3

前下×①

对折

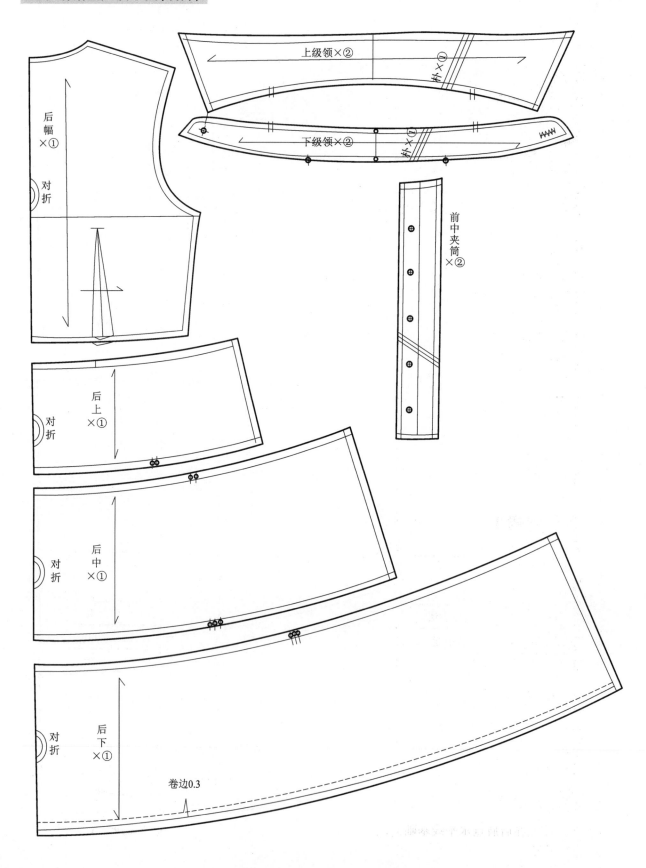

上级领×②

朴×①

下级领×②

朴×①

后幅×①

对折

前中夹筒×②

后上×①

对折

后中×①

对折

后下×①

对折

卷边0.3

7. 连衣裙

部位尺寸	度量方法	S	M	L
裙长	后中度	90	92	94
肩宽		37	38	39
胸围	夹底度	87.5	91.5	95.5
臀围	V度	91.5	95.5	99.5
袖长		18	19	20
袖肥		31	33	35
袖口		36	37	38
腰围		72	76	80

款号:JKA00　　　　款式:连衣裙
制板通知单××年××月××日　　单位:cm

| 设计师 | 制板人 | 纸样片数 | 用料 |

连衣裙前片结构

1. 前肩点线在后肩点线基础上,上升 0.5 cm。

2. 后横开领 7.5 cm−0.5 cm 定前横开领。

3. 前横开领宽 7 cm+1 cm 定前领深。

4. 制板前总肩 20.5 cm 定前落肩 5.5 cm。

5. 后小肩宽减 0.2 cm 定前小肩宽。

6. $\frac{B}{4}$+0.2 cm 定前胸围,另加 0.5 cm 加工损耗量。

7. $\frac{W}{4}$−0.2 cm 定前腰围,另加 2.5 cm 前腰省。

8. $\frac{H}{4}$定前臀围,$\frac{H}{4}$+4 cm 定前脚围。

9. 前中线减进 9.5 cm 定胸距点与前腰省位。

10. 前腰分割腰带高 4 cm。

11. 前幅其它部位参照结构图。

连衣裙后片结构

1. 后中长后领深计算,另加 0.5 cm 加工损耗量。

2. 后横开领 7.5 cm,后领深 2 cm。

3. 制板后总肩 21 cm 定后落肩 4.8 cm。

4. 实际肩宽$\frac{S}{2}$定取后小肩宽。

5. $\frac{B}{4}$−0.2 cm 定后胸围。

6. $\frac{B}{2}$−1.2 cm 定夹圈(AH),$\frac{AH}{2}$−2 cm 定后夹直。

7. 后领深线下 38 cm 定后腰节线。

8. $\frac{W}{4}$−0.2 cm 定后腰围,另加 2.5 cm 腰省。

9. 后腰分割腰带高 4 cm。

10. $\frac{H}{4}$定后臀围。

11. $\frac{H}{4}$+4 cm 定后脚围。

12. 后腰口宽分$\frac{1}{2}$,在$\frac{1}{2}$处偏中 0.5 cm 定后腰省。

13. 后幅其它部位参照结构图。

连衣裙重点与难点

• 前上身褶量
• 前后腰带分割处理
• 前后下裙工字褶量

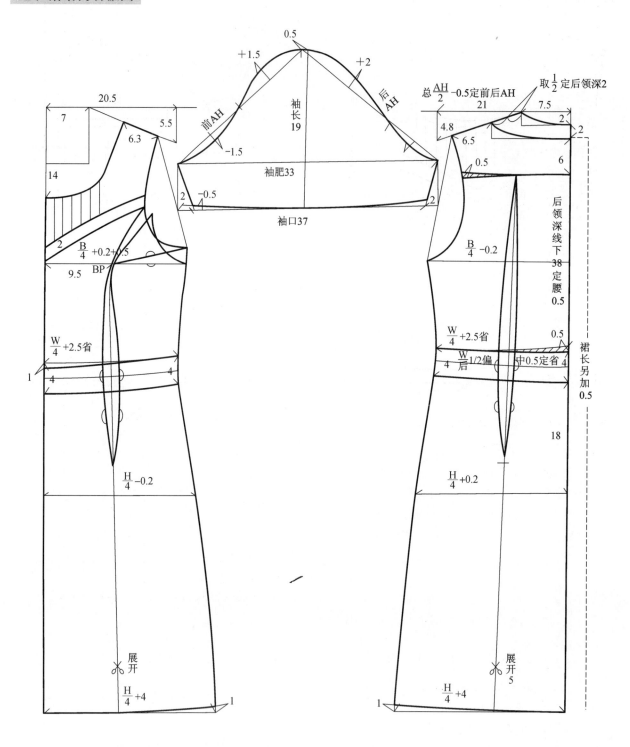

连衣裙生产展示图

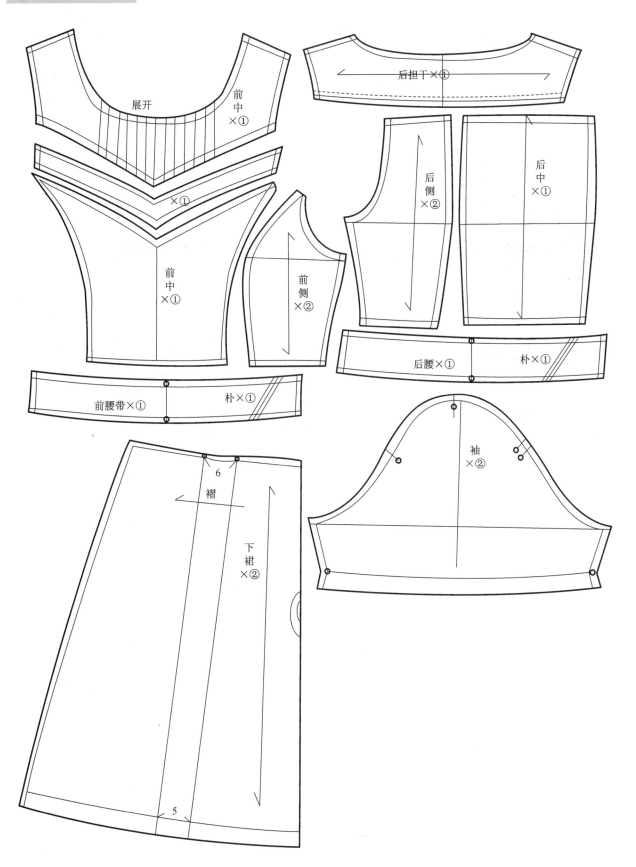

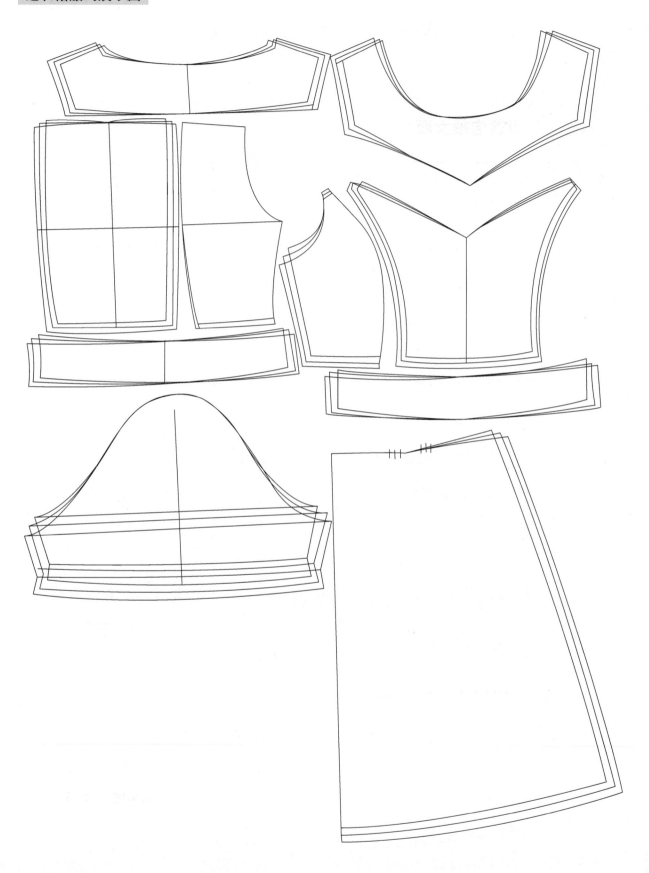

第七章　女　西　装

1. 二粒钮枪驳领泡袖女西装

款号：xiao				款式：二粒钮枪驳领泡袖女西装	
制板通知单××年××月××日					单位：cm
		S	M	L		
部位尺寸	度量方法	155/80A	160/84A	165/88A	头板	复板
后中长	后中度	54	55	56		
肩宽	后幅边至边	37	38	39		
胸围	夹底度	90	94＋2.5	98		
腰围	夹下 15 cm	75	79＋3.2	83		
脚围	沿边度	94	98＋2.5	102		
袖长	袖顶度	22	23	24		
袖肥	平度	32	34	36		
袖口	半度	14	15	16		
夹圈	前后弯度	44	46	48		
袋阔		17	17	17		
设计师	制板人	纸样片数	钮号 28L	用料 1.3 m	

二粒钮枪驳领泡袖女西装前片结构

1. 前肩点线在后肩点线上，上升 0.5 cm。

2. 后横开领 10 cm－0.5 cm 定前横开领。

3. 制板前总肩 20.5 cm 定前落肩 5.5 cm。

4. 后小肩宽减 0.3 cm 定前小肩宽。

5. $\dfrac{B}{4}$＋0.2 cm 定前胸围，另加 0.5 cm 损耗量。

6. $\dfrac{W}{4}$－0.2 cm 定前腰围，另加 2.5 cm 省量。

7. 后脚围减 0.2 cm 定前脚围。

8. 前中线与胸围线交点减进 9.5 cm 定胸距点，偏前侧 2.5 cm 定前公主线位。

9. 前胸围线上升 3.2 cm 定前腋下省量。

10. 前中搭位加 1.5 cm。

11. 前腰节线下 11 cm 定袋位。

12. 前幅其它位参照结构图。

二粒钮枪驳领泡袖女西装后片结构

1. 后中长后领深计算，另加 0.3 cm 加工损耗量。

2. 后横开领 10 cm，后领深 3 cm。

3. 制板后总肩 21 cm 定后落肩 4.8 cm。

4. 实际肩宽 $\dfrac{S}{2}$。

5. $\dfrac{B}{4}$－0.2 cm 定后胸围。

6. $\dfrac{B}{2}$－1.2 cm 定夹圈（AH），$\dfrac{AH}{2}$－2 cm 定后夹直。

7. 后胸围线下 15 cm 定腰节。

8. $\dfrac{W}{4}$－0.2 cm 定后腰围，另加 2.5 cm 后腰省。

9. P 代表脚围，$\dfrac{P}{4}$＋0.2 cm 定后脚围。

10. 后中下脚减 1.2 cm，后中腰节减 1.5 cm。

11. 后腰口宽分 $\dfrac{1}{2}$，$\dfrac{1}{2}$ 处偏侧 1 cm 定后公主线位。

12. 后幅其它部位参照结构图。

完成图

前AH

袖长23

泡量

后AH

4

+1

xiao

M码

挂面

1.2

10

9

$\frac{P}{4}-0.2$

0.5

11

4

17

$\frac{W}{4}-0.2+2.5$省

9.5

BP

$\frac{B}{4}+0.2+0.5$损耗

15

机②

省1.5

机②

制板前总肩
20.5

Z向

10

9

4

4

4.5

9.7

5.5

xiao

前侧×②

M码

8

3.2

$\frac{AH}{2}$

0.5

48

$\frac{P}{4}+0.2$

分割

xiao

后侧×②

M码

$\frac{W}{4}-0.2+2.5$省

偏侧1cm

$\frac{B}{4}-0.2$

4.2

6.5

制板后总肩
21

$\frac{S}{2}$

机×②

10

xiao 后中下脚
×② M码

1.2

1.5

xiao 后幅×②

M码

15

后领贴
×①

M码

10

3

后中长55+0.3损耗

二粒钮枪驳领泡袖女西装生产展示图

1. 粘朴部位：前中，挂面，领面，领底，袋盖，后领贴袋唇。
2. 所有缝份 1 cm，下脚 4 cm 折边，袖口 3 cm。
3. 裁片块数 16 块。
4. 门襟，领，袋盖需实样。

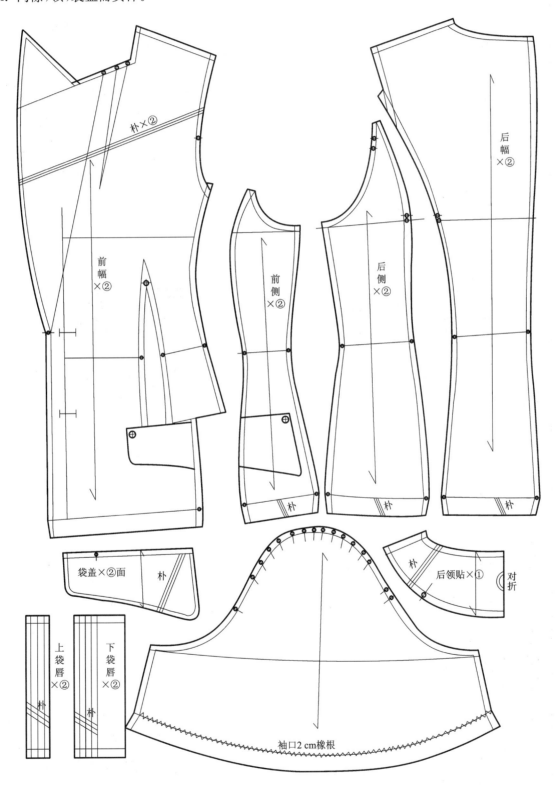

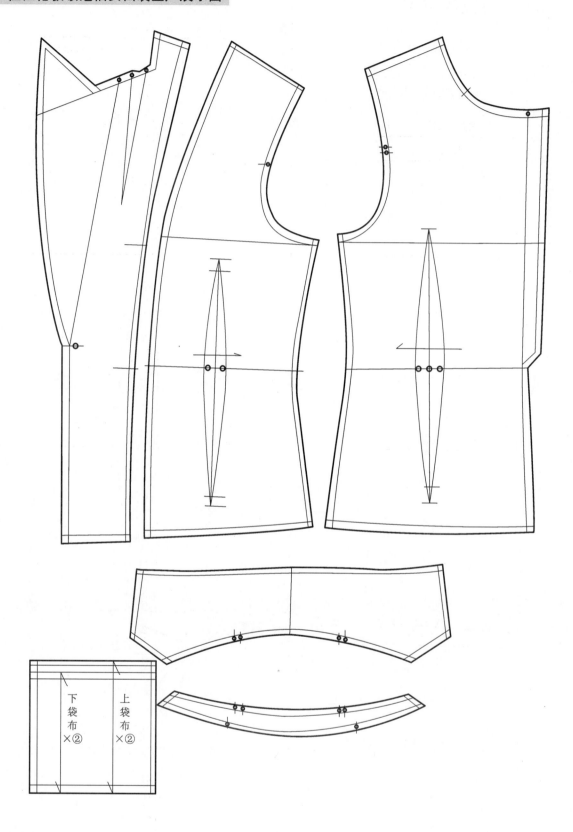

下
袋
布
×②

上
袋
布
×②

2. 三粒钮平驳领女西装 1

款号:Xiao					款式:三粒钮平驳领女西装	

制板通知单××年××月××日					单位:cm	
		S	**M**	**L**		
部位尺寸	度量方法	155/80A	160/84A	165/88A	头板	复板
后中长	后中度	56	57	58		
肩宽	后幅边至边	38	39	40		
胸围	夹底度	90	94+2.5	98		
腰围	夹下 15 cm	75	79+3.2	83		
脚围	沿边度	94	98+2.5	102		
袖长	袖顶度	58	59	60		
袖肥	夹底平度	32	34	36		
袖口	半度	11	12	13		
夹圈	前后弯度	44	46	48		
前领宽	半度	6.9	7	7.2		
后领横	半度	7.3	7.5	7.7		
前领深	直度		8			
设计师　制板人　纸样片数　　钮28L　　用料1.3 m						

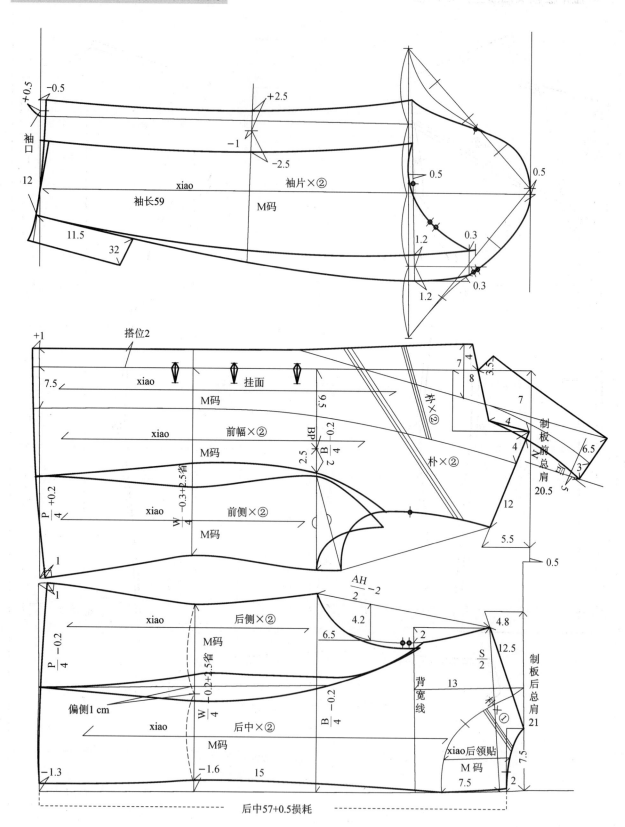

袖口

+0.5 −0.5

12

11.5

32

+2.5

−1

−2.5

xiao
袖长59

袖片×②
M码

0.5

0.5

1.2 0.3

1.2 0.3

+1 搭位2

7.5 xiao
M码 挂面

xiao 前幅×②
M码

$\frac{P}{4}+0.2$ $\frac{W}{4}-0.3+2.5$省 xiao 前侧×②
M码

1

1

$\frac{P}{4}-0.2$ $\frac{W}{4}-0.2+2.5$省

偏侧1 cm

xiao 后侧×②
M码

xiao 后中×②
M码

−1.3 −1.6 15

9.5

BP 2.5

$\frac{B}{4}-0.2$ $\frac{B}{2}$

朴×②

朴×②

$\frac{AH}{2}-2$

4.2

6.5 2

$\frac{B}{4}-0.2$

背宽线

7 4

8 3.5

7

4

4

12

5.5

0.5

4.8

12.5

$\frac{S}{2}$

13

朴 ①

xiao后领贴
M码
7.5

2

制板前总肩20.5

6.5

3

5

制板后总肩21

7.5

后中57+0.5损耗

三粒钮平驳领女西装生产展示图

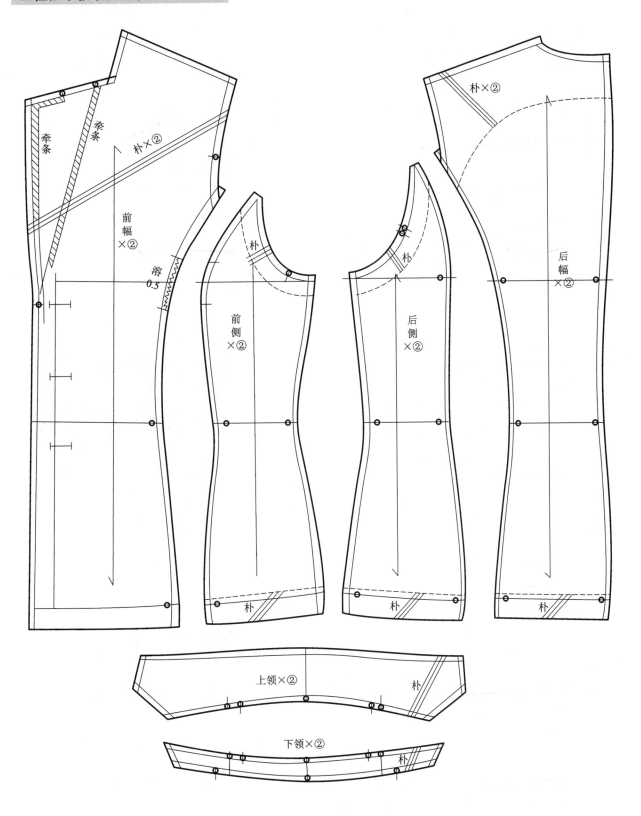

牵条
牵条
朴×②
前幅
×②
溶
0.5
前侧
×②
朴
后侧
×②
朴
朴×②
后幅
×②
朴
朴
朴
朴
朴
上领×②
朴
下领×②
朴

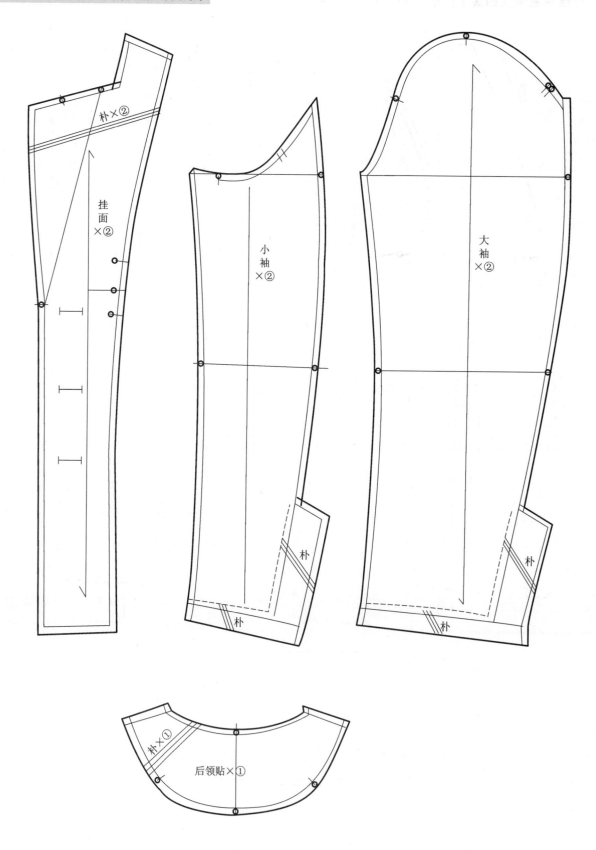

朴×②

挂面×②

小袖×②

大袖×②

朴

朴

朴

朴×①

后领贴×①

三粒钮平驳领女西装生产展示图(里布)

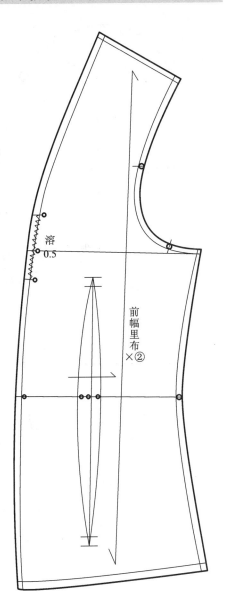

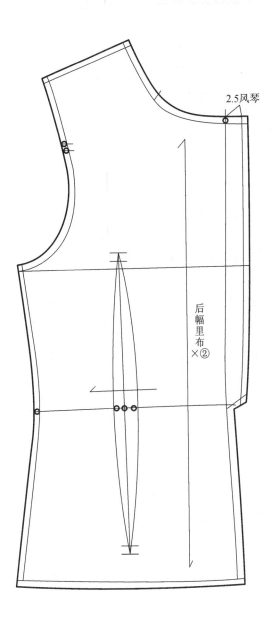

溶
0.5

前幅里布×②

2.5风琴

后幅里布×②

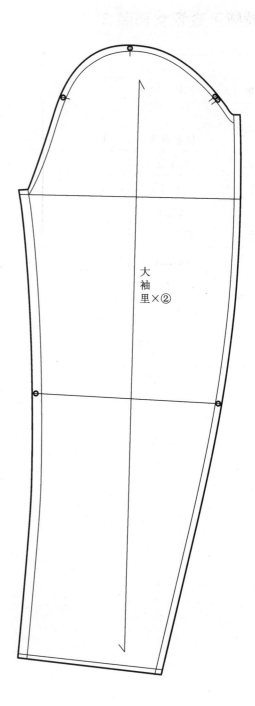

小袖里

大袖里×②

3. 三粒钮平驳领女西装 2

款号：xiao					款式：三粒钮平驳领女西装	

制板通知单××年××月××日						单位：cm
		S	M	L		
部位尺寸	度量方法	155/80A	160/84A	165/88A	头板	复板
后中长	后中度	56	57	58		
肩宽	边至边度	38	39	40		
胸围	夹底度	90	94	98		
腰围	夹下 15 cm	75	79	83		
脚围	沿边度	94	98	102		
袖长	袖项度	58	59	60		
袖肥	夹底平度	32	34	36		
袖口	半度	11	12	13		
夹圈	前后弯度	44	46	48		

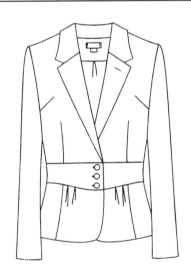

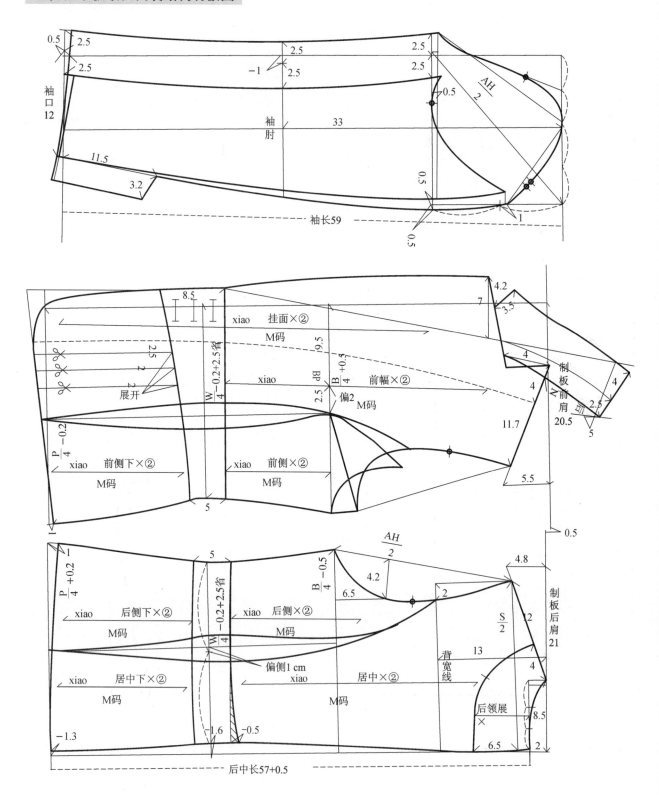

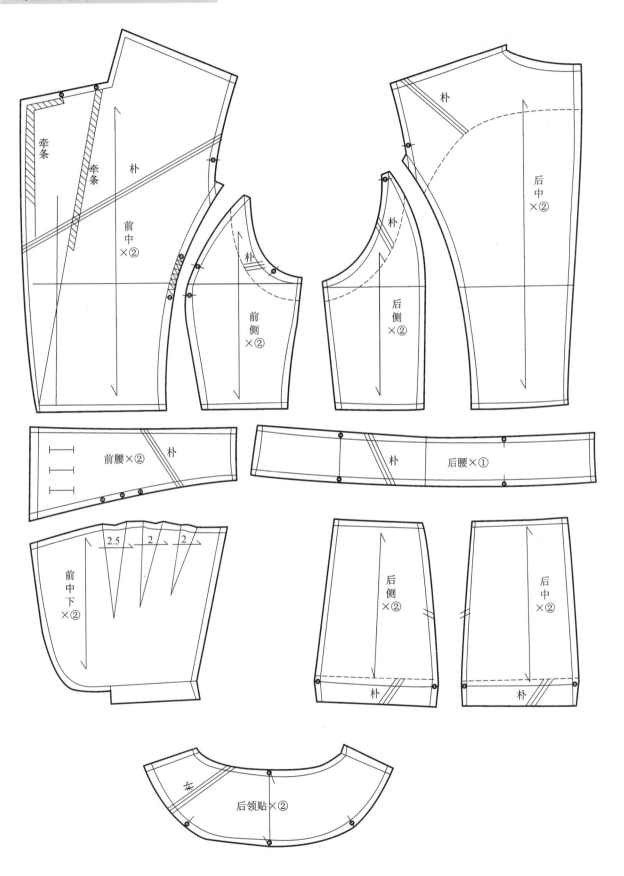

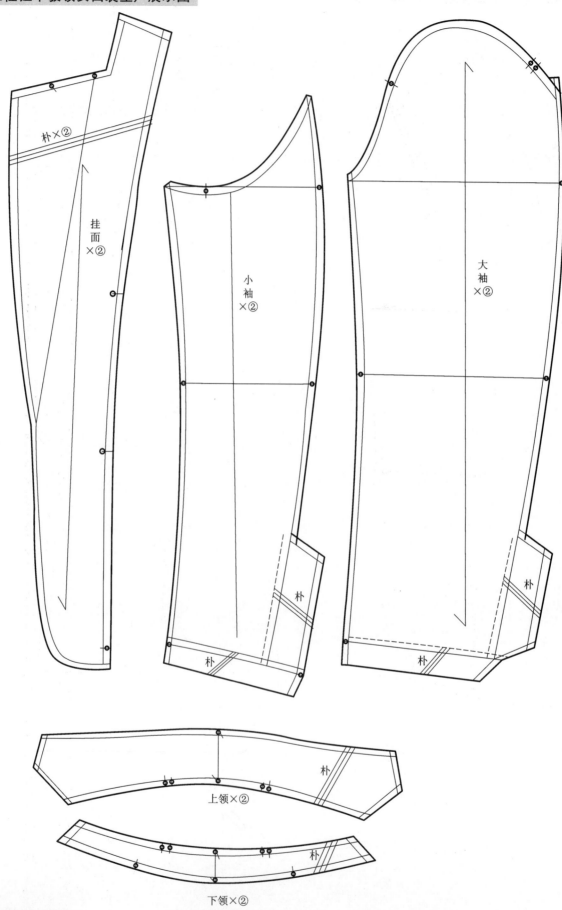

朴×②

挂面×②

小袖×②

大袖×②

朴

朴

朴

朴

上领×②

下领×②

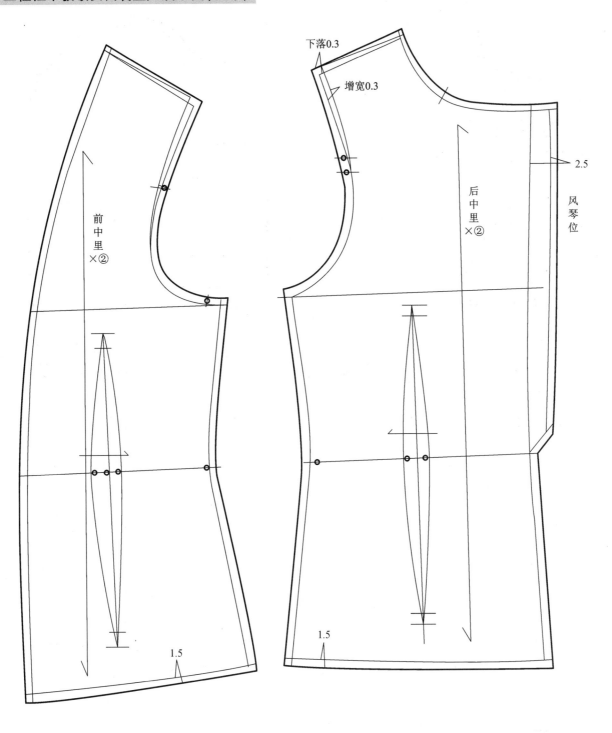

前中里
×②

下落0.3

增宽0.3

后中里
×②

2.5

风琴位

1.5

1.5

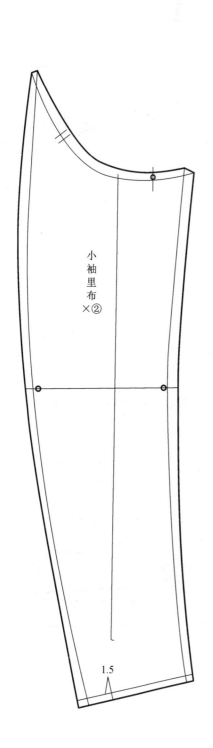

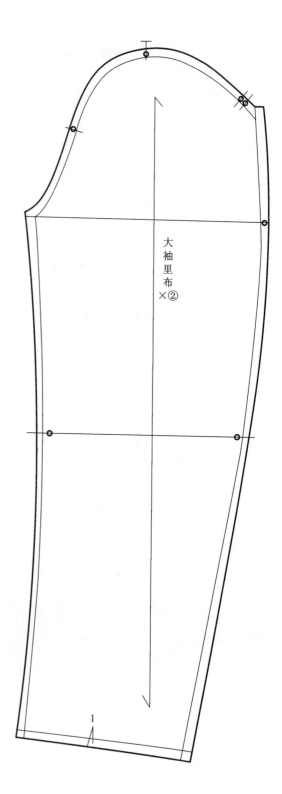

第八章 男 衬 衫

1. 男衬衫

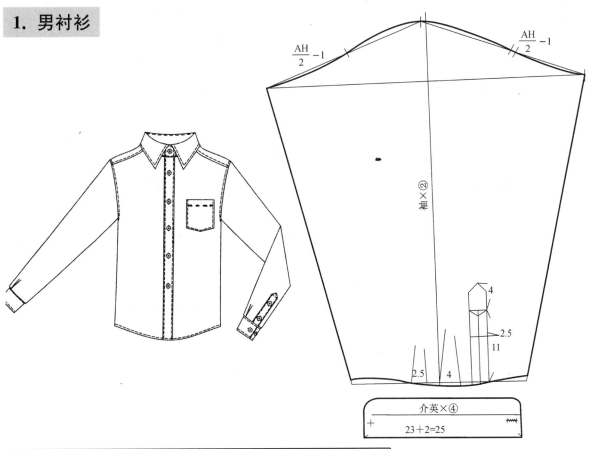

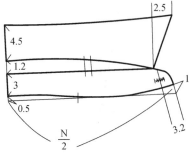

介英×④

23+2=25

款号:JKAK					款式:男衬衫	
制板通知单××年××月××日					单位:cm	
部位名称	度量方法	S	M	L	头板	复板
后中长		74	76	78		
肩宽		47.5	48.5	49.5		
胸围		108	112	116		
袖长		61.5	62.5	63.5		
袖口		24	23	24		
介英高		6.5	6.5	6.5		
后中担干		8.5	8.5	8.5		
领围		38	39	40		
前左胸袋			12×13.5			

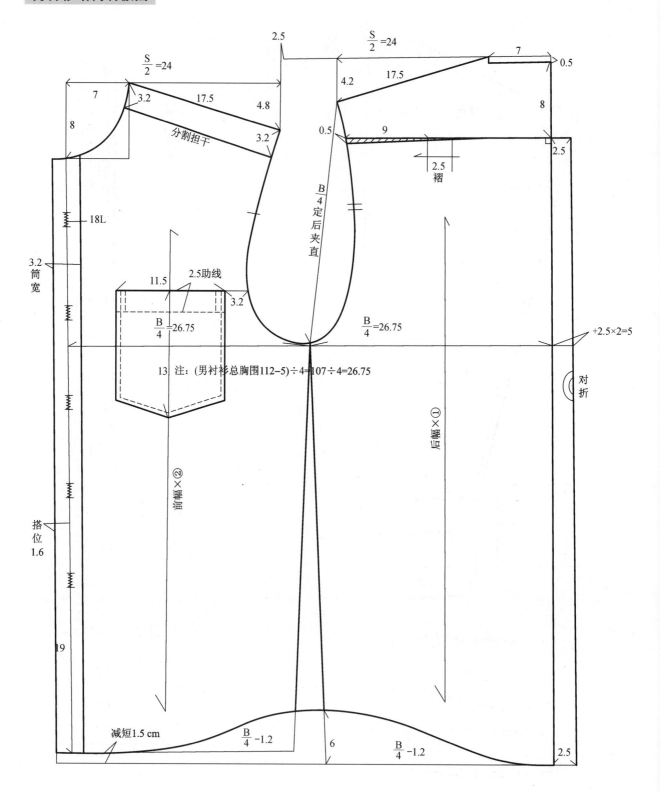

2.5

$\frac{S}{2}=24$

$\frac{S}{2}=24$

7

0.5

7

4.2

17.5

17.5

8

4.8

3.2

分割担干

2.5

3.2

0.5

9

2.5

褶

18L

$\frac{B}{4}$ 定后夹直

3.2
筒宽

11.5

2.5助线

3.2

$\frac{B}{4}=26.75$

$\frac{B}{4}=26.75$

+2.5×2=5

对折

13　注：(男衬衫总胸围112−5)÷4=107÷4=26.75

前幅×②

后幅×①

搭位
1.6

19

减短1.5 cm

$\frac{B}{4}-1.2$

6

$\frac{B}{4}-1.2$

2.5

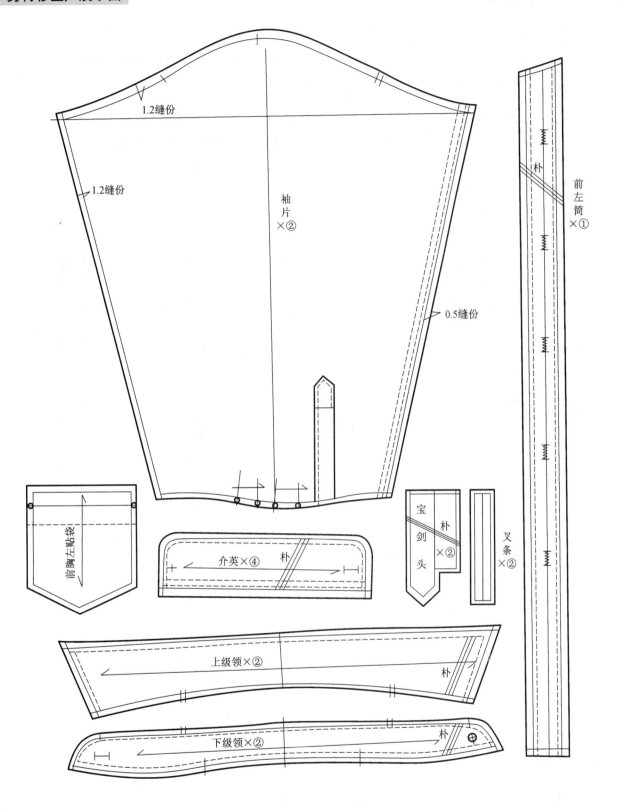

1.2缝份

1.2缝份

袖片×②

0.5缝份

前左筒×①

朴

前胸左贴袋

介英×④   朴

宝剑头×②   朴

叉条×②

上级领×②   朴

下级领×②   朴

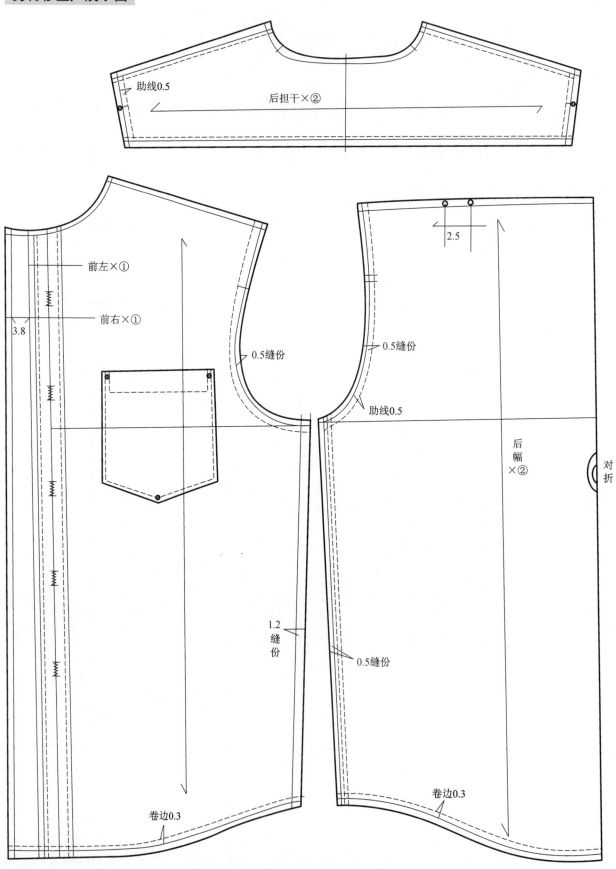

助线0.5

后担干×②

前左×①

前右×①

3.8

2.5

0.5缝份

0.5缝份

助线0.5

后幅×②

对折

1.2缝份

0.5缝份

卷边0.3

卷边0.3

第九章 男 西 装

1. 三粒钮平驳领男西装

款号：xiao		款式：三粒钮平驳领男西装		
制板通知单××年××月××日				单位：cm
部位尺寸	度量方法	S	M	L
后中长		74	76	78
肩宽		44	45	46
胸围		103	107	111
腰围		90	94	98
脚围		101	105	109
袖长		60	61	62
袖脾		39	41	43
袖口		14.5	15	16
大袋		15	15.5	16
手巾袋		10.5	11	11.5
后中领高		7	7	7
设计师 制板人 纸样片数 前中钮 28L 用料 1.7 m				

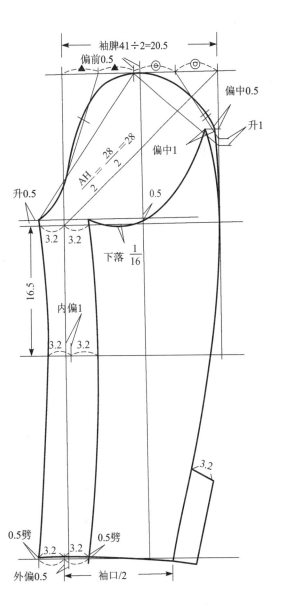

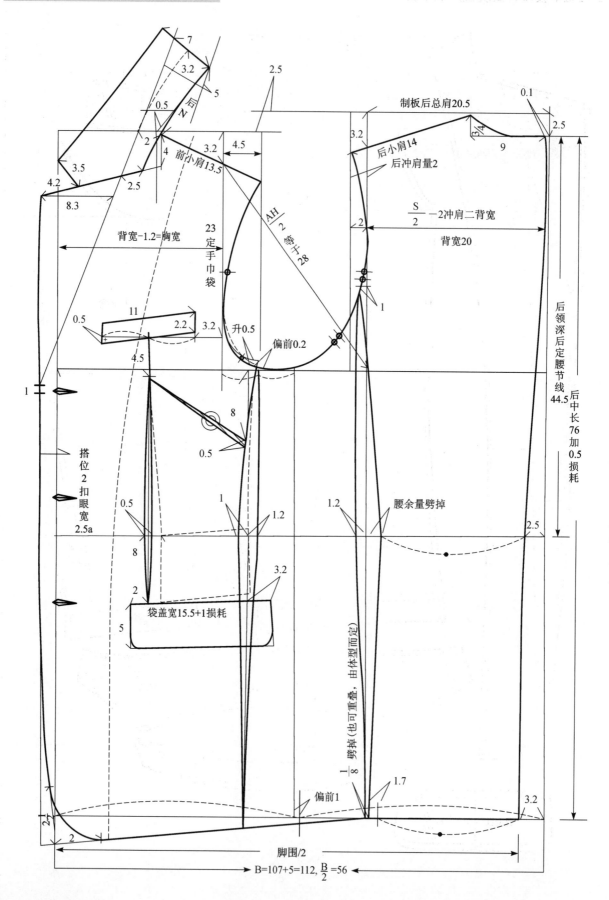

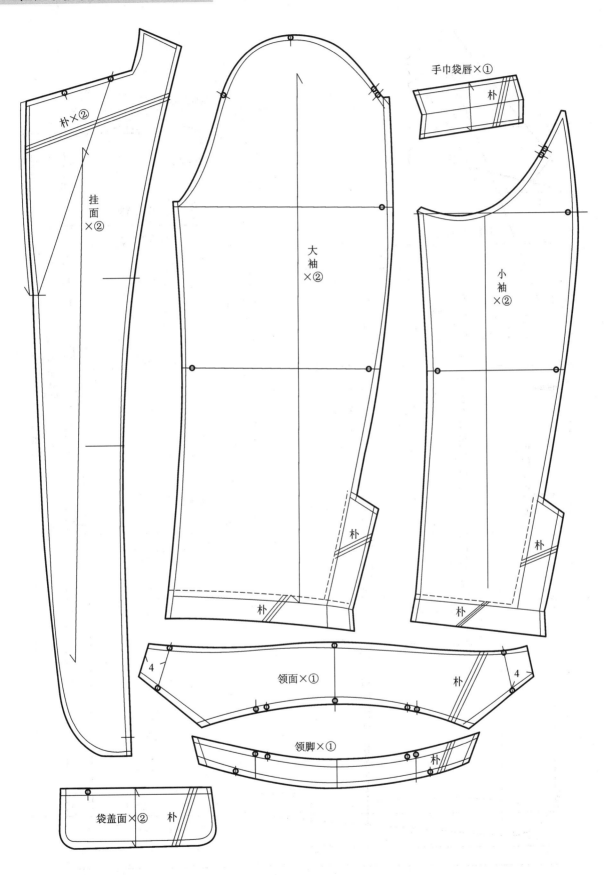

手巾袋唇×①

朴×②

挂面×②

大袖×②

小袖×②

朴

朴

朴

朴

领面×①

朴

4

4

领脚×①

朴

袋盖面×② 朴

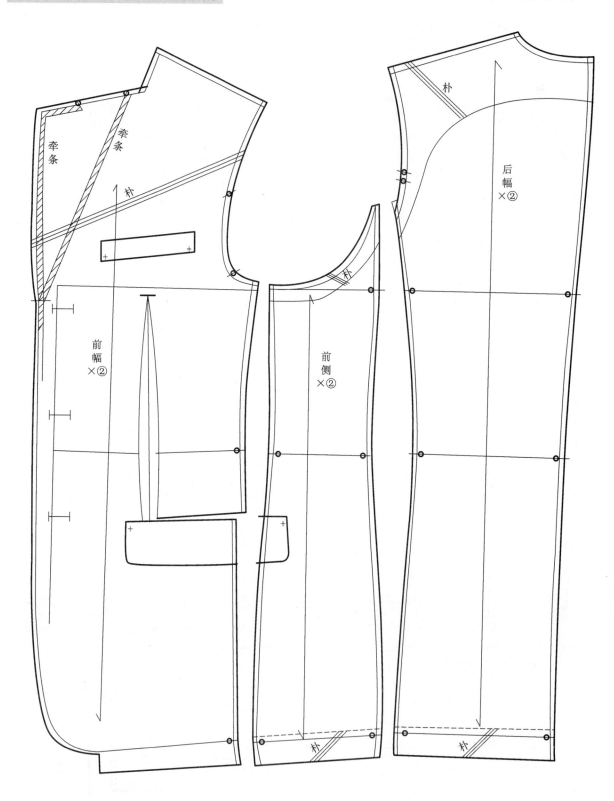

三粒钮平驳领男西装生产展示图（里布）

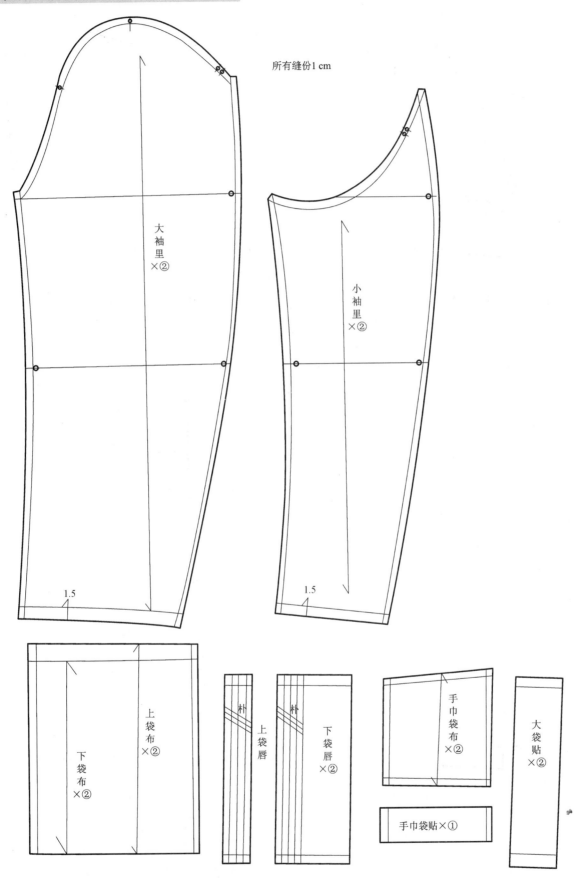

所有缝份1 cm

大袖里×②

小袖里×②

1.5

1.5

上袋布×②

下袋布×②

朴

上袋唇

朴

下袋唇×②

手巾袋布×②

大袋贴×②

手巾袋贴×①

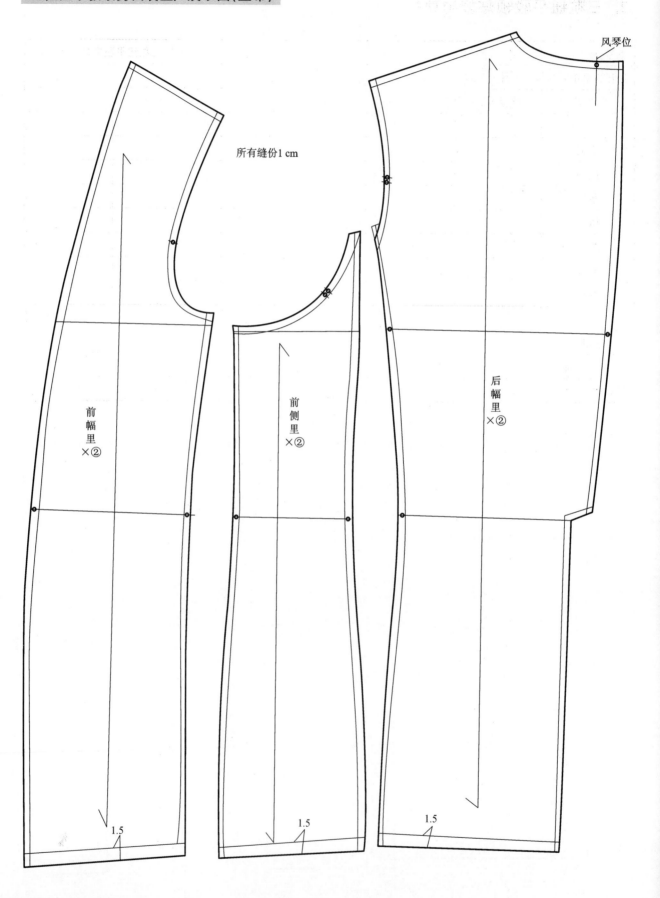

风琴位

所有缝份1 cm

前幅里×②

前侧里×②

后幅里×②

1.5

1.5

1.5

2. 三粒钮平驳领贴袋男西装

部位尺寸	度量方法	S	M	L	头板	复板
后中长		74	76	78		
肩宽		44	45	46		
胸围		103	107	111		
腰围		90	94	98		
脚围		101	105	109		
袖长		60	61	62		
袖脾		39	41	43		
袖口		14	15	16		
大袋		15	15.5	16		
手巾袋		10.5	11	11.5		
后中领高		7	7	7		

款号: xiao　　　　　　款式: 三粒钮平驳领贴袋男西装

制板通知单××年××月××日　　　　　单位: cm

设计师　制板人　纸样片数　前中钮 28L　用料 1.7 m

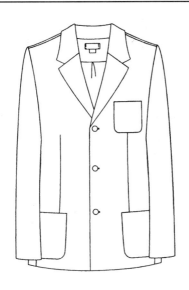

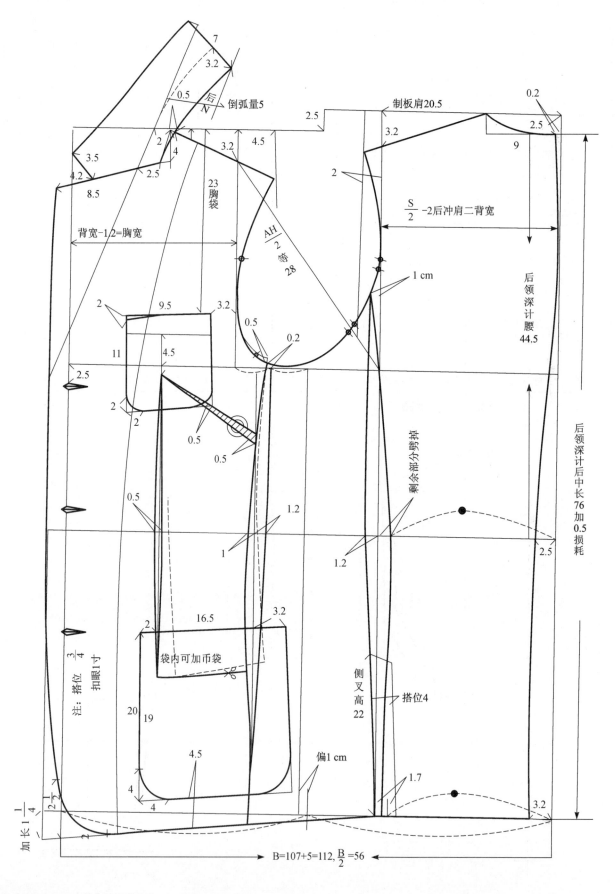

三粒钮平驳领贴袋男西装生产展示图

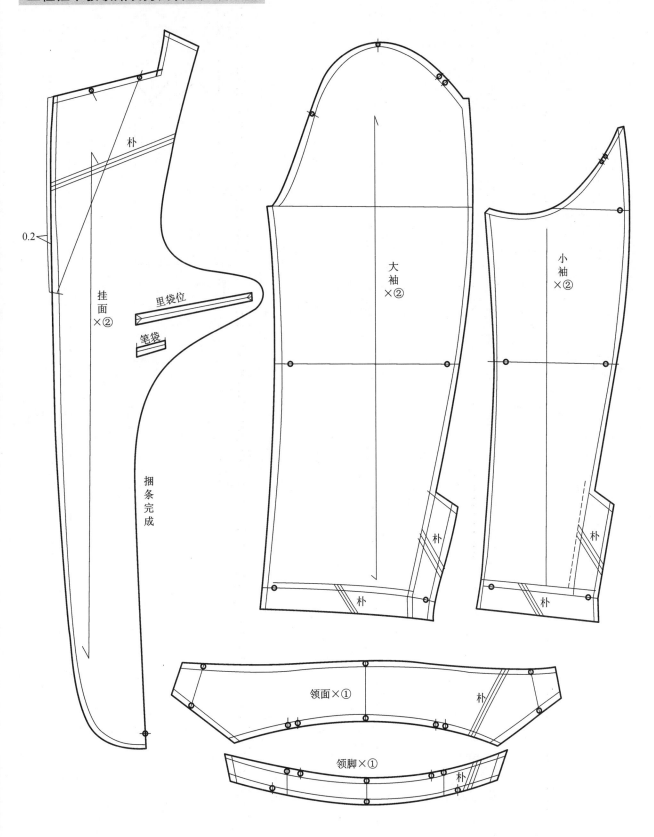

挂面×②

朴

里袋位

笔袋

捆条完成

0.2

大袖×②

朴

朴

小袖×②

朴

朴

领面×①

朴

领脚×①

朴

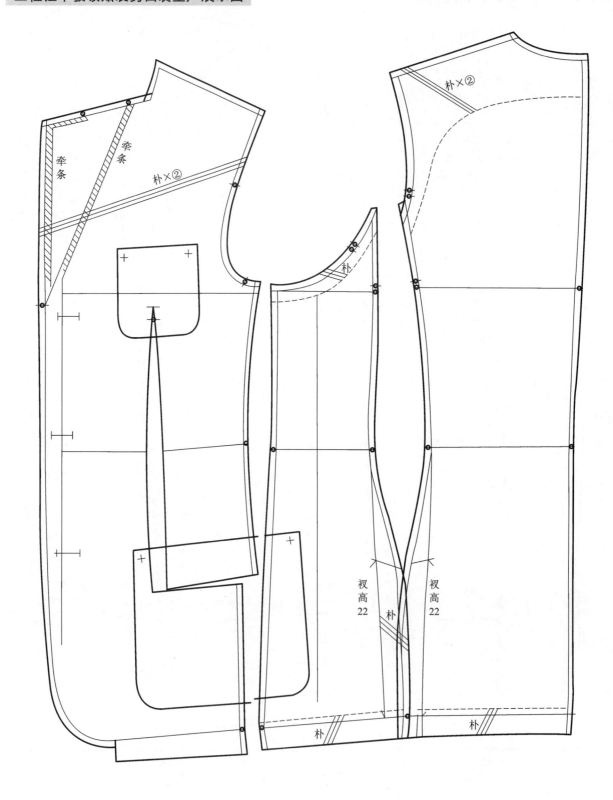

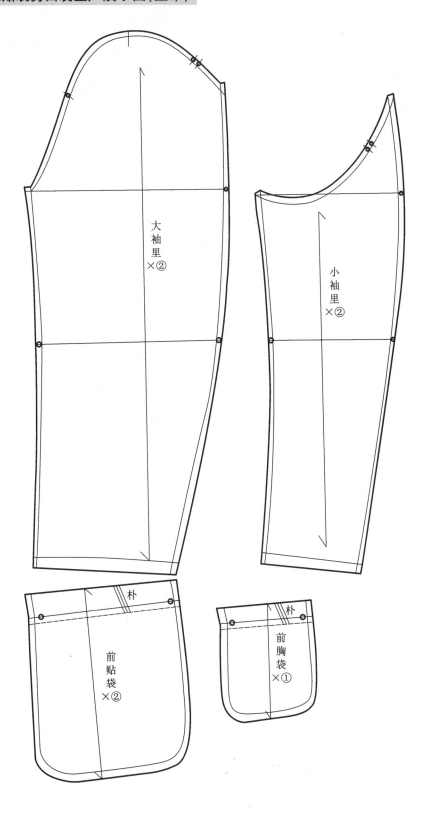

大袖里×②

小袖里×②

朴

前贴袋×②

朴

前胸袋×①

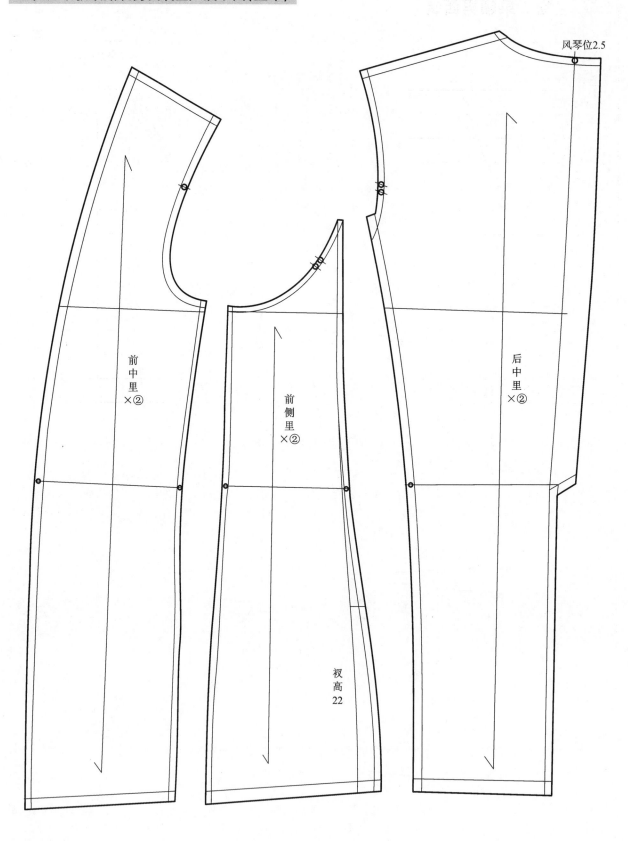

风琴位2.5

前中里×②

前侧里×②

后中里×②

衩高22

3. 二粒钮青果领男西装

部位尺寸	度量方法	S	M	L	头板	复板
后中长		74	76	78		
肩宽		44	45	46		
胸围		103	107	111		
腰围		90	94	98		
脚围		101	105	109		
袖长		60	61	62		
袖脾		39	41	43		
袖口		14	15	16		
大袋		15	15.5	16		
手中袋		10.5	11	11.5		
后中领高		7	7	7		

款号：Xiao　　　　　　　　　　　　款式：二粒钮青果领男西装

制板通知单××年××月××日　　　　　　　单位：cm

设计师　　制板人　　纸样片数　　前中钮28L　　用料1.7 m

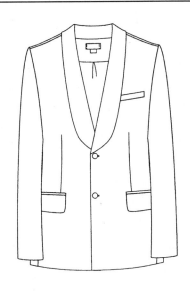

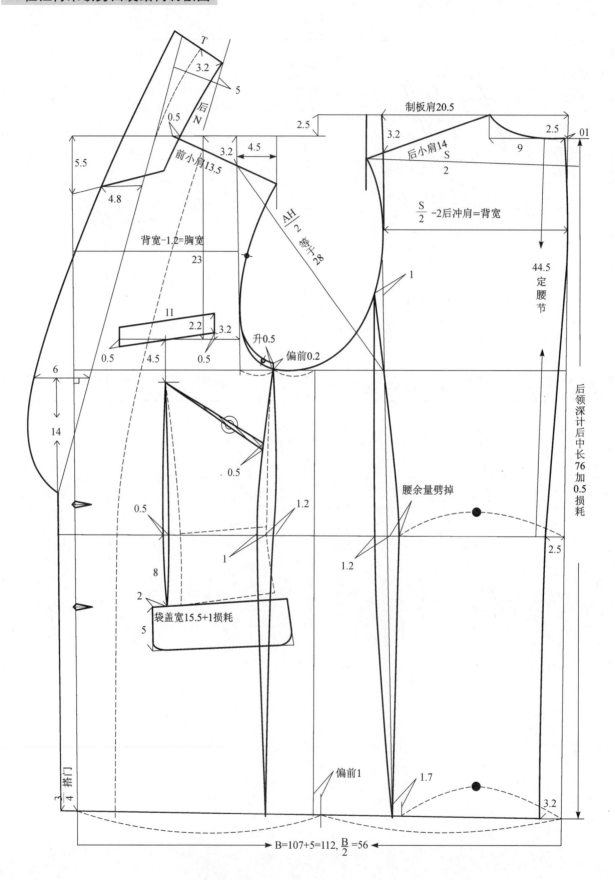

二粒钮青果领男西装生产展示图

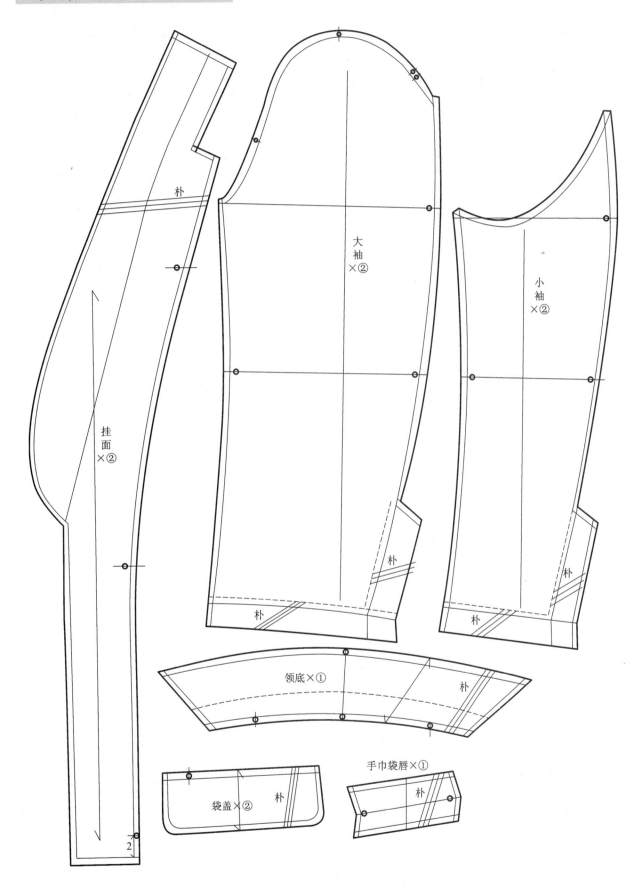

大袖×②

小袖×②

挂面×②

朴

领底×①

朴

袋盖×②　朴

手巾袋唇×①　朴

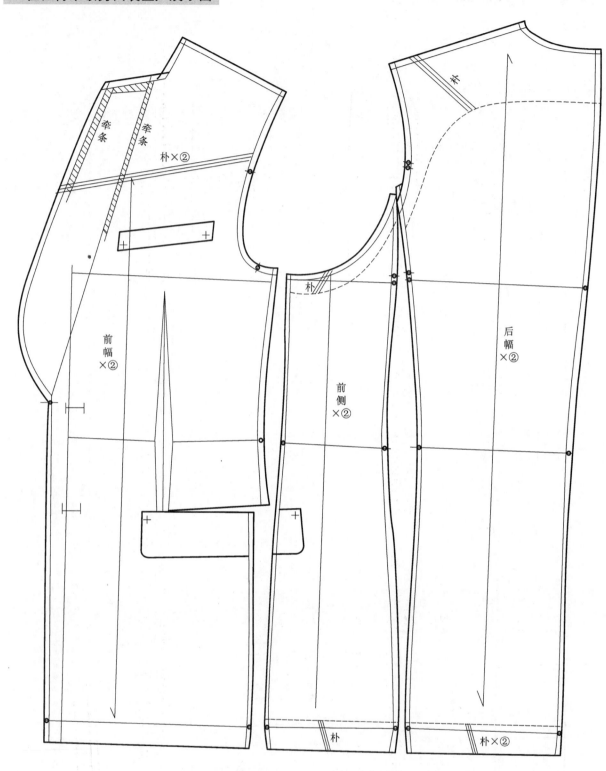

二粒钮青果领男西装生产展示图（里布）

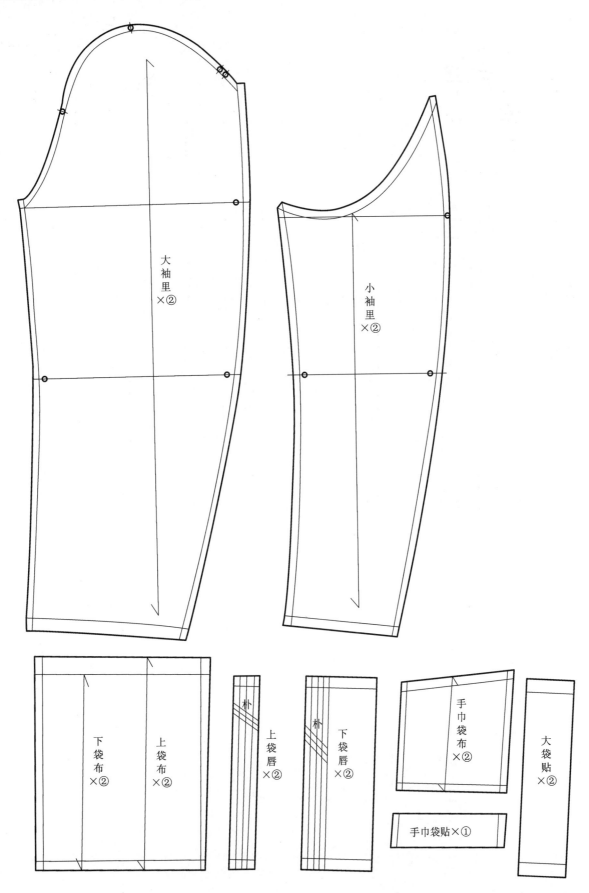

大袖里×②

小袖里×②

下袋布×②

上袋布×②

朴 上袋唇×②

朴 下袋唇×②

手巾袋布×②

手巾袋贴×①

大袋贴×②

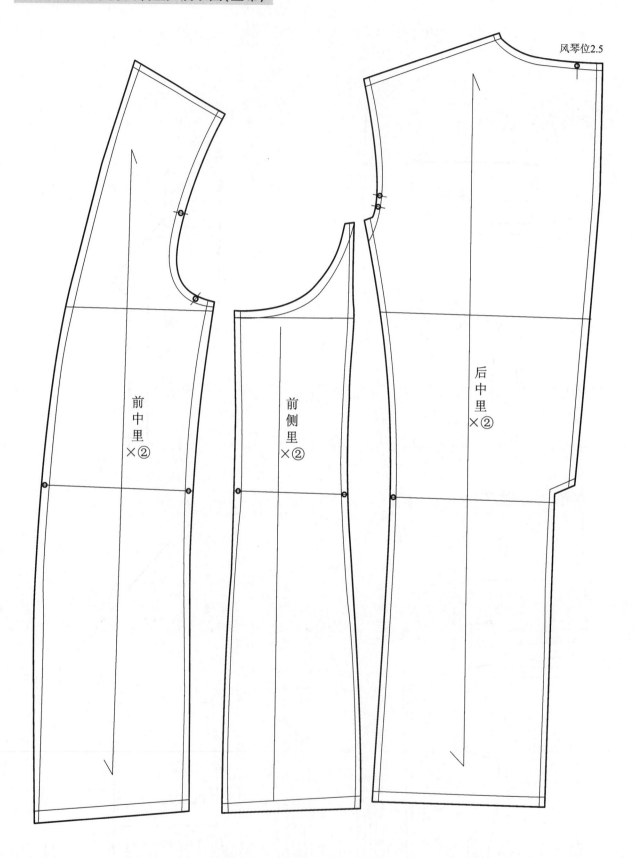

风琴位2.5

前中里×②

前侧里×②

后中里×②

第十章 领型变化

1. 春秋两用领 1

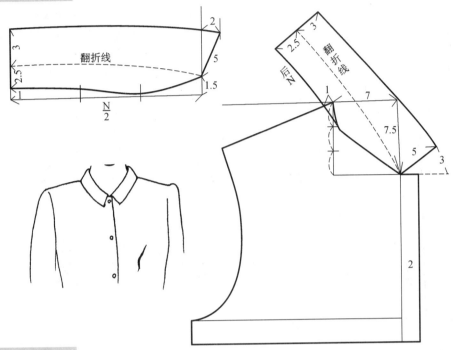

2. 春秋两用领 2

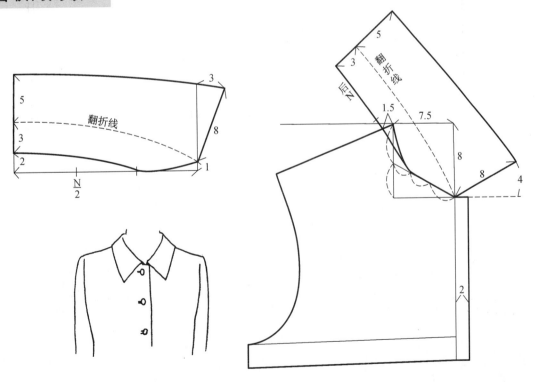

3. 春秋两用领 3

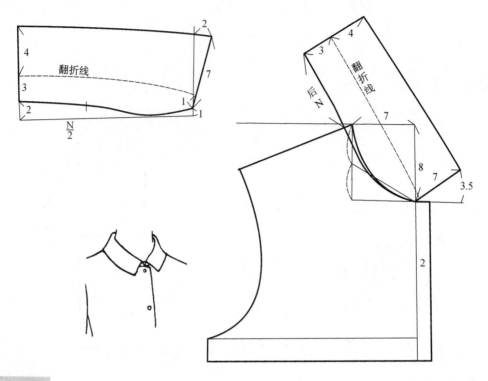

4. 一片尖领

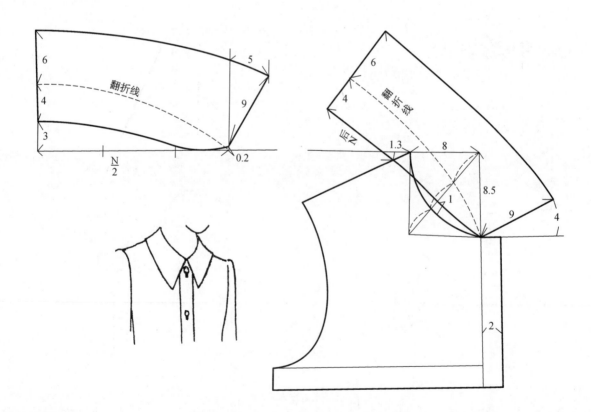

5. U 型领 1

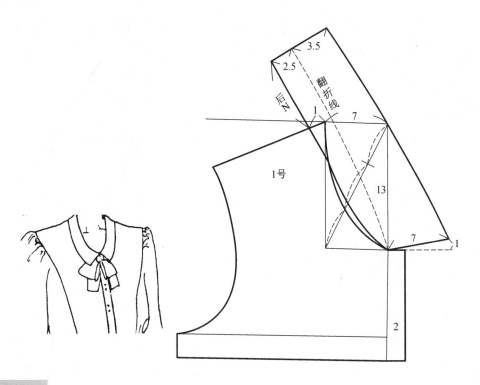

6. U 型领 2

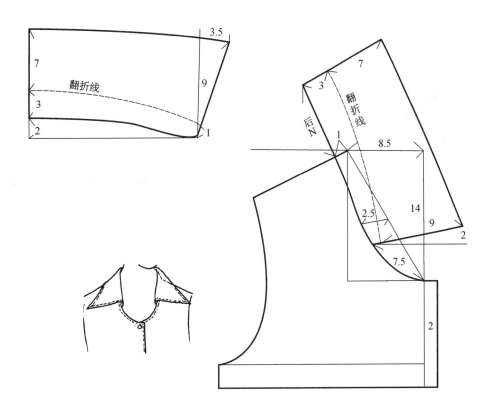

7. 双排钮 V 型领

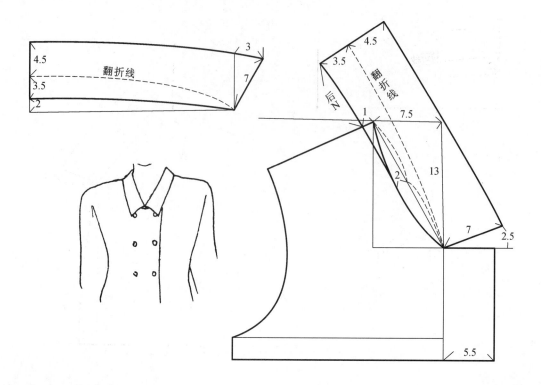

8. 双排钮 U 型领

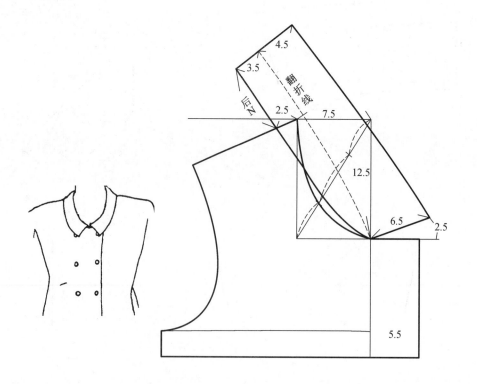

9. 铜盆领

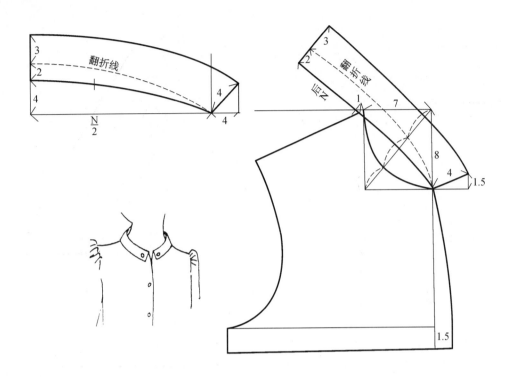

10. 铜盆方领

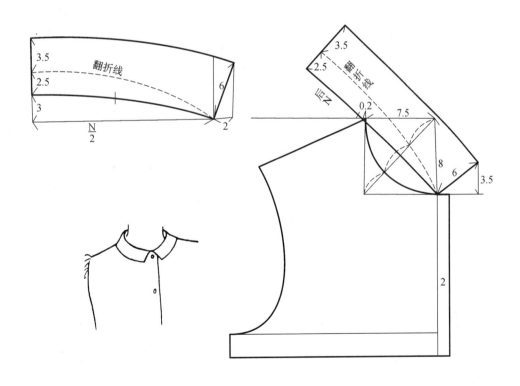

11. 八字方领

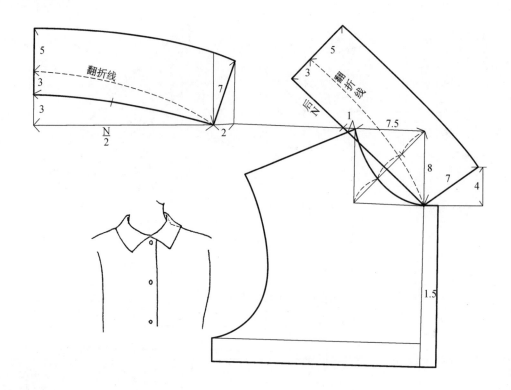

12. 斜方领

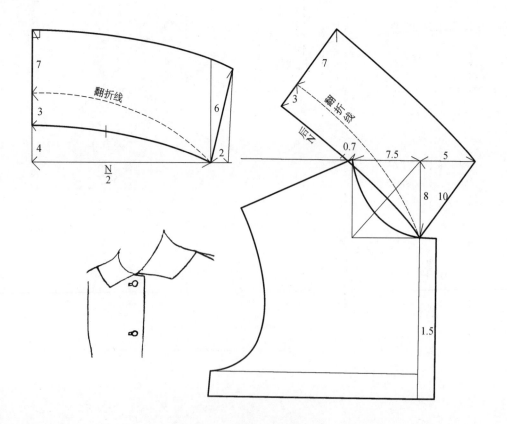

13. U型驳领

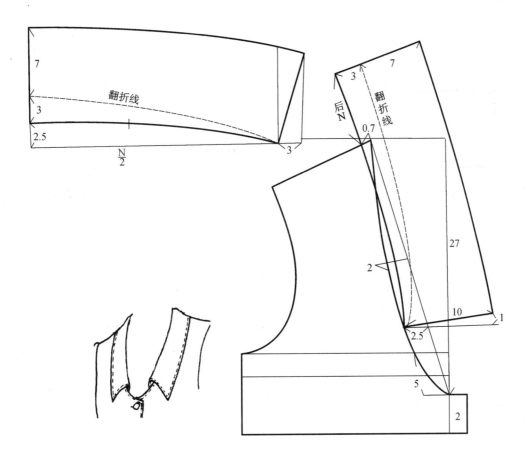

14. V型登翻领

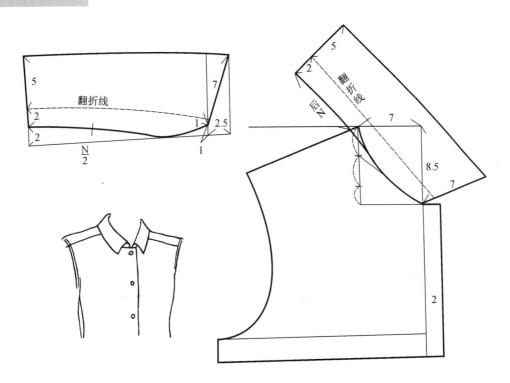

15. 登方领 1

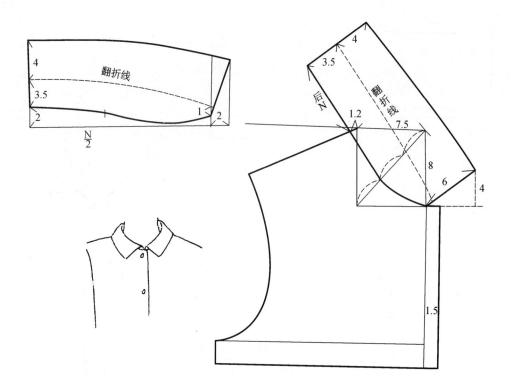

16. 登方领 2

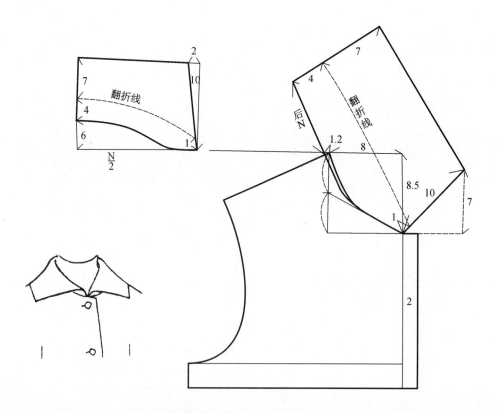

17. 角领

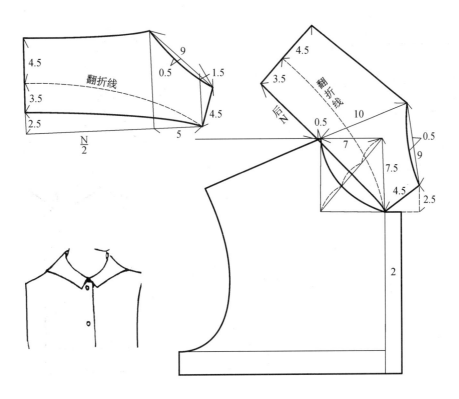

18. 八字领

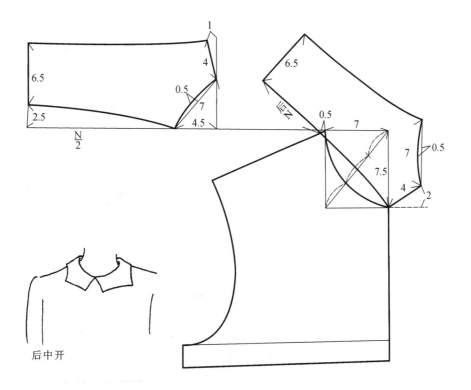

19. 两用窄领

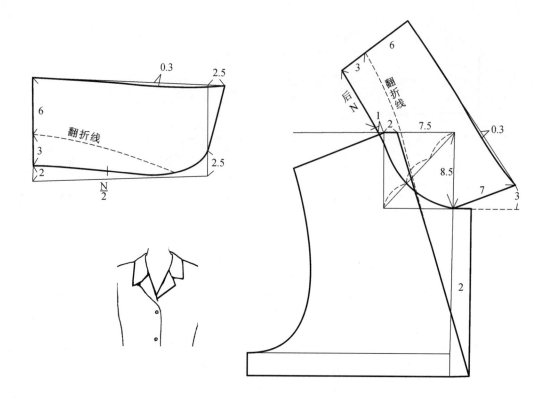

20. 盆领

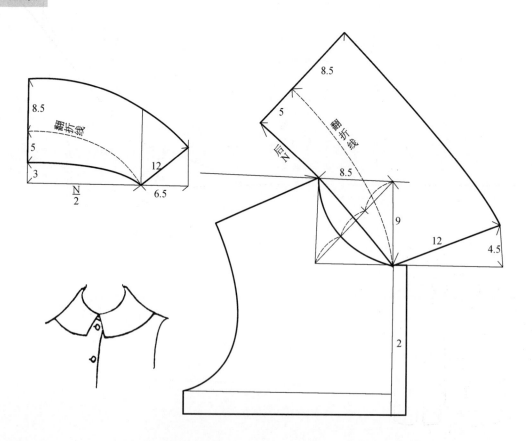

21. 浪垂领 1

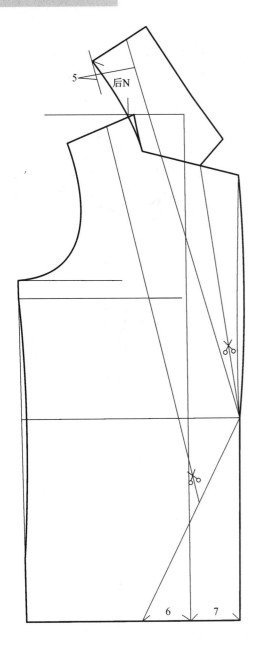

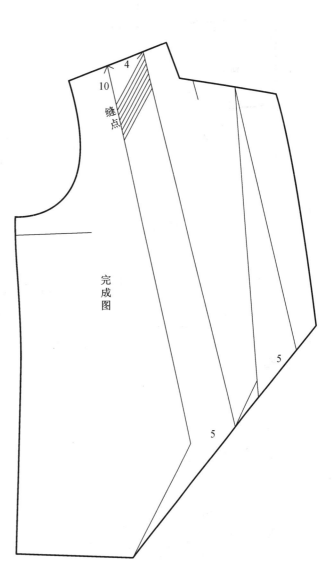

完成图

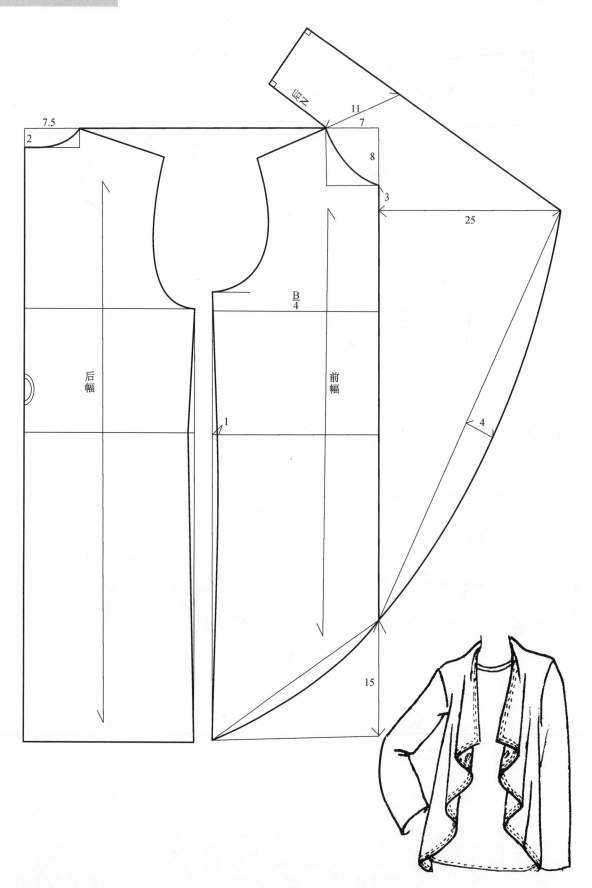

23. 翻领 1

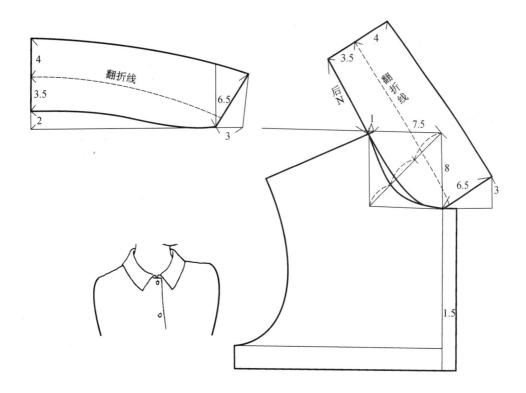

24. 翻领 2

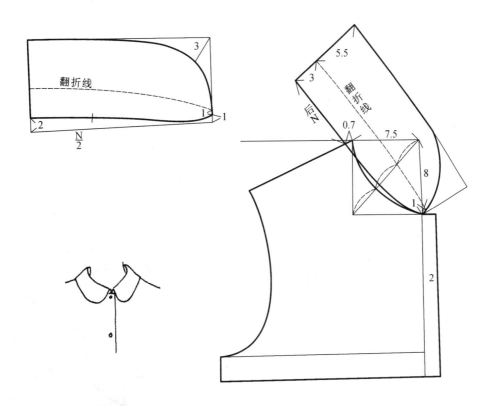

25. 后开口尖领

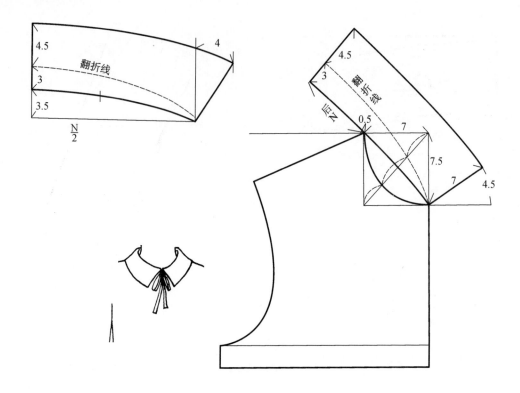

26. V型尖领

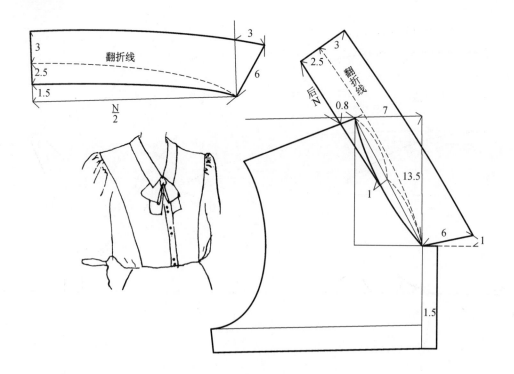

27. V型领

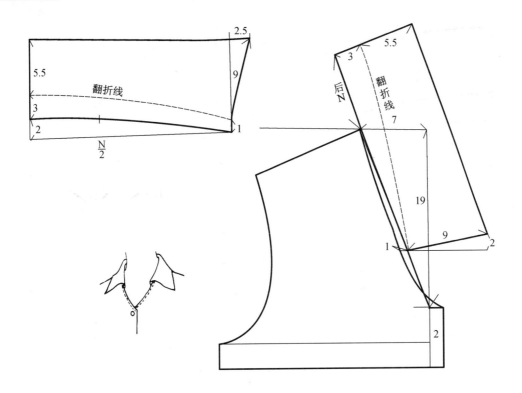

28. 方领

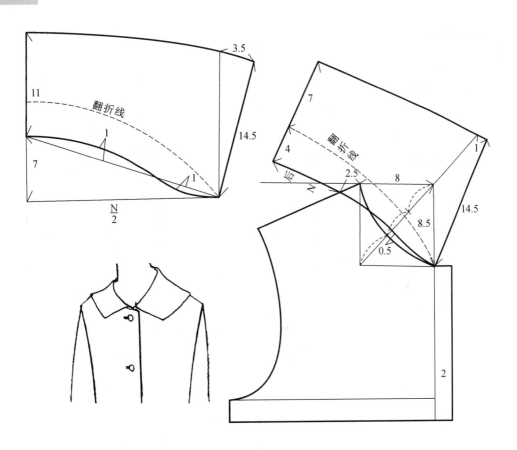

29. 圆领 1

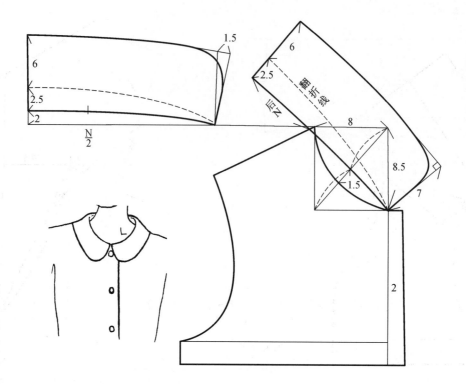

30. 圆领 2

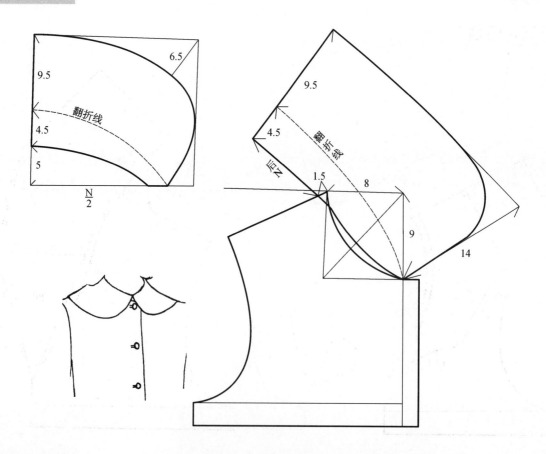

31. 海军领

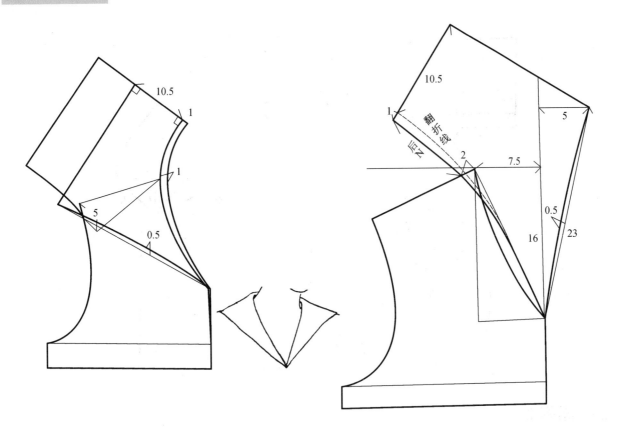

32. 三角坦领

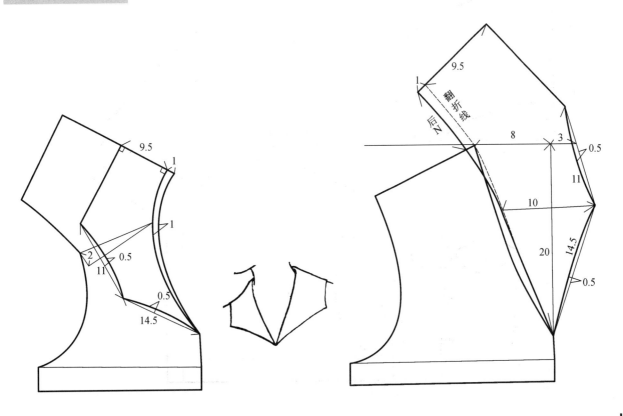

33. 围登领

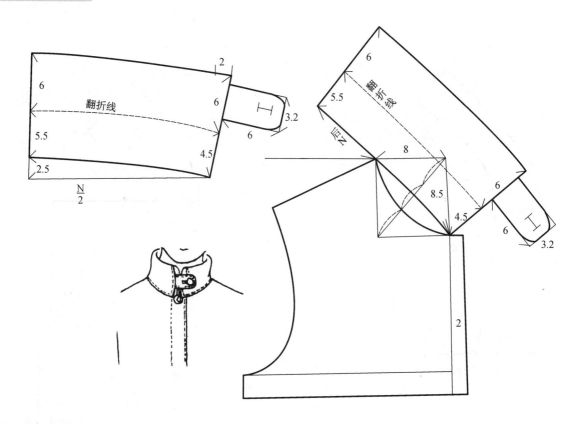

34. 围巾领

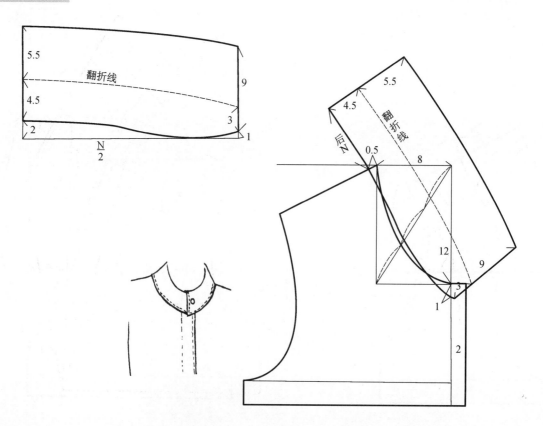

35. 皱褶坦领

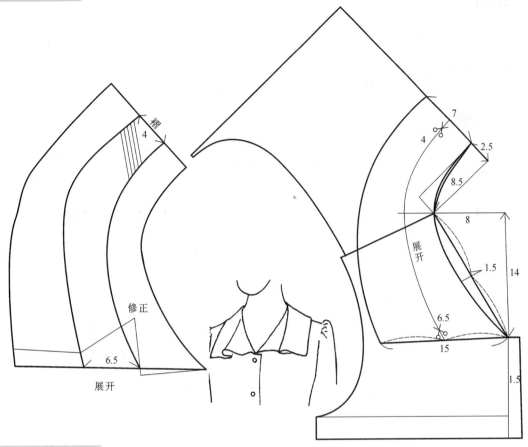

36. 荷叶波浪领

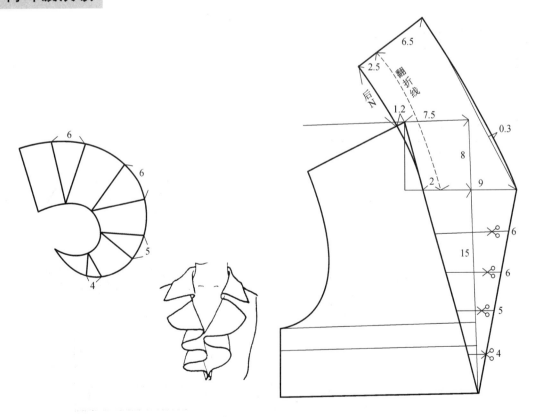

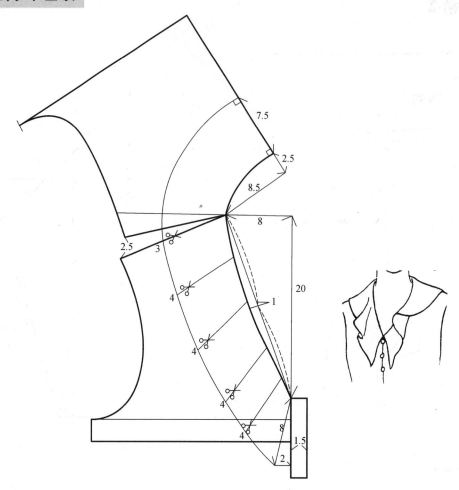

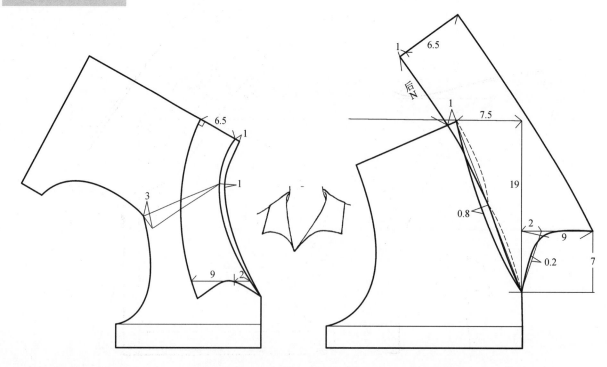

39. 燕子领 2

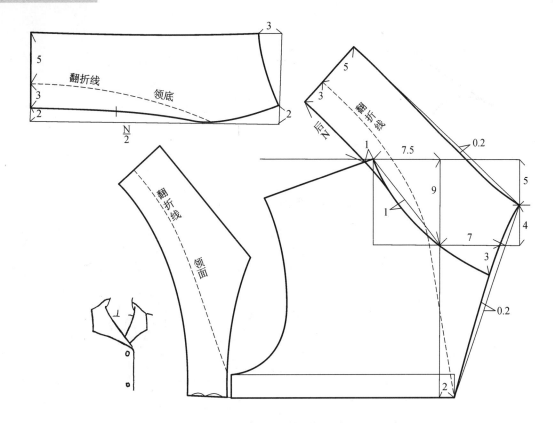

40. 燕子领 3

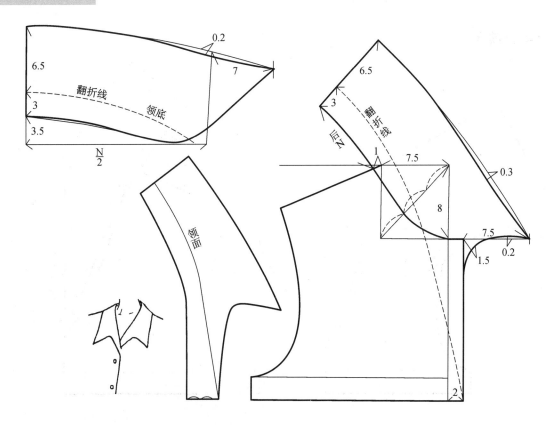

41. V型花边领

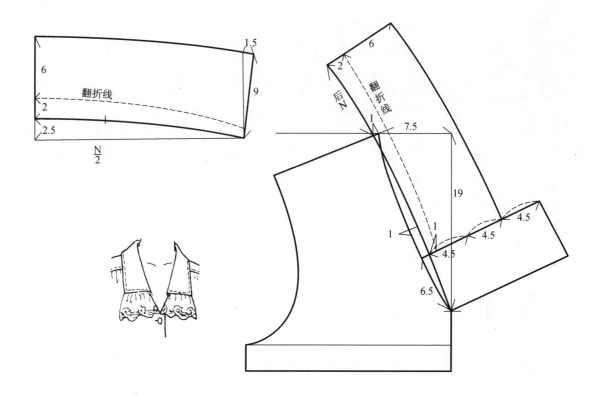

42. 套头衫领

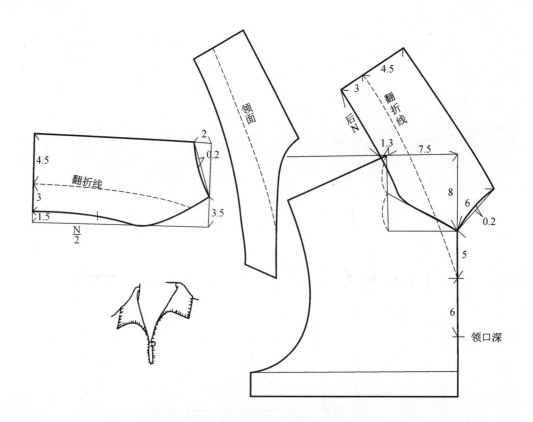

43. 鹅嘴坦领

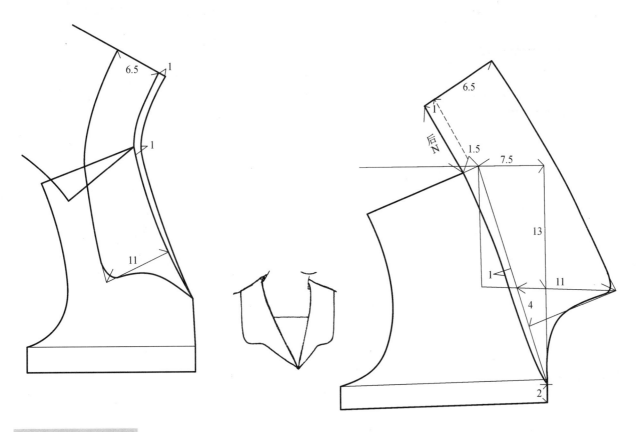

44. 围巾环领

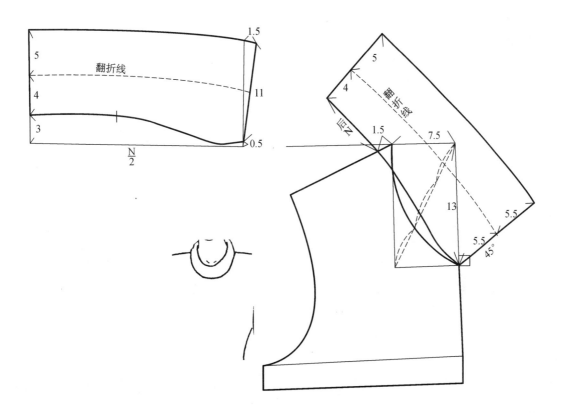

45. 套头衫燕子领

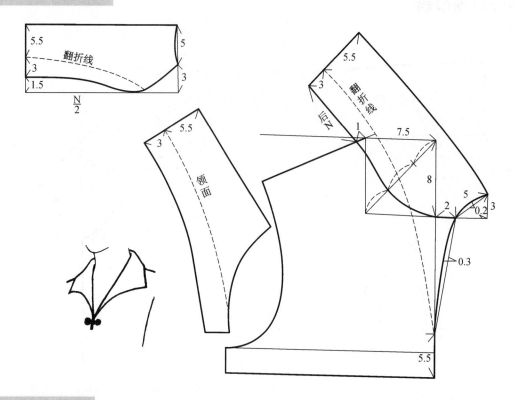

46. 前筒燕子领

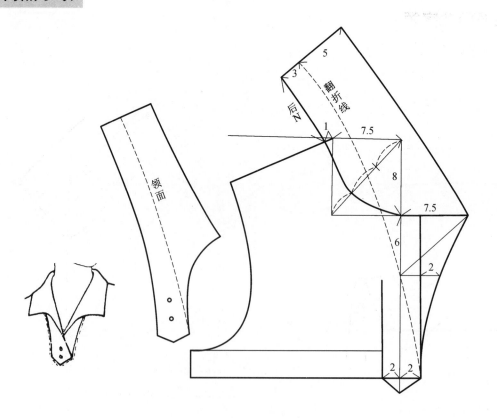

47. 后开口围巾领

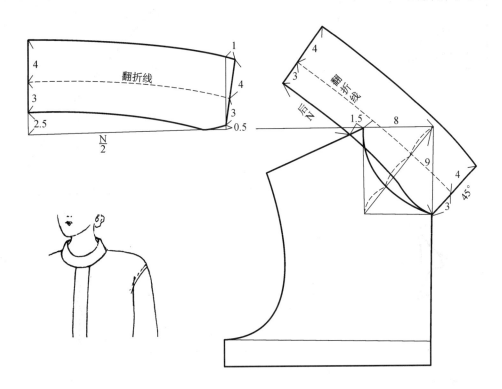

48. 后开门八字领

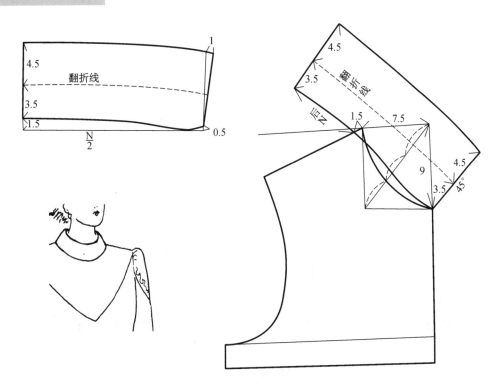

49. 围巾皱褶领

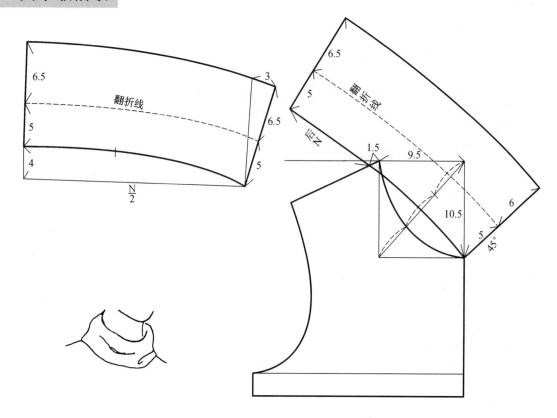

50. 荡领 1

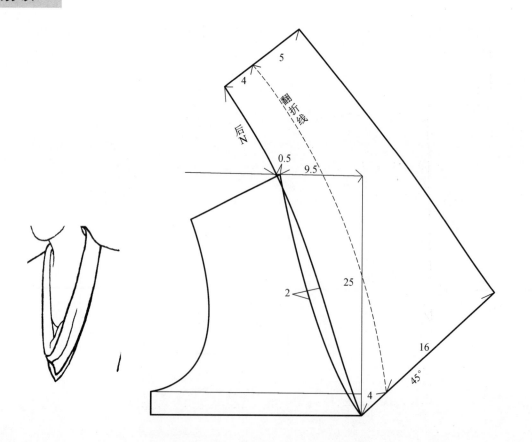

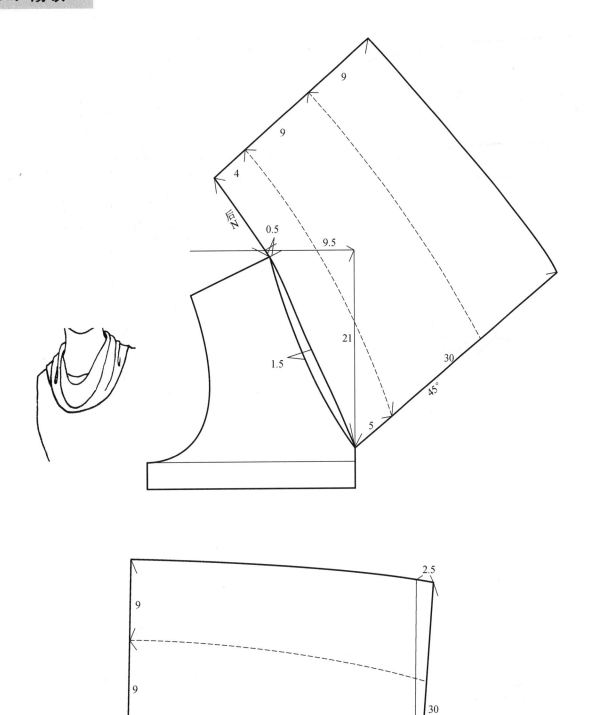

51. 荡领 2

52. 荡领 3

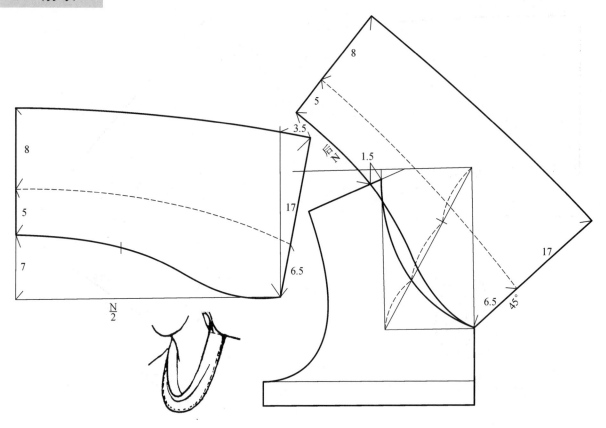

53. 皱褶荡领

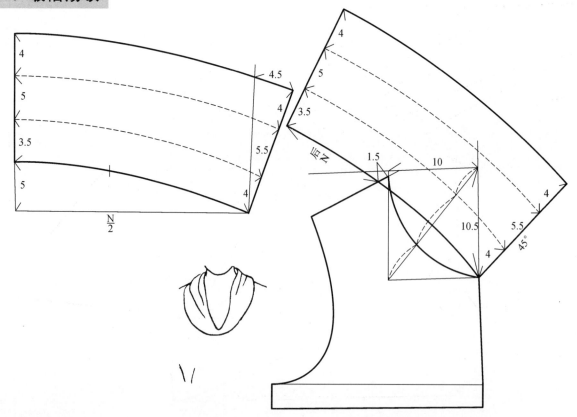

54. 皱褶荡环领

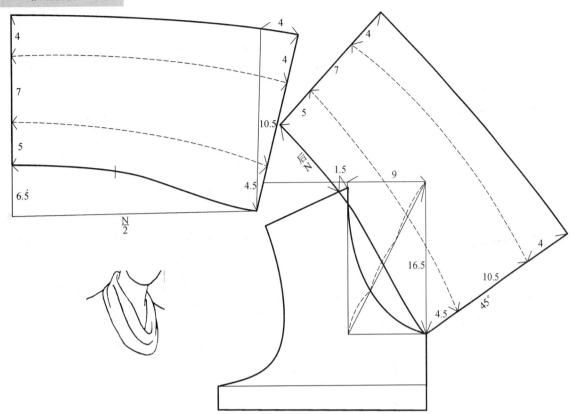

55. 薄面料荡领

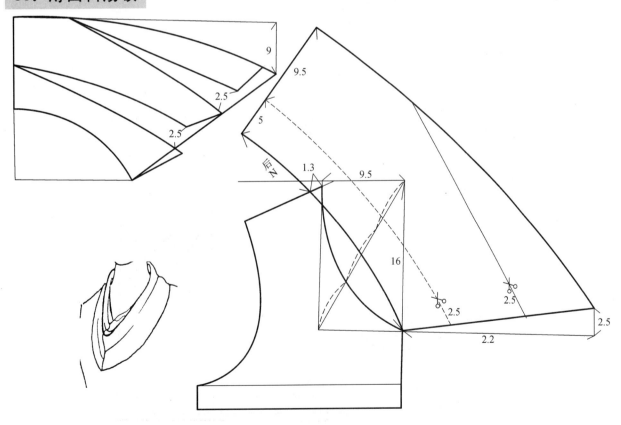

56. 环浪领

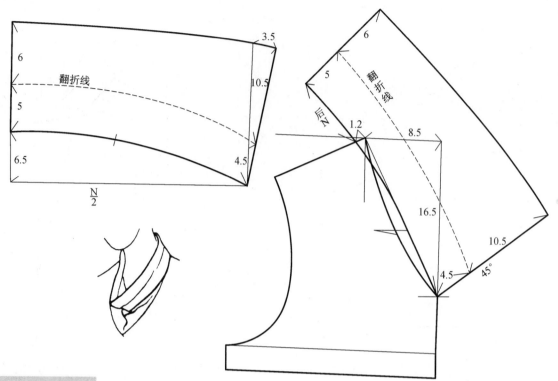

57. 皱褶环领

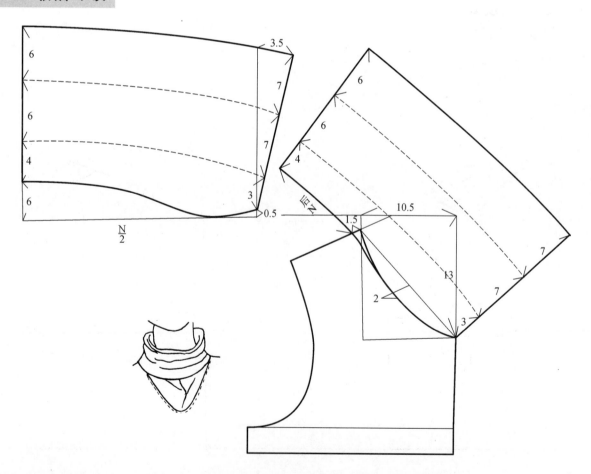

58. 连身立领 1

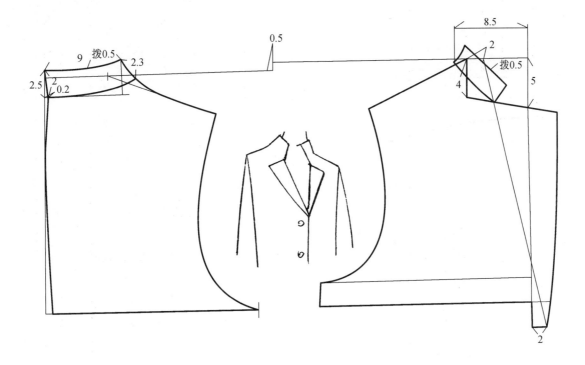

59. 连身立领 2

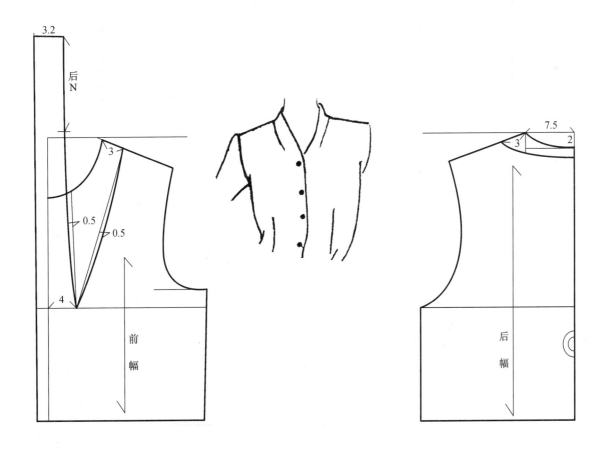

60. 收省式连身立领

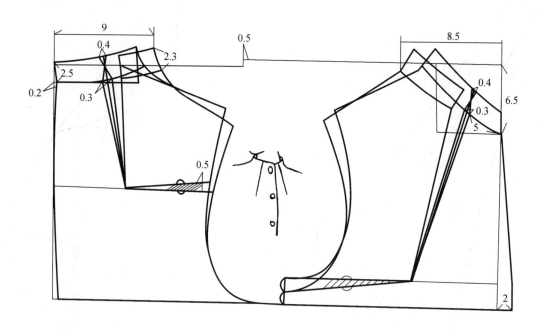

61. 无领口省连身立领

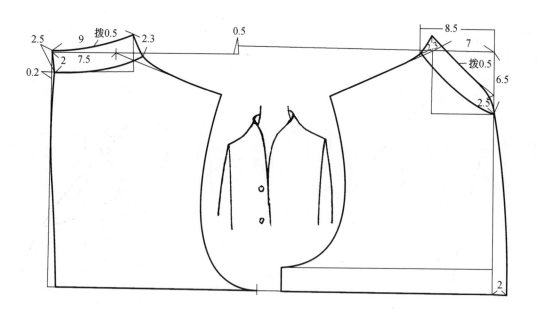

62. 丝瓜立领 1

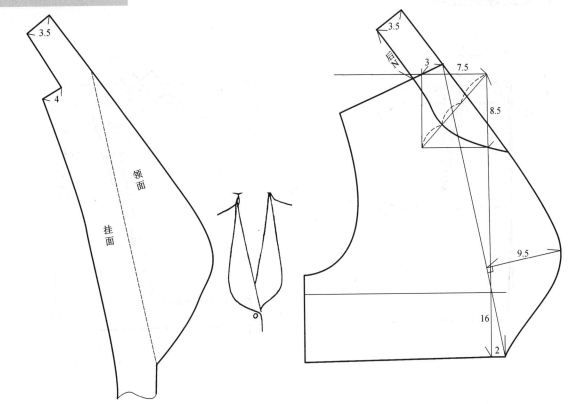

領面
挂面

3.5
4
后z
3
7.5
8.5
9.5
16
2

63. 丝瓜立领 2

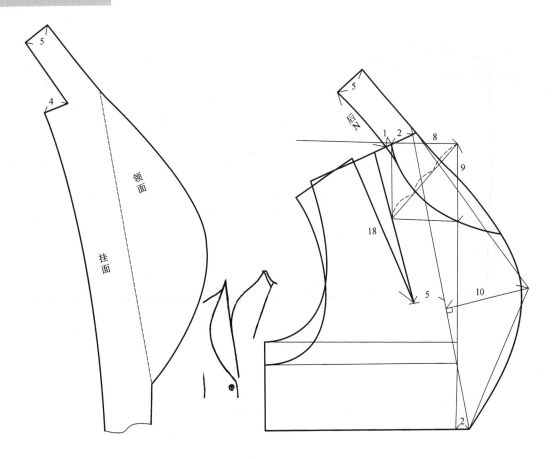

領面
挂面

5
4
后z
1 2
8
9
18
5
10
2

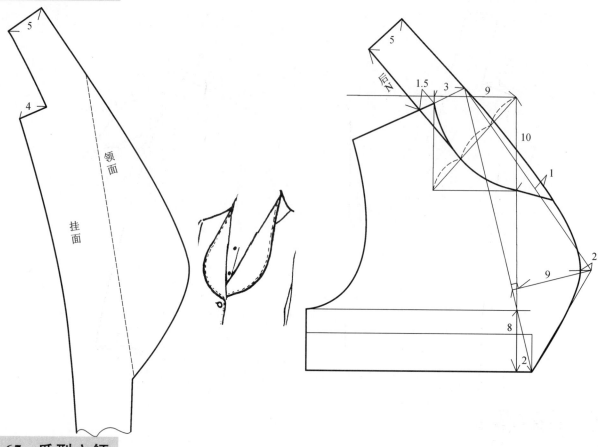

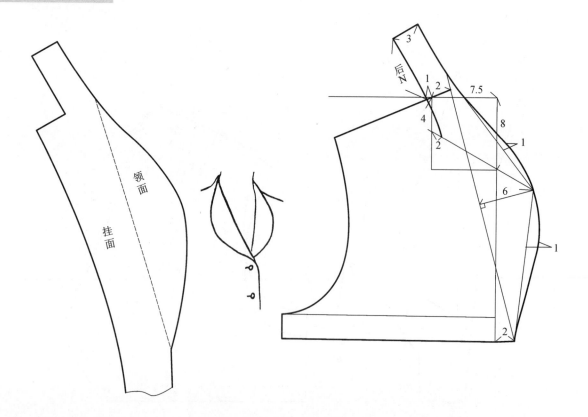

66. 长刀立领 1

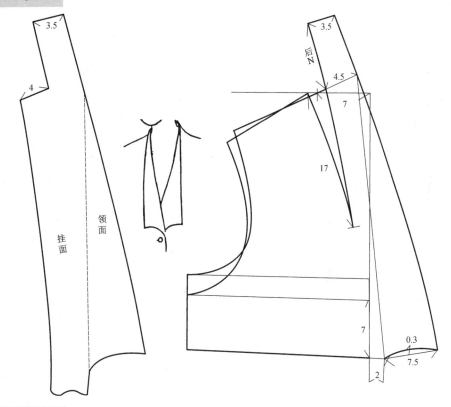

67. 长刀立领 2

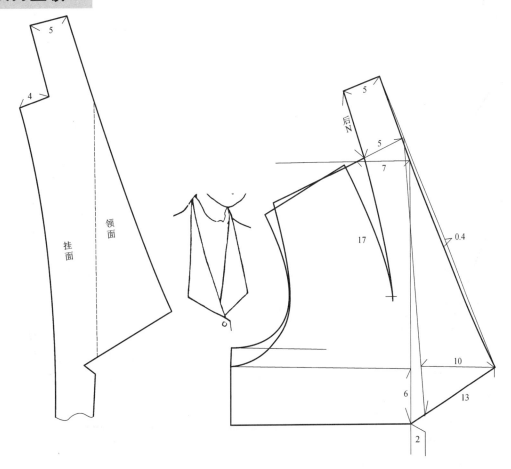

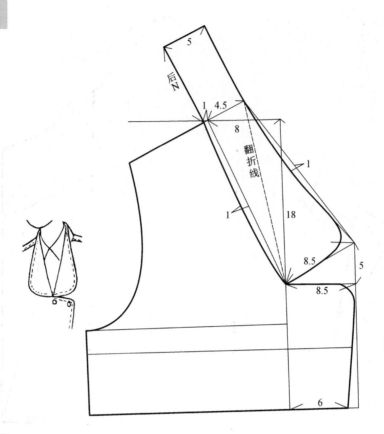

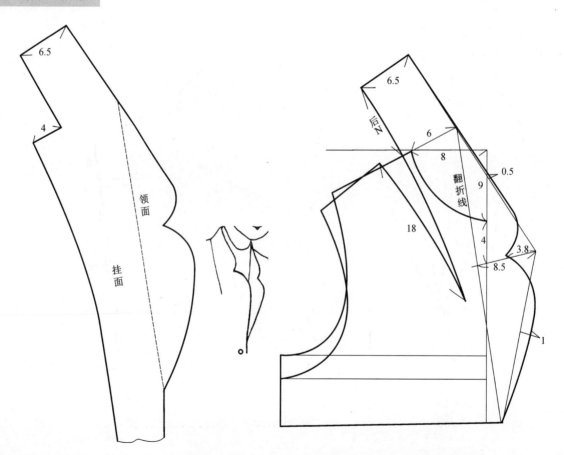

70. 方形立领

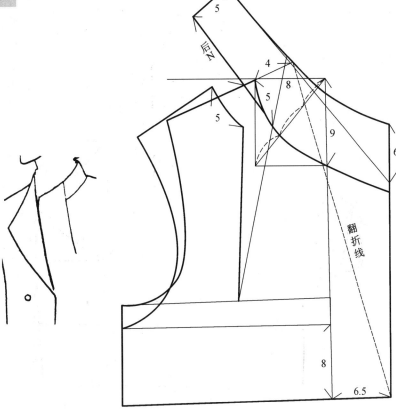

71. 立驳领

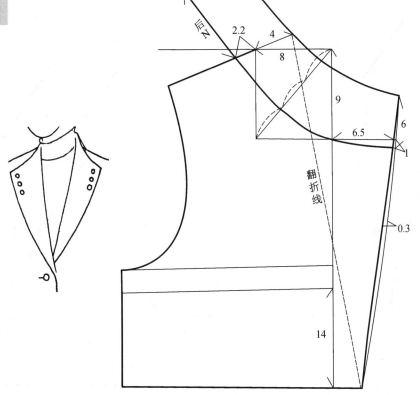

72. 装领式立领 1

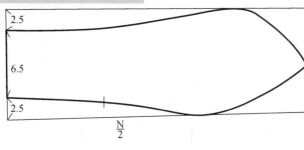

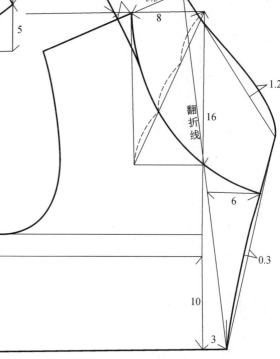

73. 装领式立领 2

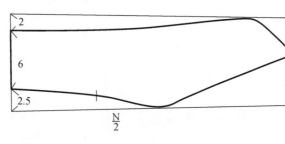

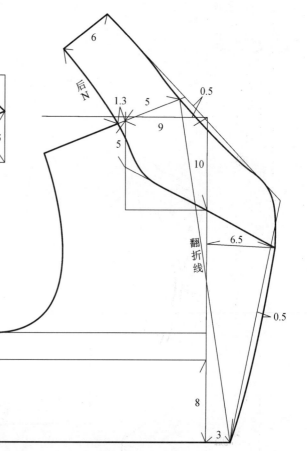

74. 连身西装立领

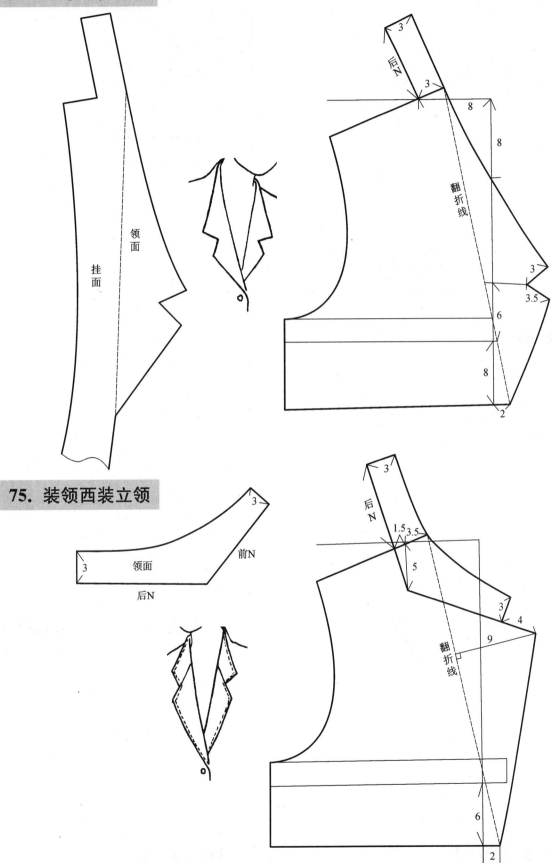

75. 装领西装立领

76. 角形立领 1

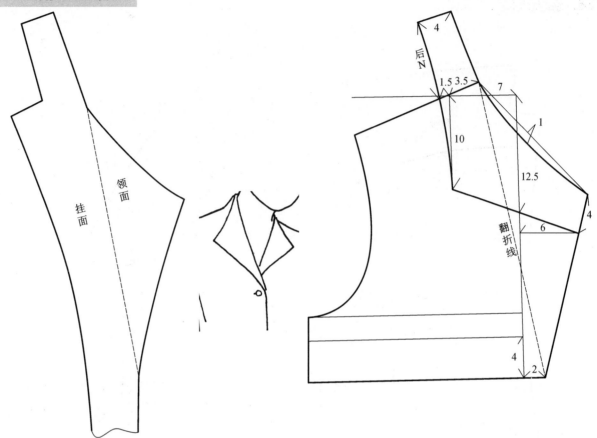

77. 角形立领 2

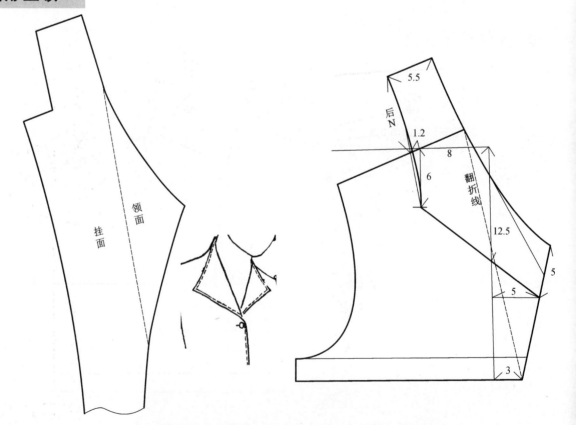

78. 松身领

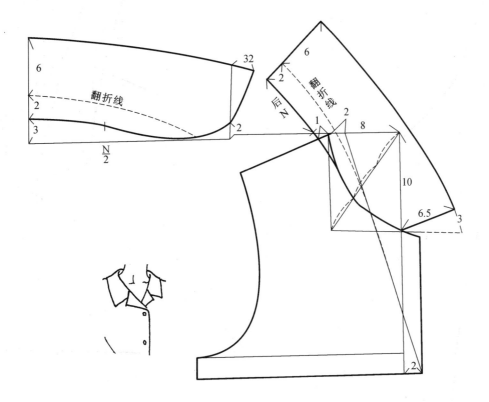

79. 窄尖领

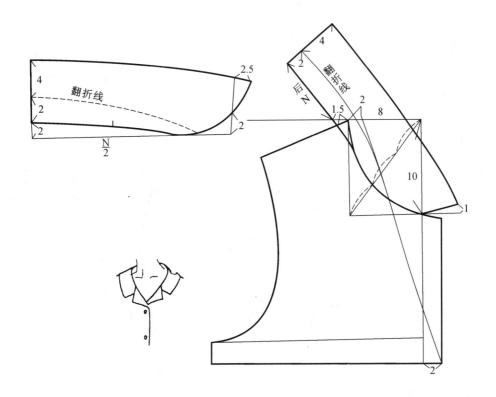

80. 两用领 1

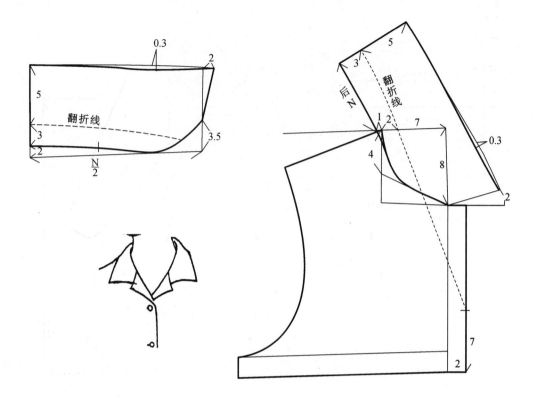

81. 两用领 2

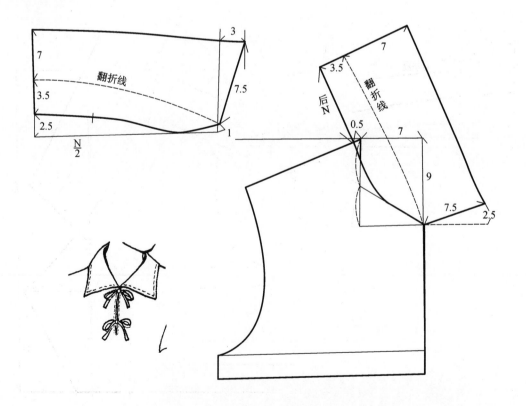

82. 刀形叠领 1

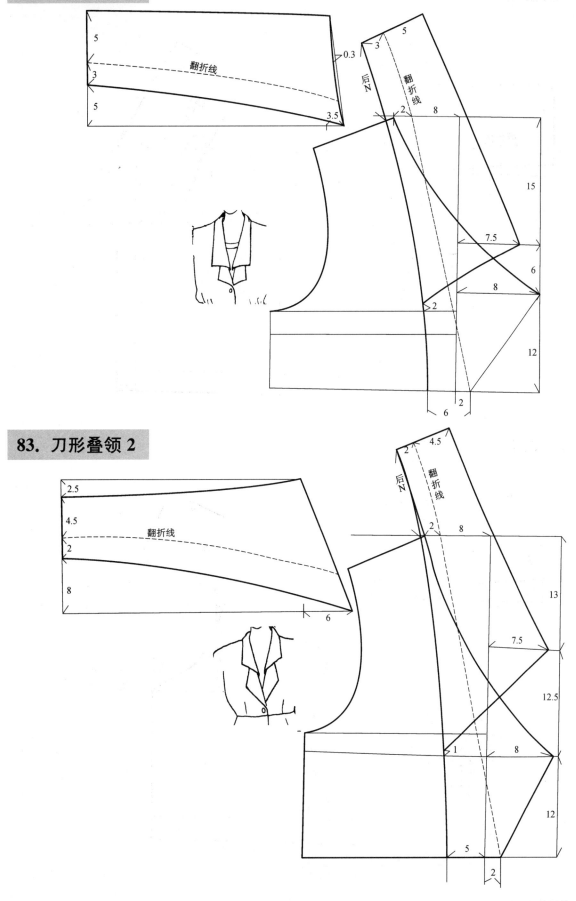

83. 刀形叠领 2

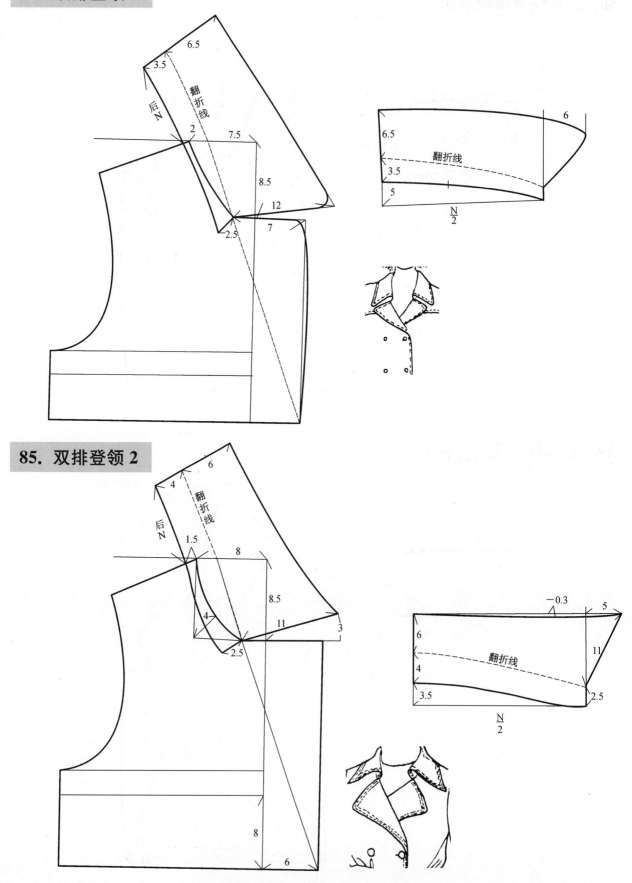

84. 双排登领 1

6.5
3.5
翻折线
后N
2
7.5
8.5
12
2.5
7

6.5
翻折线
3.5
5
6
N/2

85. 双排登领 2

6
4
翻折线
后N
1.5
8
8.5
4
11
3
2.5
8
6

−0.3
5
6
翻折线
4
11
3.5
2.5
N/2

86. 三粒钮单排枪驳领

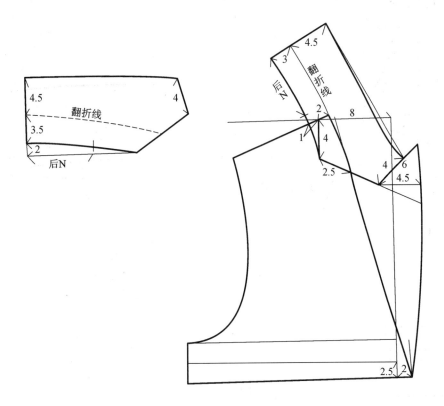

87. 三粒钮单排平驳领

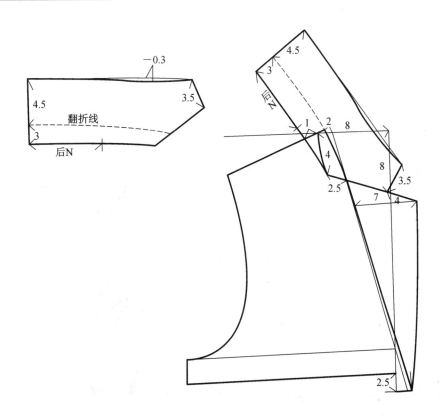

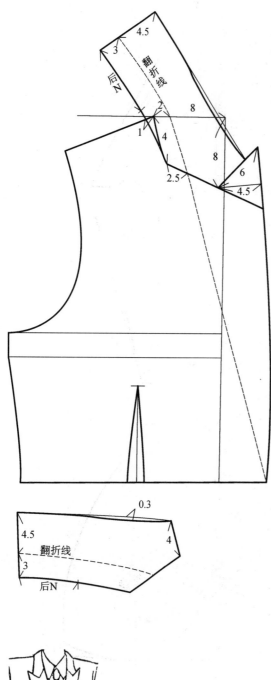

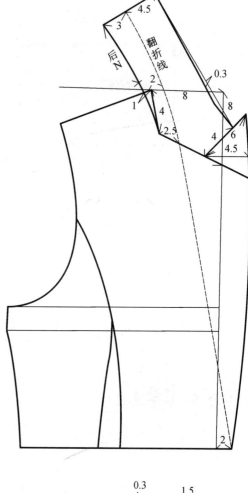

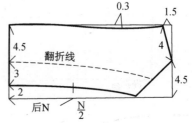

90. 鸭嘴领

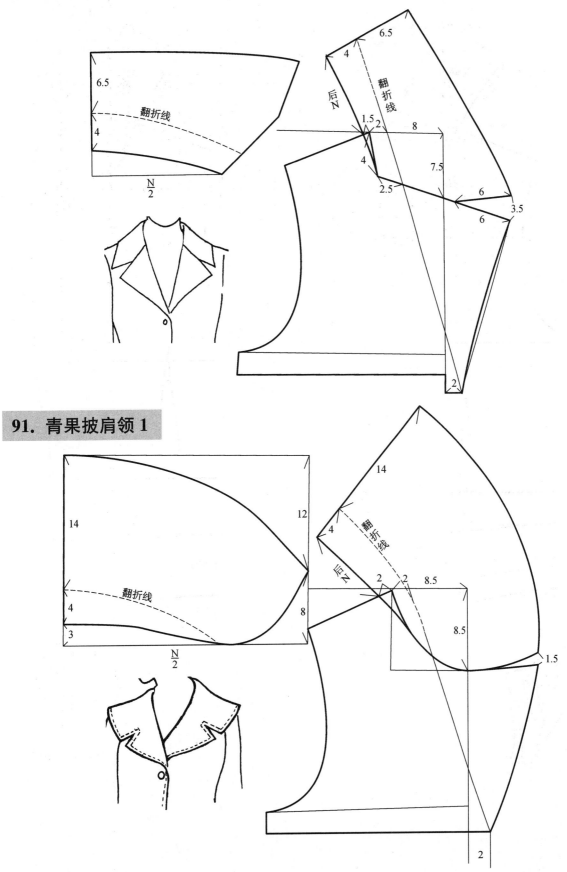

91. 青果披肩领 1

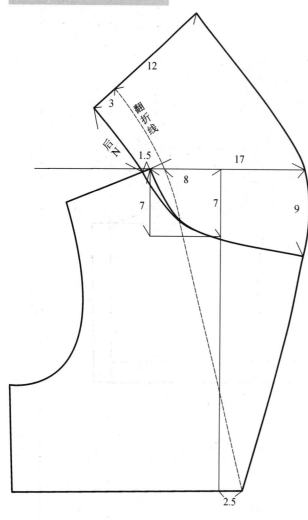

12

3

翻折线

后Z

1.5

17

8

7

7

9

2.5

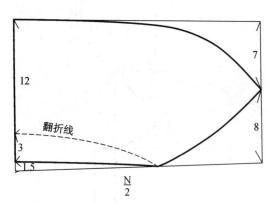

12

翻折线

7

8

3

1.5

$\frac{N}{2}$

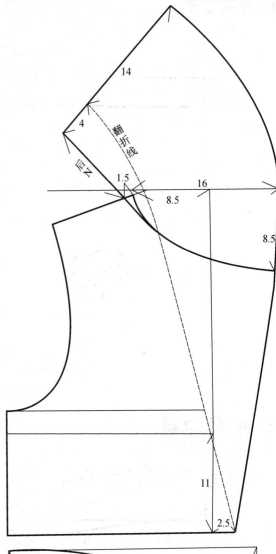

14

4

翻折线

后Z

1.5

16

8.5

8.5

11

2.5

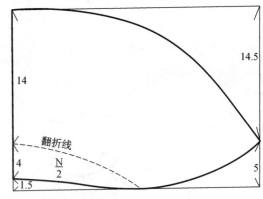

14

翻折线

14.5

4

$\frac{N}{2}$

5

1.5

94. 连襟立领

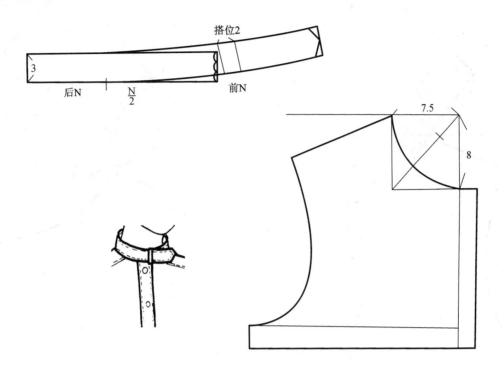

95. 外弧型立领

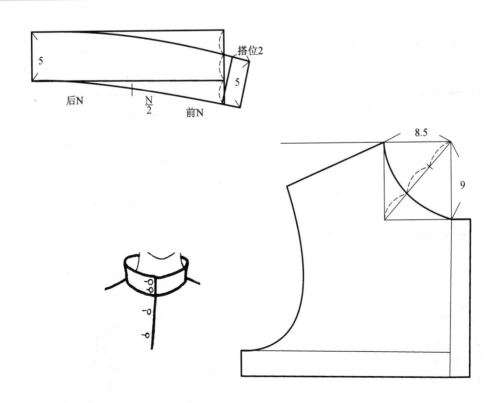

96. 立领 1

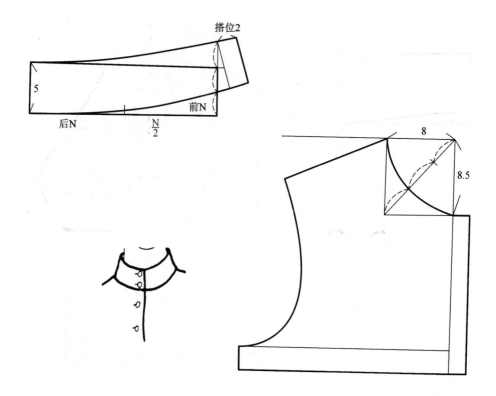

97. 立领 2

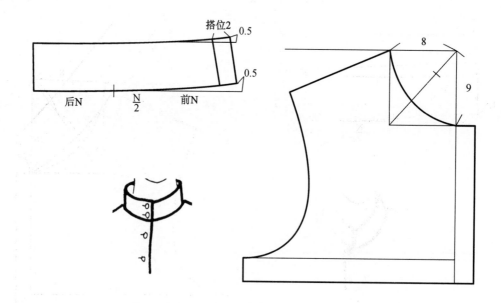

98. 立领 3

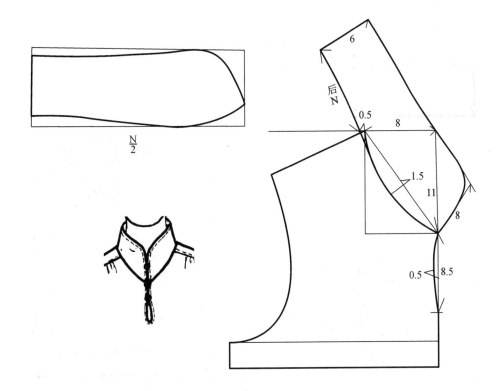

99. 立领 4

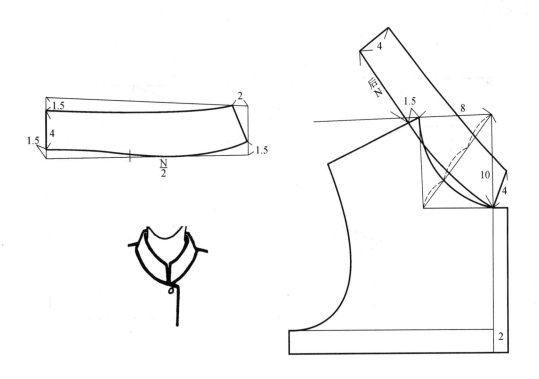

100. 立领 5

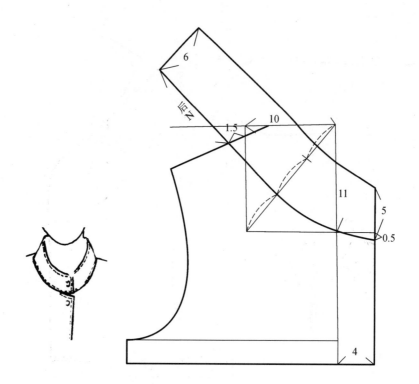

101. 立领 6

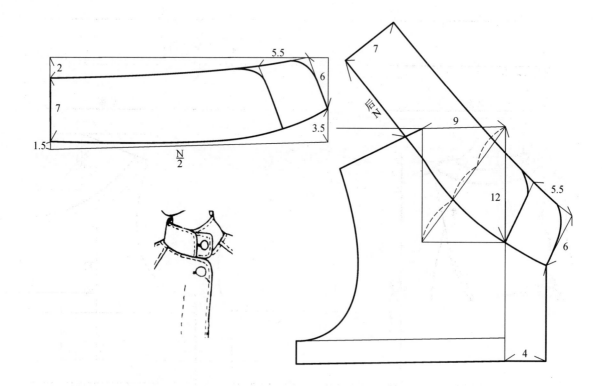

102. 立领 7

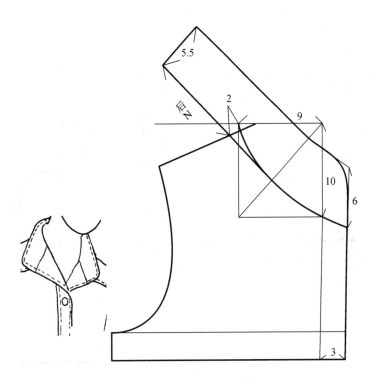

103. 立领 8

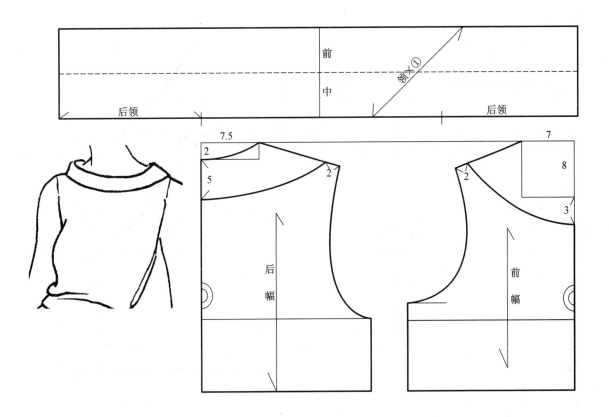

104. 中式领

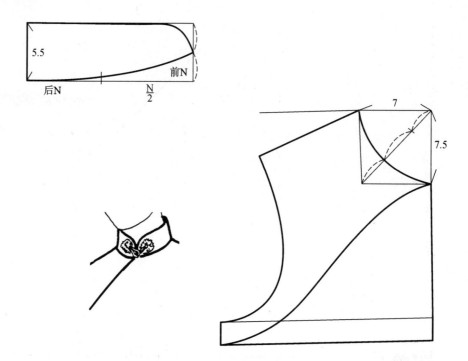

105. 凤仙装领

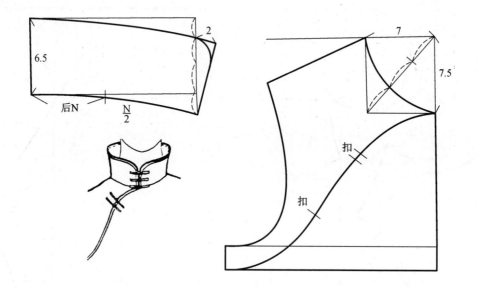

106. 披肩领

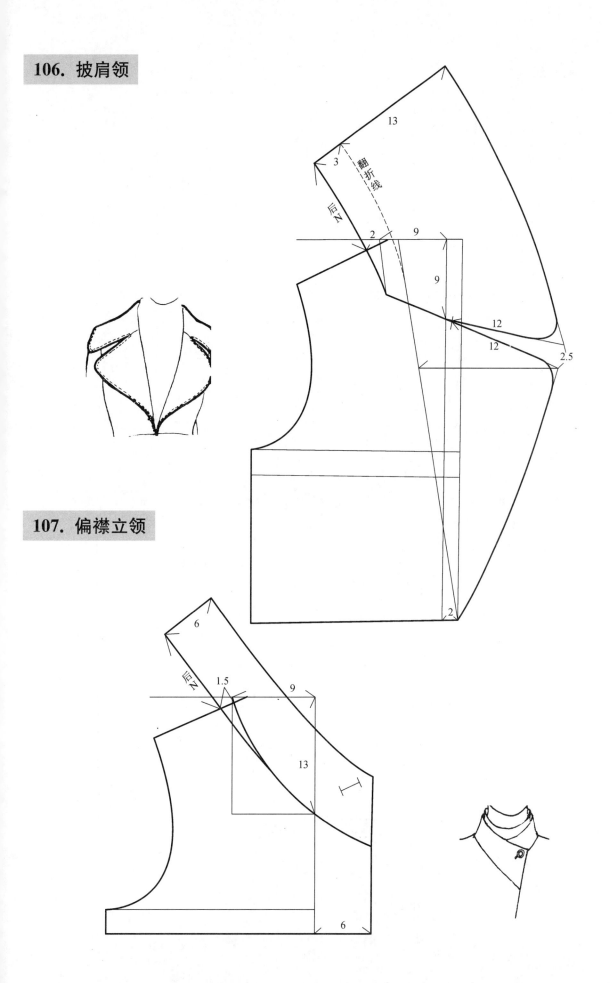

107. 偏襟立领

108. 两用立领

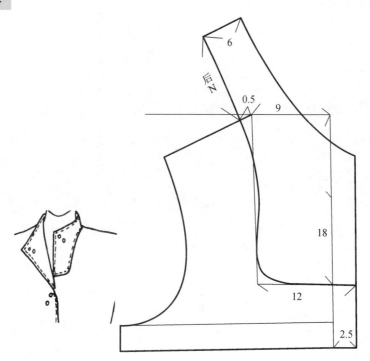

109. 正方领

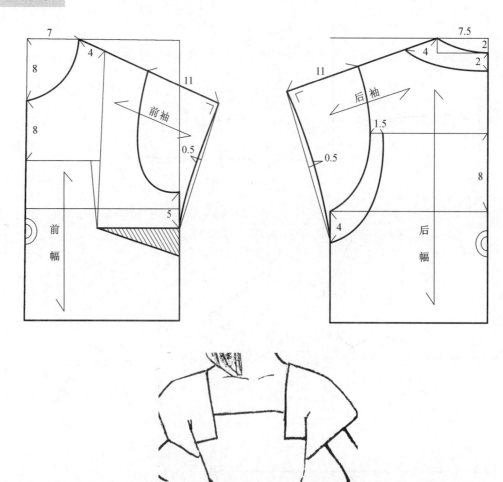

110. 后中开口圆领

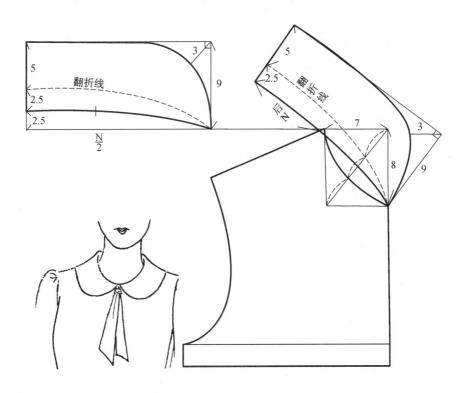

111. 铜盆圆领

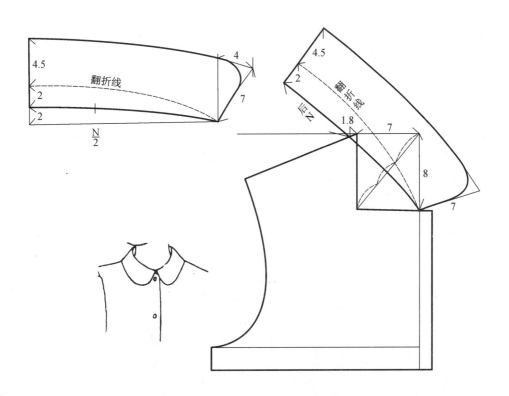

112. 香蕉领

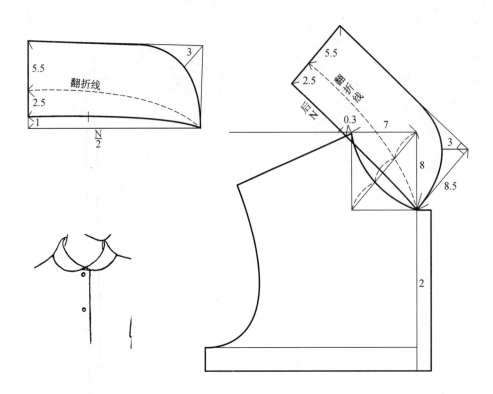

113. 两用圆领

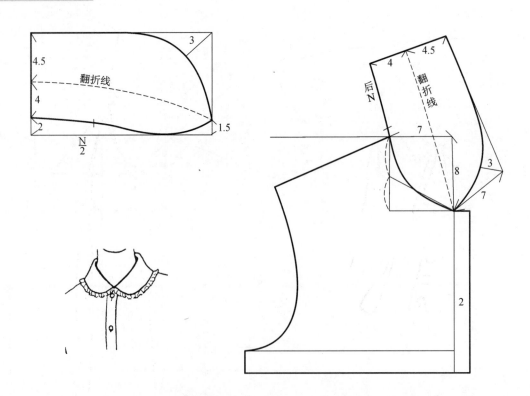

114. 连身飘带领

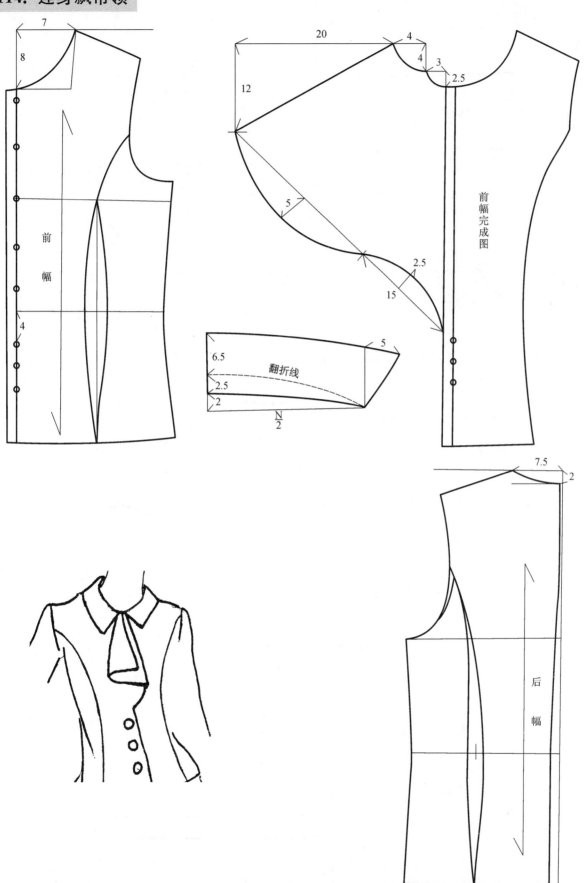

前幅

前幅完成图

翻折线

$\frac{N}{2}$

后幅

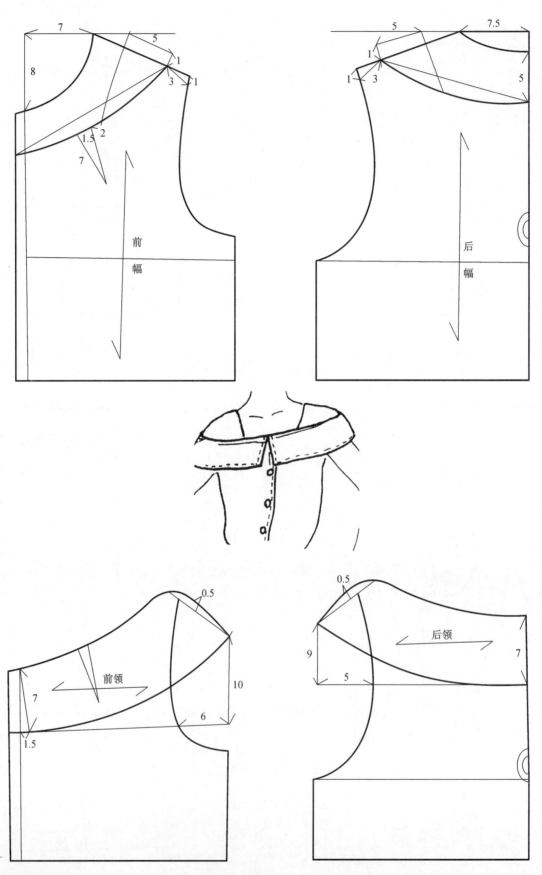

116. 盖肩领 2

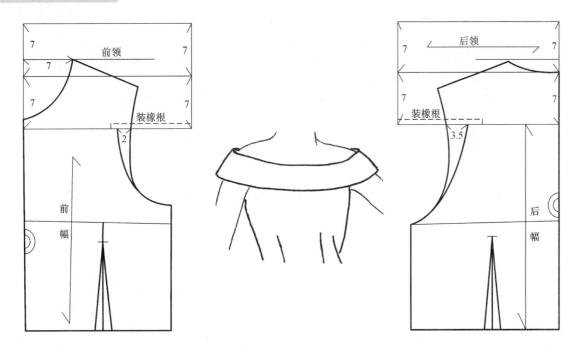

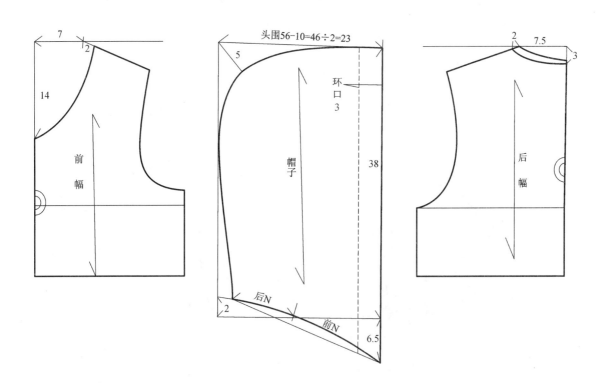

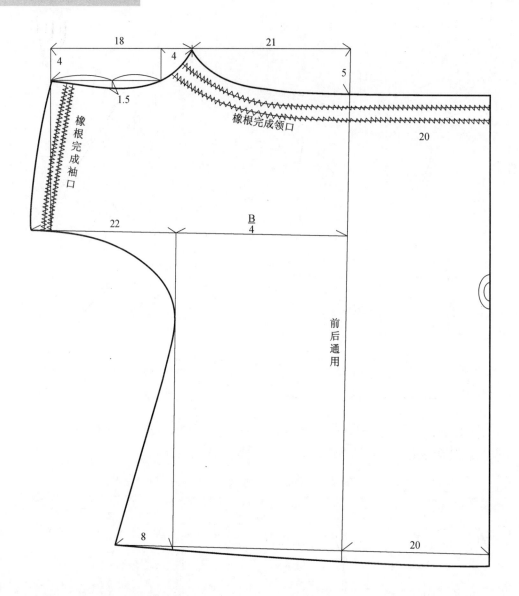

橡根完成袖口

橡根完成领口

前后通用

118. 飘带结领

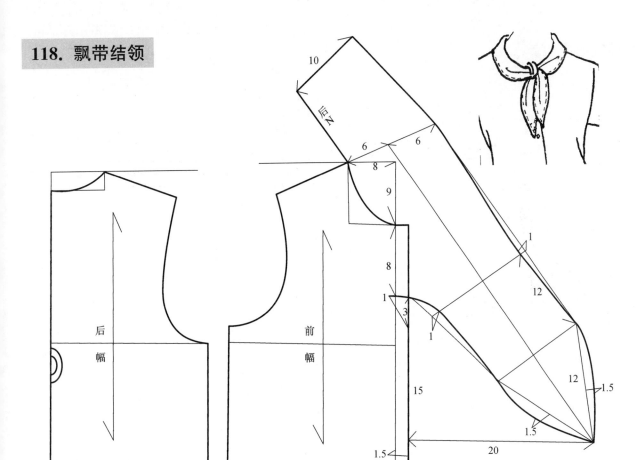

119. 连体飘带领

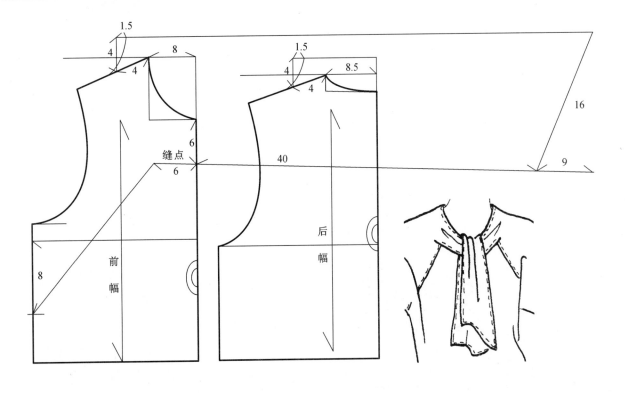

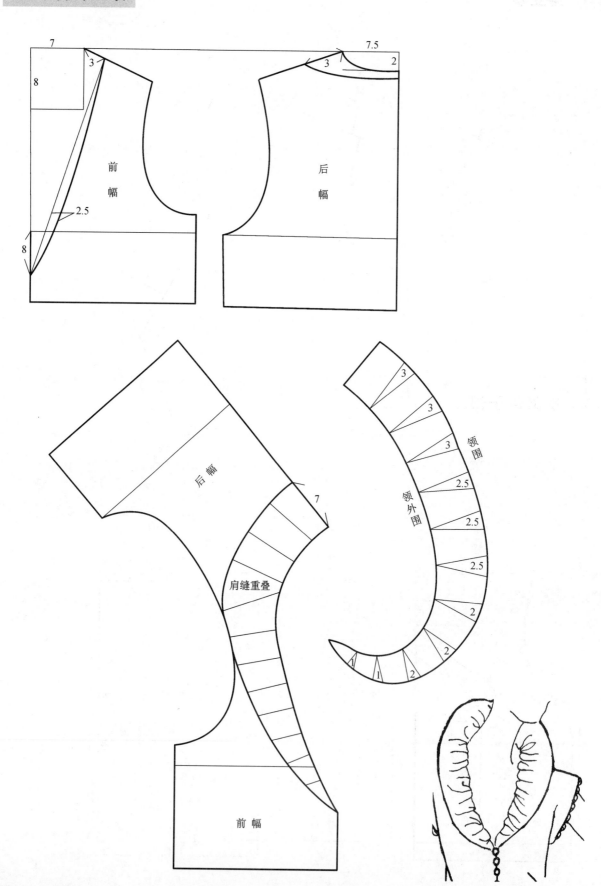

前幅

后幅

8

7

3

2.5

8

7.5

3

2

后幅

前幅

肩缝重叠

7

领外围

领围

3

3

3

2.5

2.5

2.5

2

2

1

2

121. 角立领

122. 交叉带子领

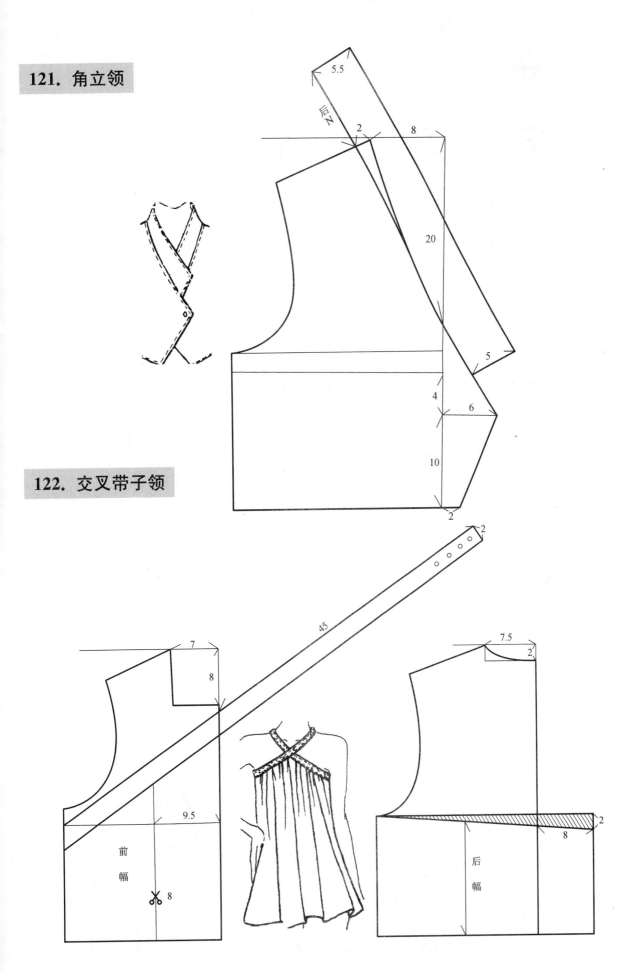

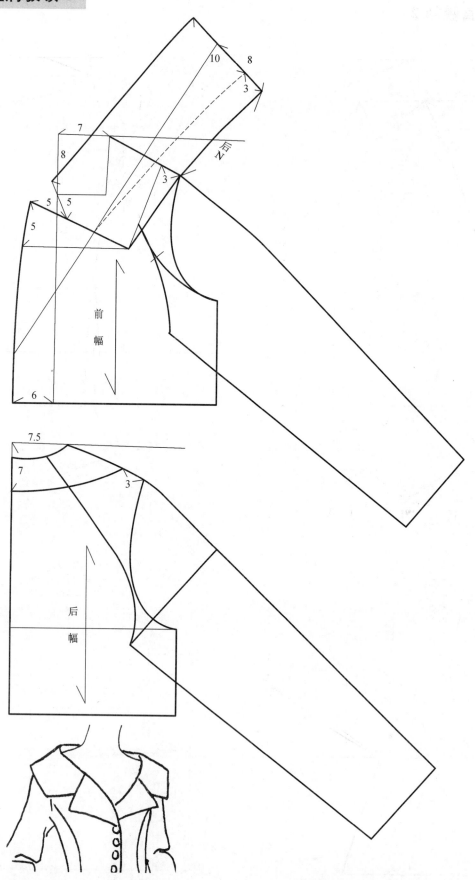

124. 盖肩驳领 2

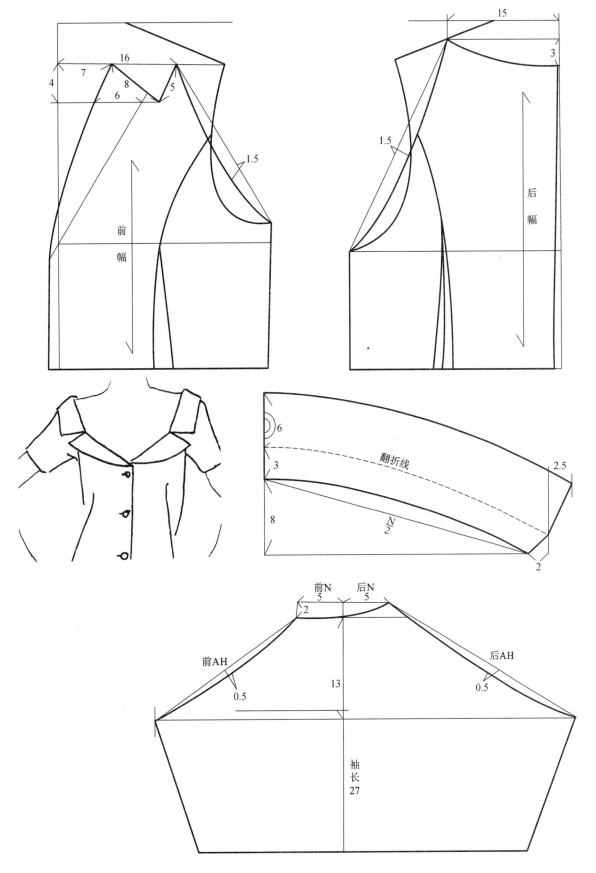

125. 重叠褶领 1

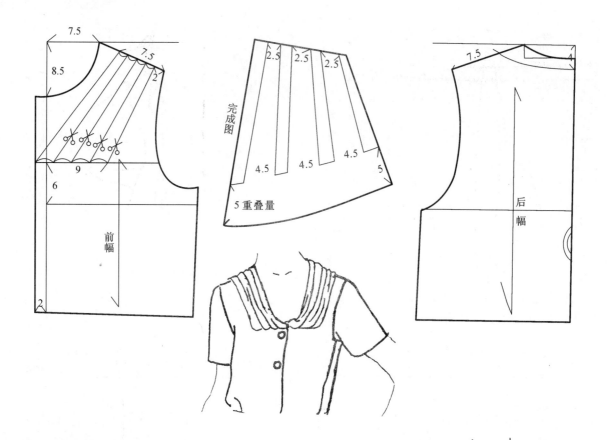

126. 重叠褶领 2

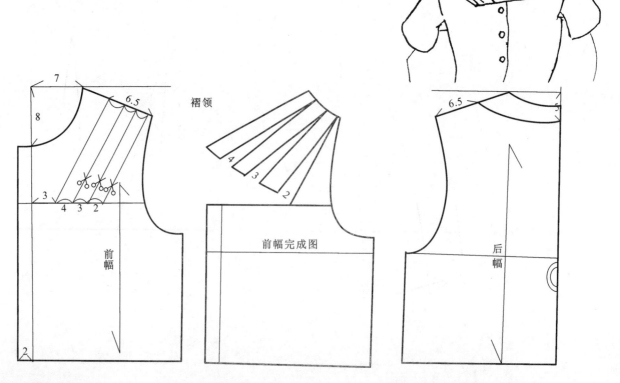

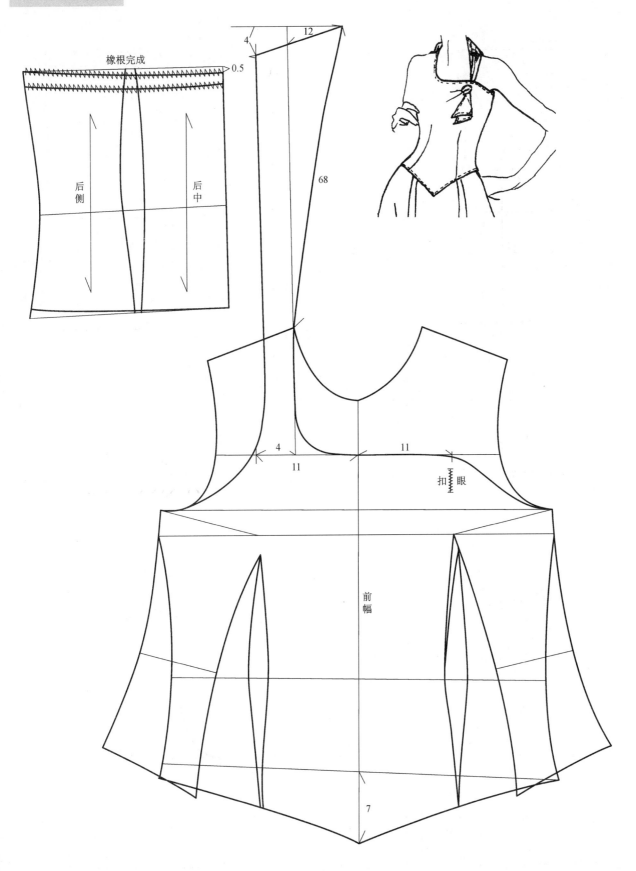

127. 飘带领

橡根完成

0.5

后侧　后中

4　12

68

4　11　11

扣眼

前幅

7

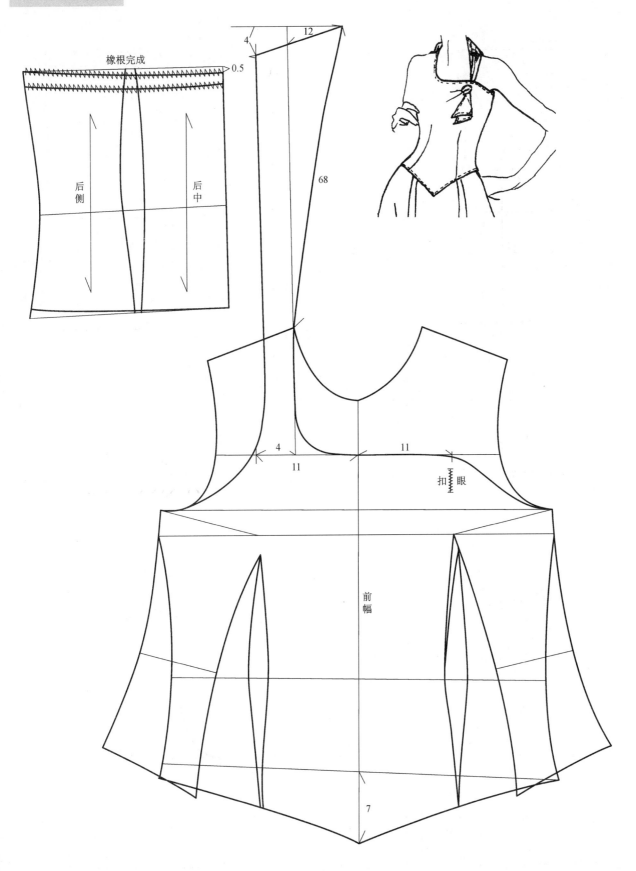

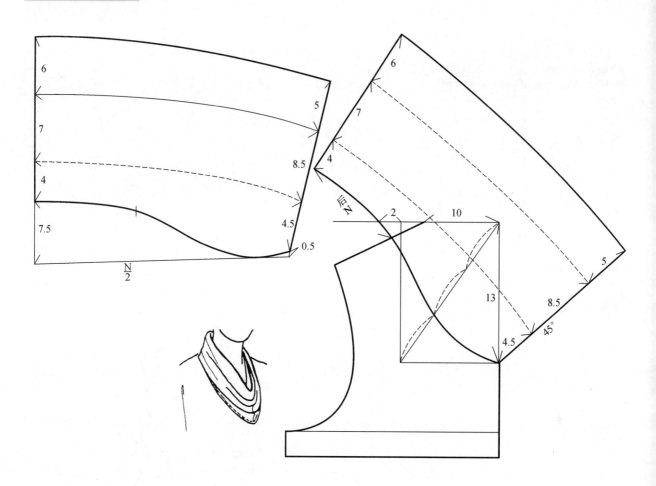

第十一章 袖型变化

1. 一片袖偏袖

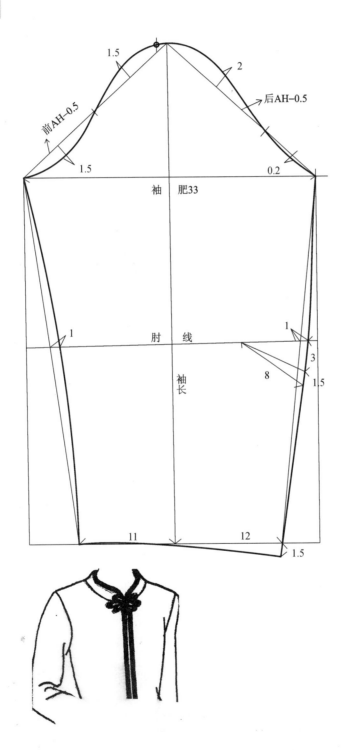

2. 偏袖

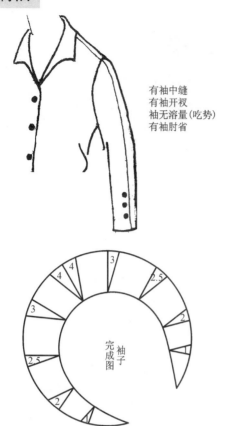

有袖中缝
有袖开衩
袖无溶量（吃势）
有袖肘省

完成图 袖子

3. 荷叶袖

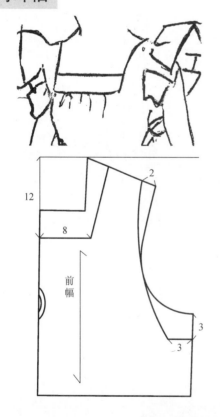

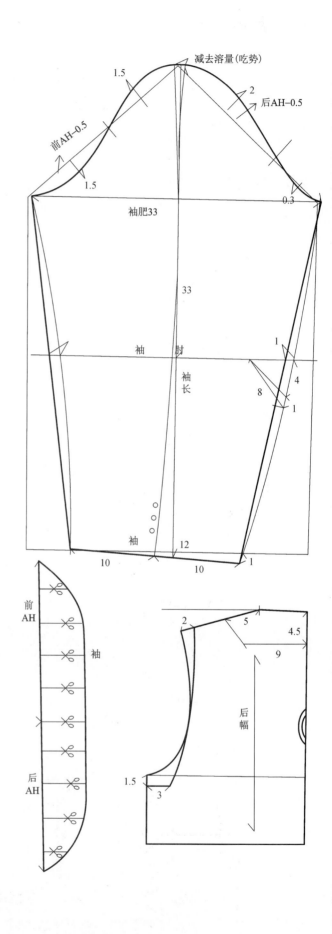

减去溶量（吃势）

1.5

2

后AH−0.5

前AH−0.5

1.5

0.3

袖肥33

33

1

袖　肘

8

4

1

袖长

袖

12

1

10

10

前AH

袖

后AH

2

5

4.5

9

后幅

1.5

3

12

8

前幅

3

3

4. 一片喇叭袖 1

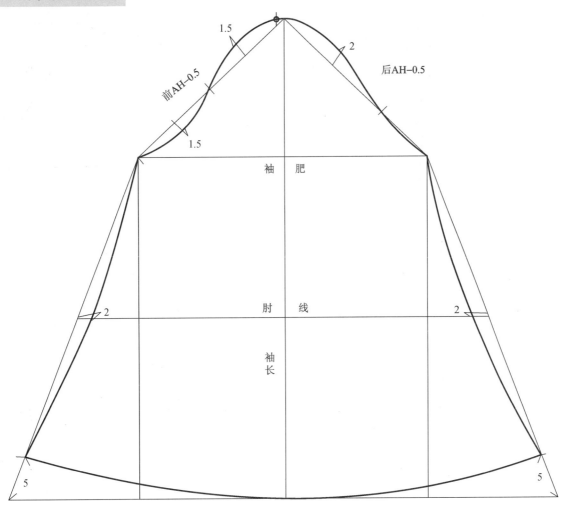

前AH-0.5　　　后AH-0.5

1.5　　　2

1.5

袖　肥

肘　线

2　　　2

袖　长

5　　　5

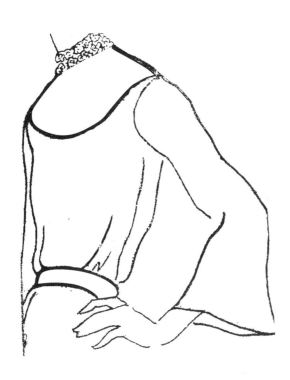

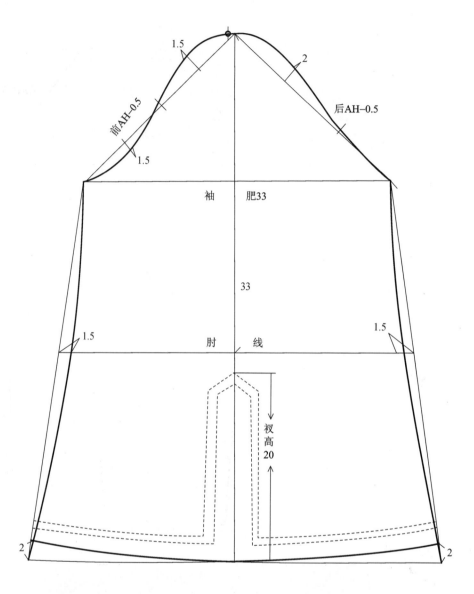

前AH-0.5

后AH-0.5

1.5

2

1.5

1.5

袖　肥33

33

1.5　　　　　　　　　　1.5

肘　　　线

祄高20

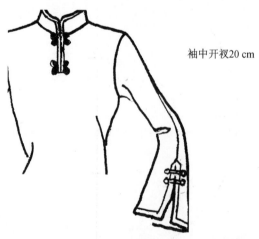

袖中开祄20 cm

6. 一片袖

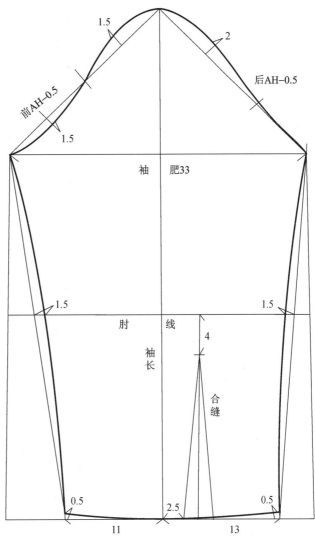

袖 肥33

前AH-0.5

后AH-0.5

1.5

1.5

2

1.5

1.5

1.5

肘 线

袖长

4

合缝

0.5

2.5

0.5

11

13

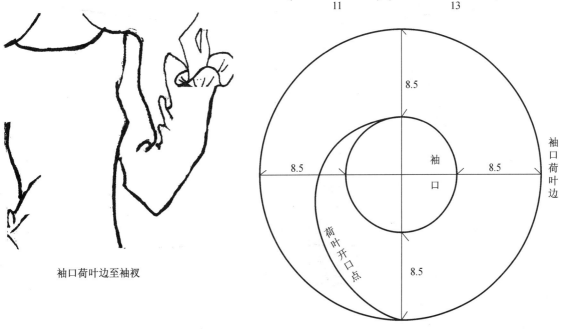

袖口荷叶边至袖衩

袖口荷叶边

荷叶开口点

袖口

8.5

8.5

8.5

8.5

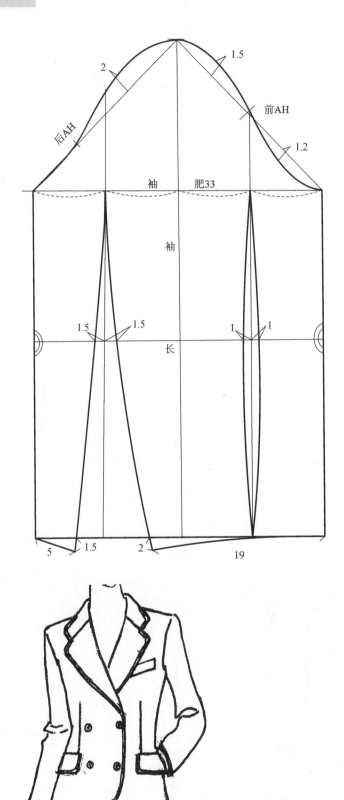

8. 女西装两片袖 2

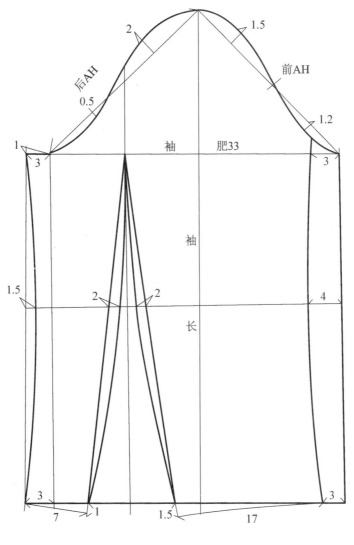

后AH

前AH

0.5

2

1.5

1

3

1

3

袖　肥33

1.2

袖

1.5

2　2

4

长

3

3

7　1

1.5

17

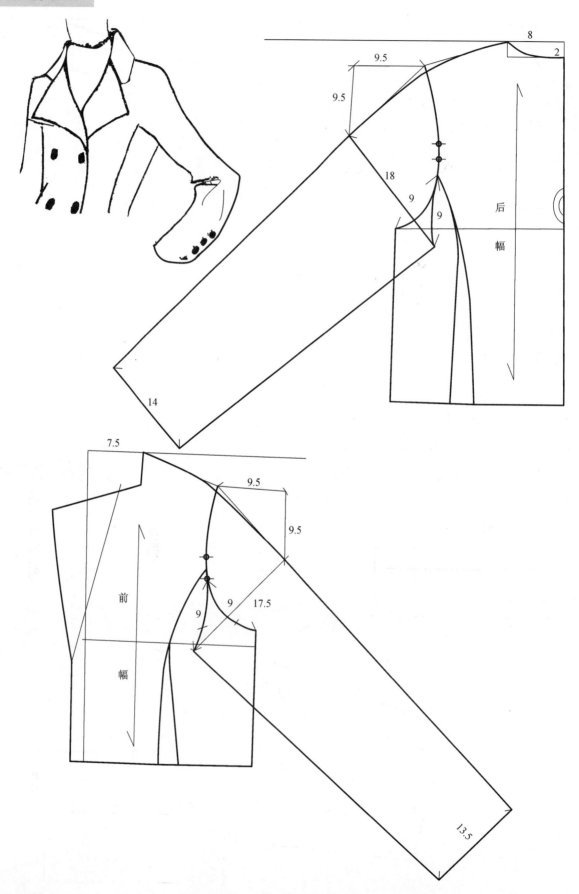

10. 连体袖 2

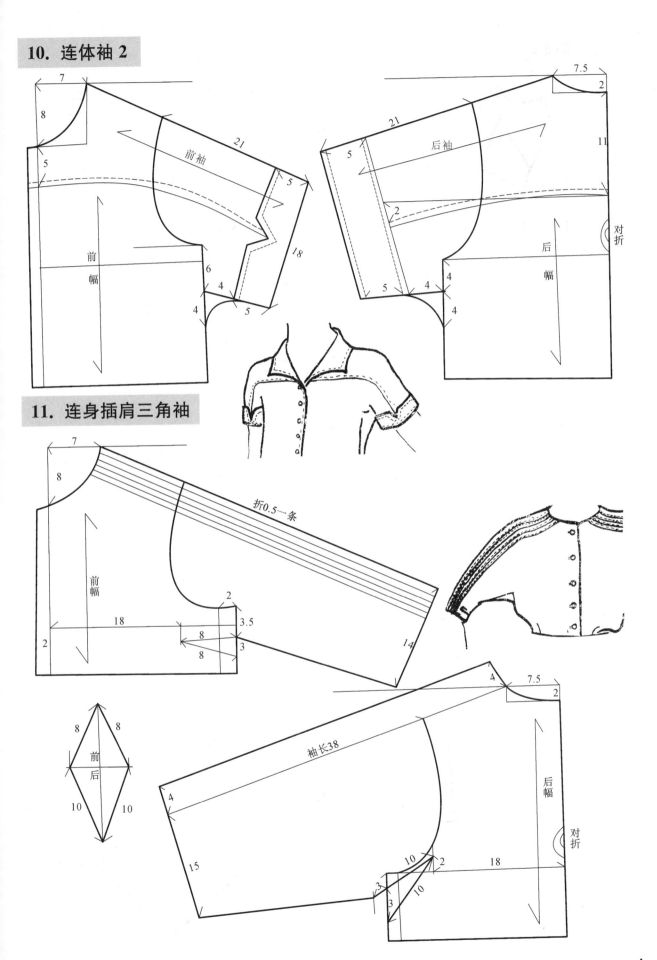

11. 连身插肩三角袖

12. 一片短袖 1

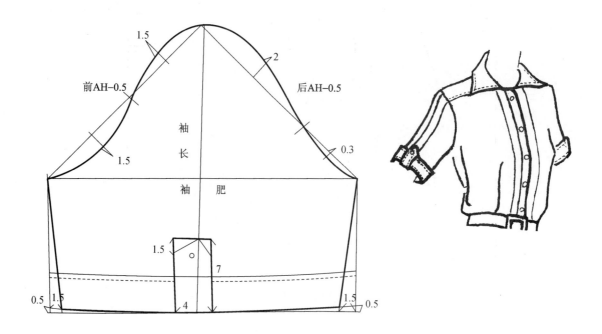

前AH-0.5　后AH-0.5

1.5　2

1.5

1.5　0.3

袖长

袖　肥

1.5

7

0.5　1.5　4　1.5　0.5

13. 一片短袖 2

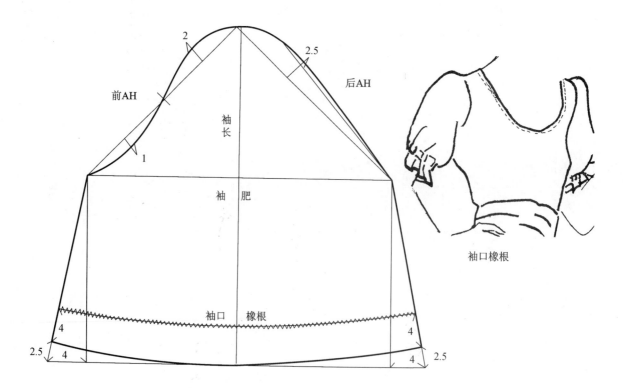

2　2.5

前AH　后AH

1

袖长

袖　肥

袖口　橡根

4　4

2.5　4　4　2.5

袖口橡根

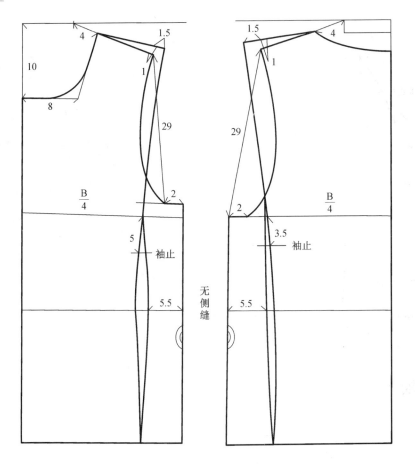

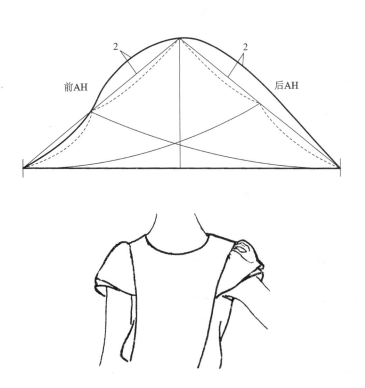

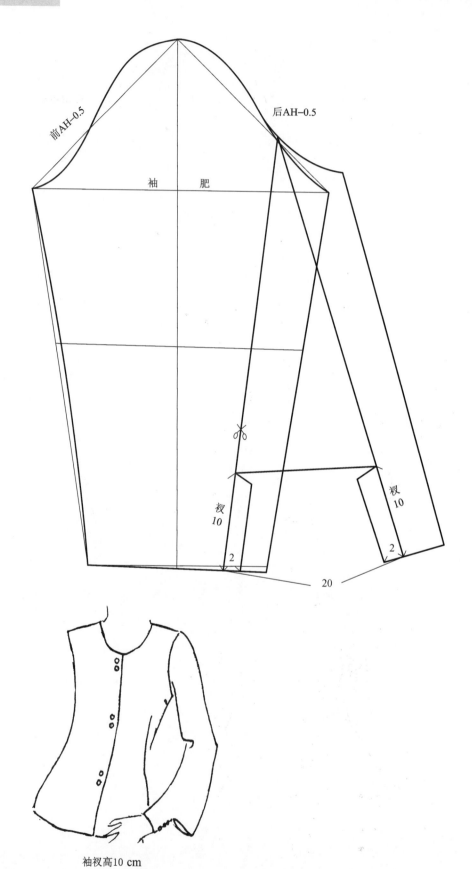

前AH−0.5

后AH−0.5

袖　　肥

袖衩
10

袖衩
10

2

2

20

袖衩高10 cm

16. 袖臂碎褶袖

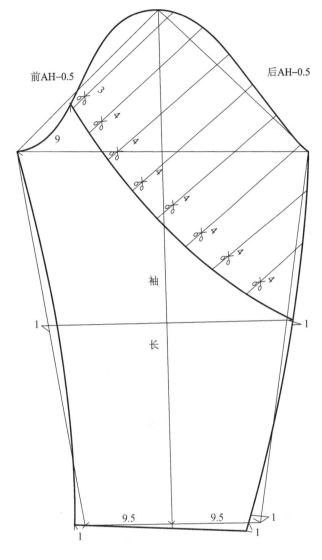

前AH–0.5

后AH–0.5

3

4

4

9

4

4

4

4

4

袖

长

1

1

9.5

9.5

1

1

1

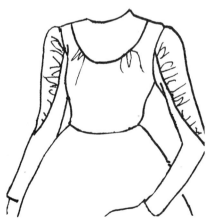

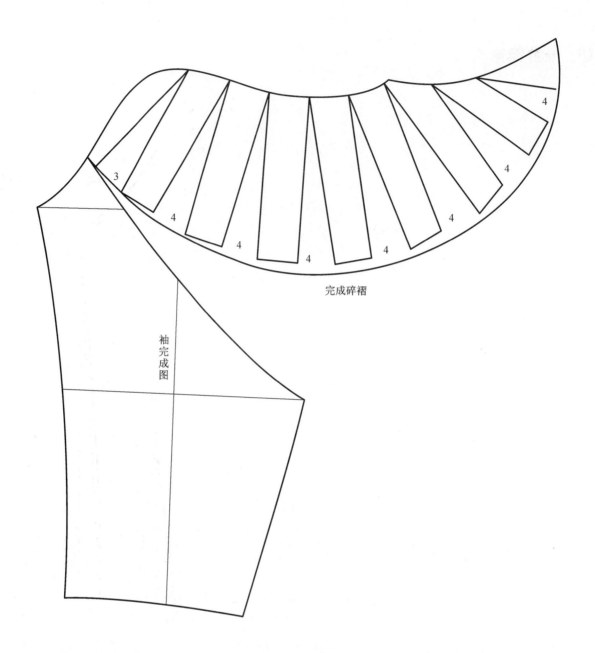

完成碎褶

袖完成图

17. 一片筒袖

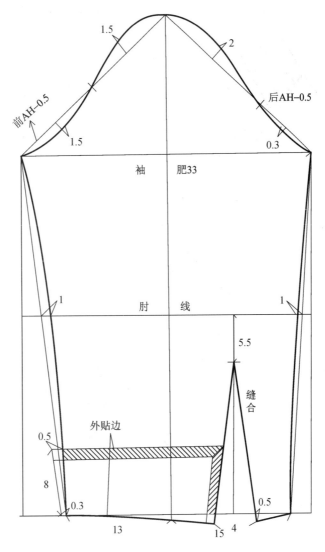

前AH−0.5

后AH−0.5

1.5

2

1.5

0.3

1.5

袖　肥33

肘　　线

1

1

5.5

缝合

外贴边

0.5

8

0.3

13

15

4

0.5

袖口外贴翻边

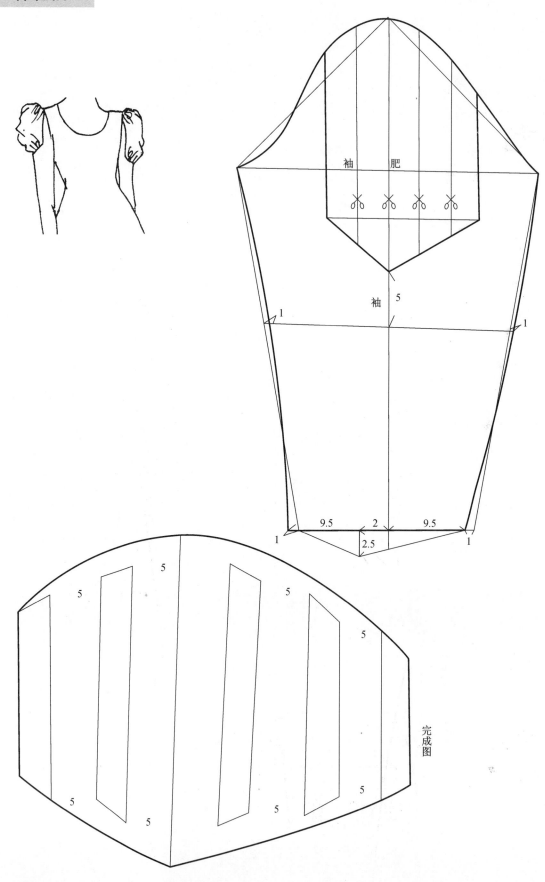

袖　肥

袖　5

1

1

9.5　2　9.5

2.5

1　　　　1

5

5

5

5

5

5

5

5

5

完成图

19. 棉花袖 2

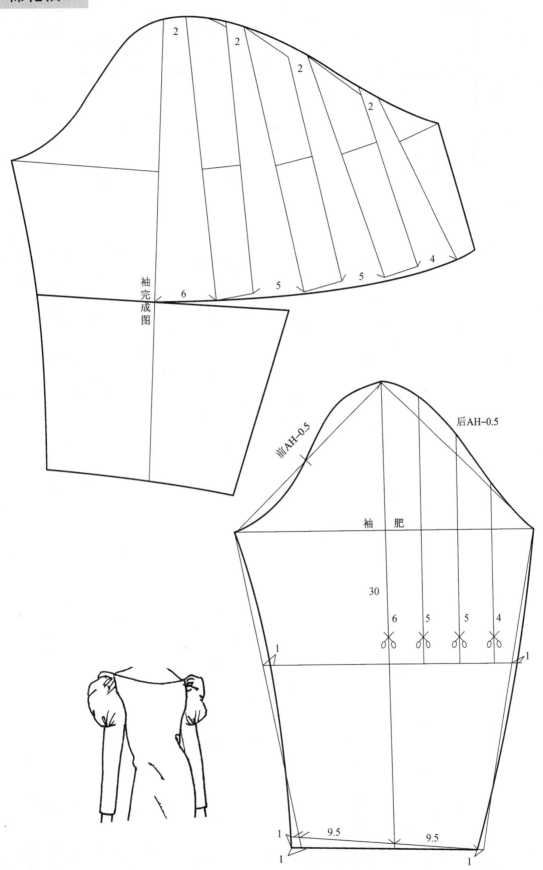

袖完成图

袖 肥

前AH−0.5

后AH−0.5

30

20. 三片袖鼓袖

三片袖鼓袖

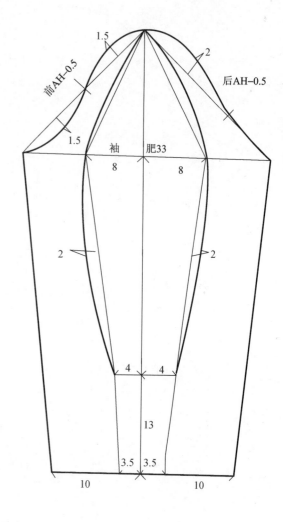

21. 羊角袖

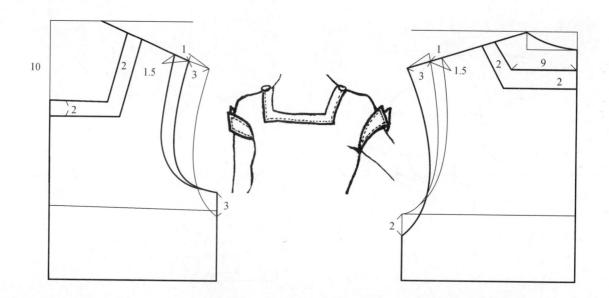

22. 无袖山碎褶袖

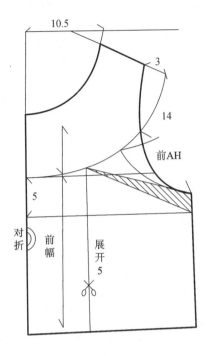

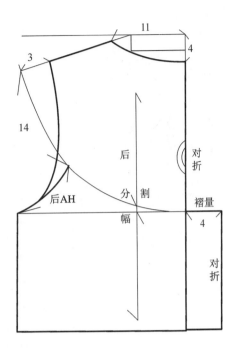

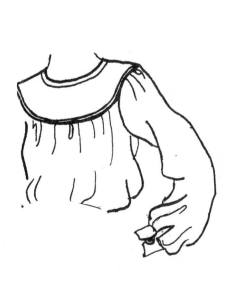

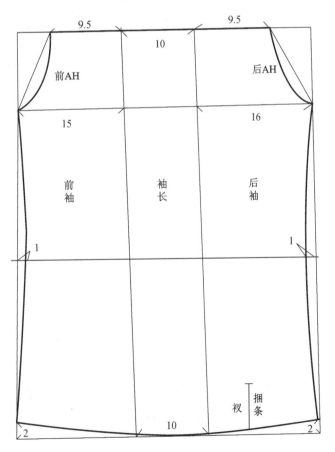

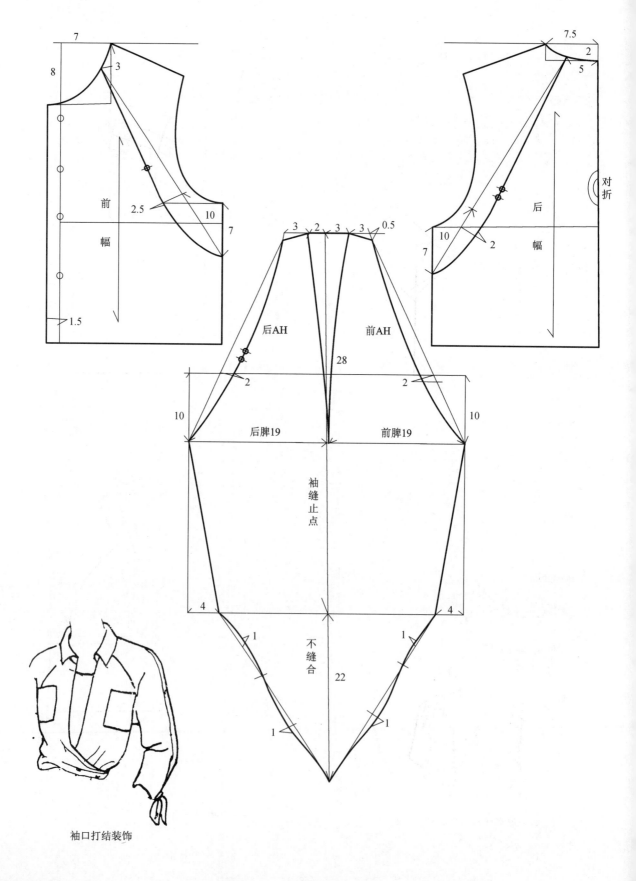

袖口打结装饰

24. 插肩袖 2

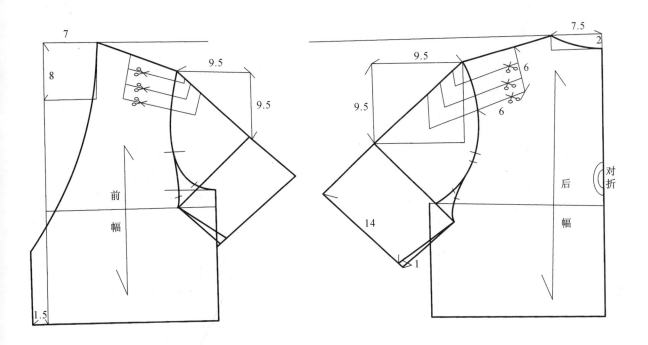

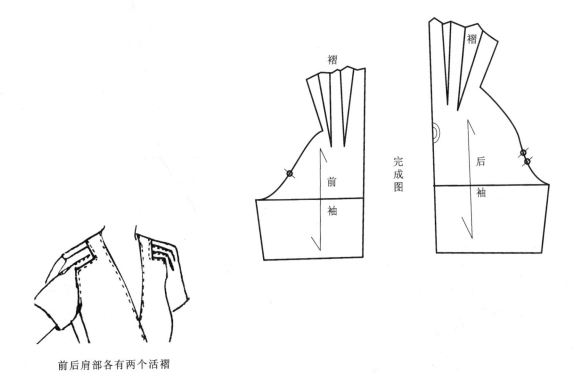

前后肩部各有两个活褶

25. 插肩袖 3

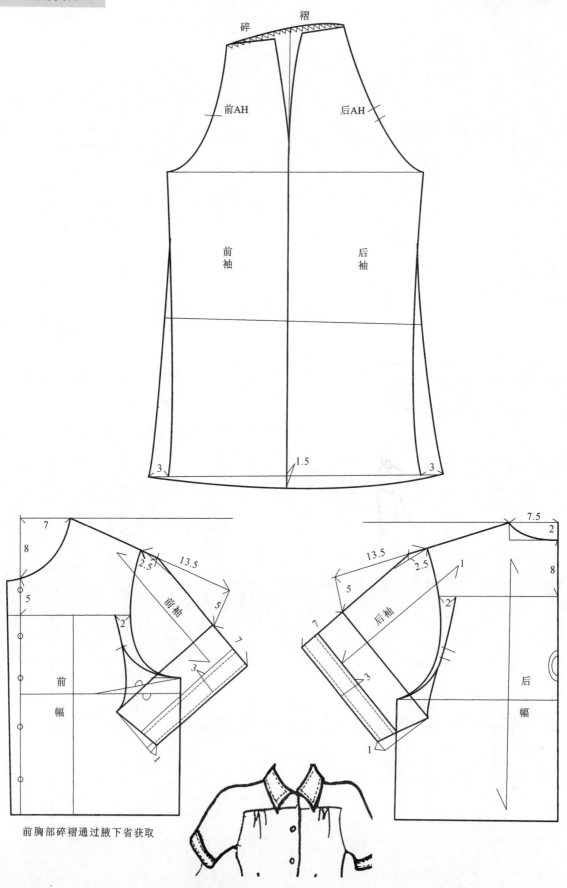

前胸部碎褶通过腋下省获取

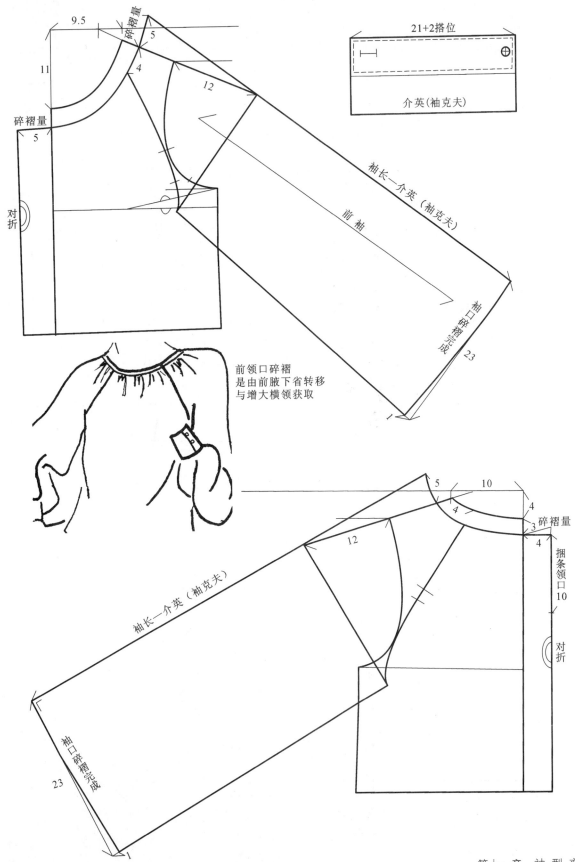

9.5

碎褶量

11

5

4

12

碎褶量

5

对折

袖长一介英（袖克夫）

前袖

袖口碎褶完成

23

1

21+2搭位

介英(袖克夫)

前领口碎褶
是由前腋下省转移
与增大横领获取

5   10

4

4

3 碎褶量

4

12

捆条领口
10

对折

袖长一介英（袖克夫）

袖口碎褶完成

23

1

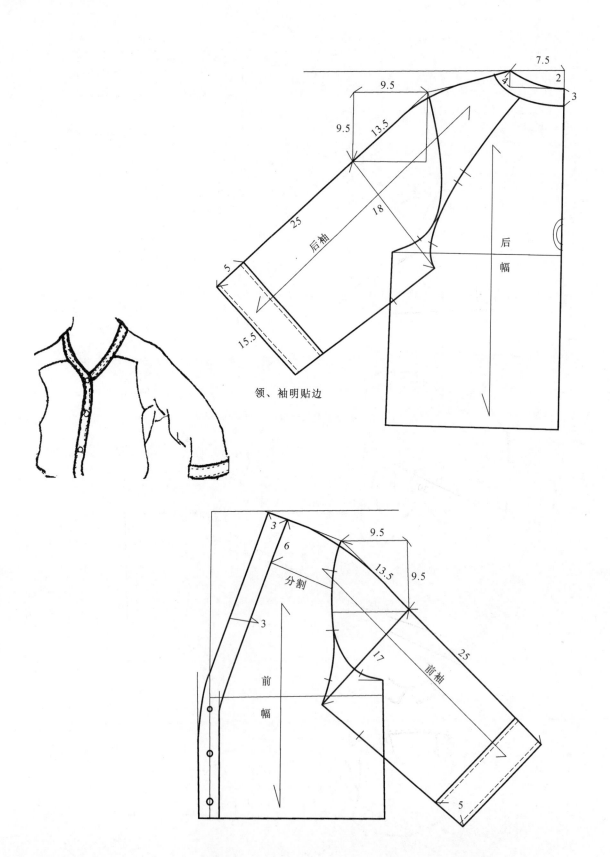

领、袖明贴边

后袖

后幅

前袖

前幅

分割

28. 插肩袖 6

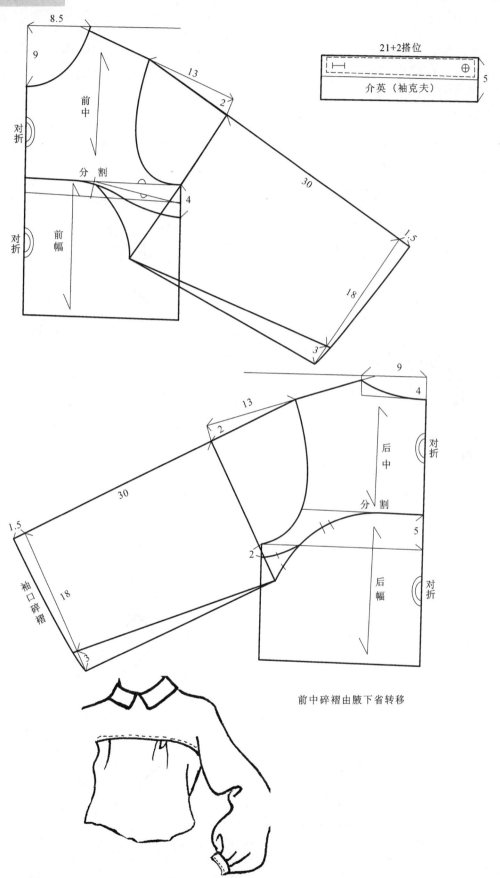

21+2搭位

介英（袖克夫）

前中碎褶由腋下省转移

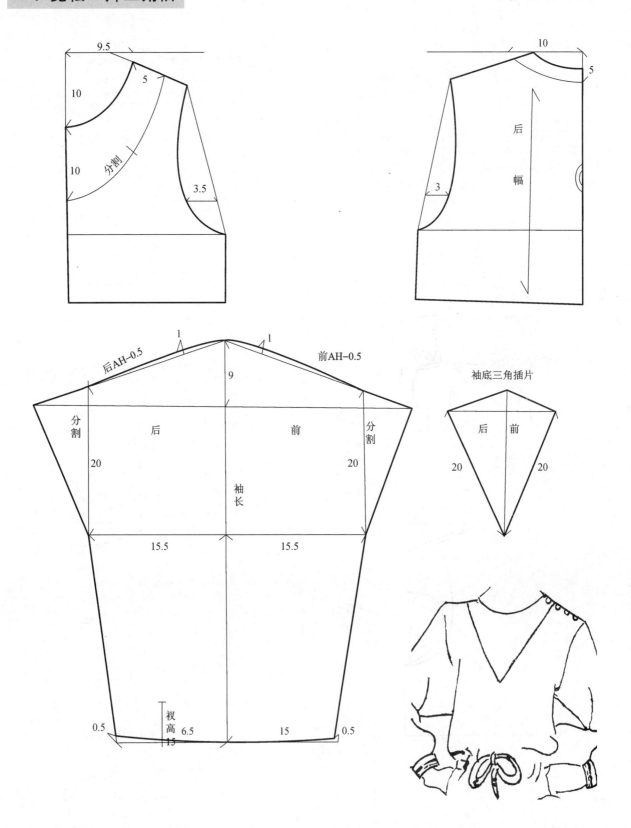

30. 冲肩盖袖 1

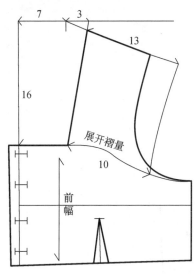

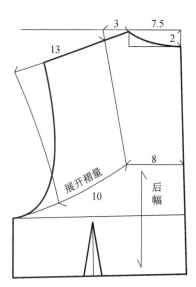

前后肩缝组合后
展开你所需要褶量

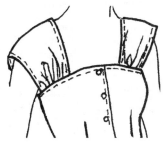

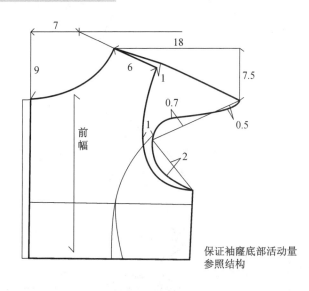

31. 冲肩盖袖 2

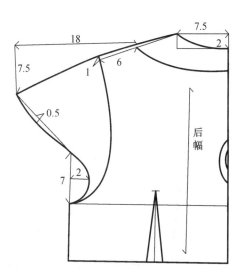

保证袖窿底部活动量
参照结构

32. 盖袖

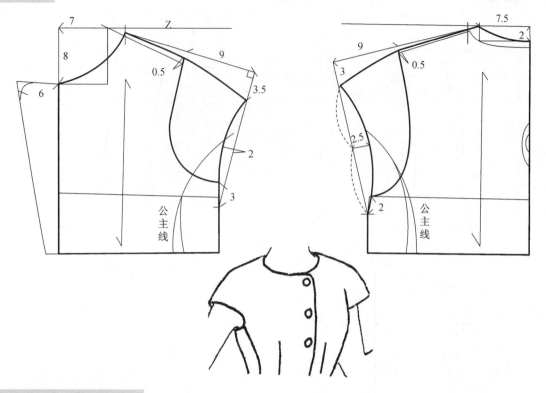

33. 连身领披肩盖袖

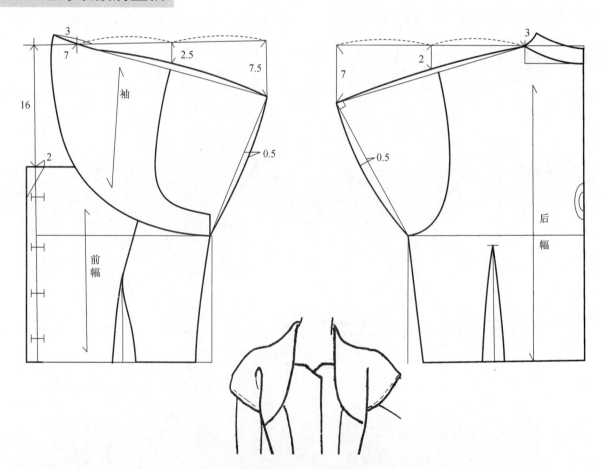

34. 灯罩袖

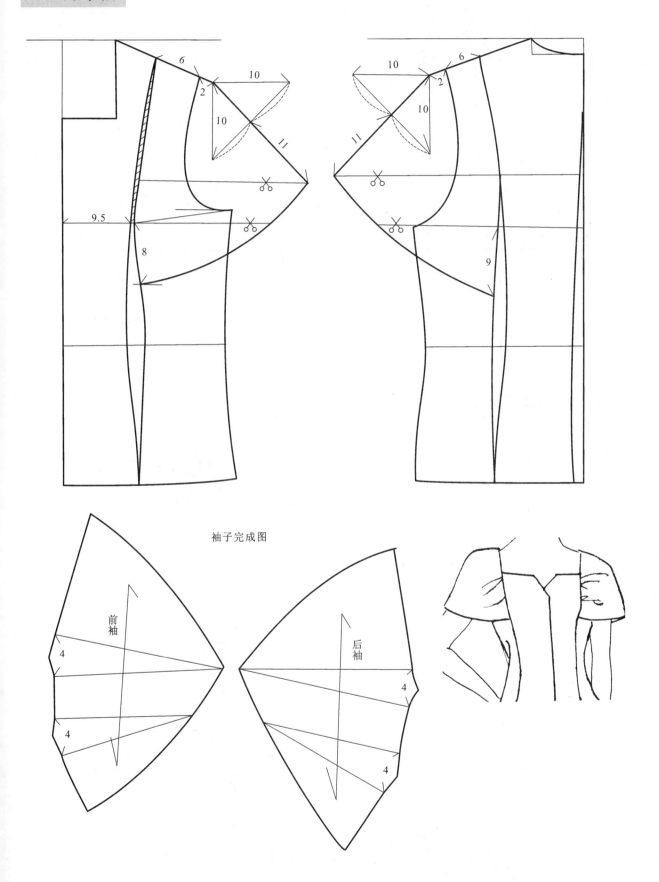

袖子完成图

前袖

后袖

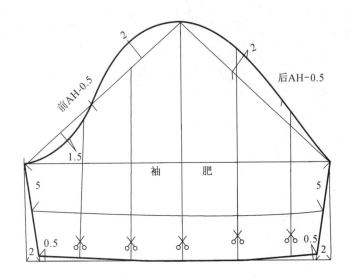

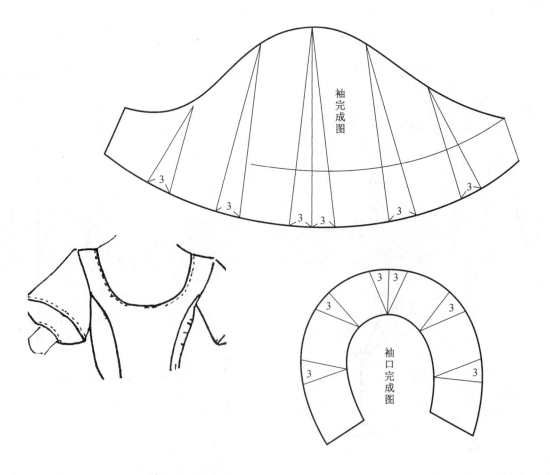

36. 蝙蝠衫袖

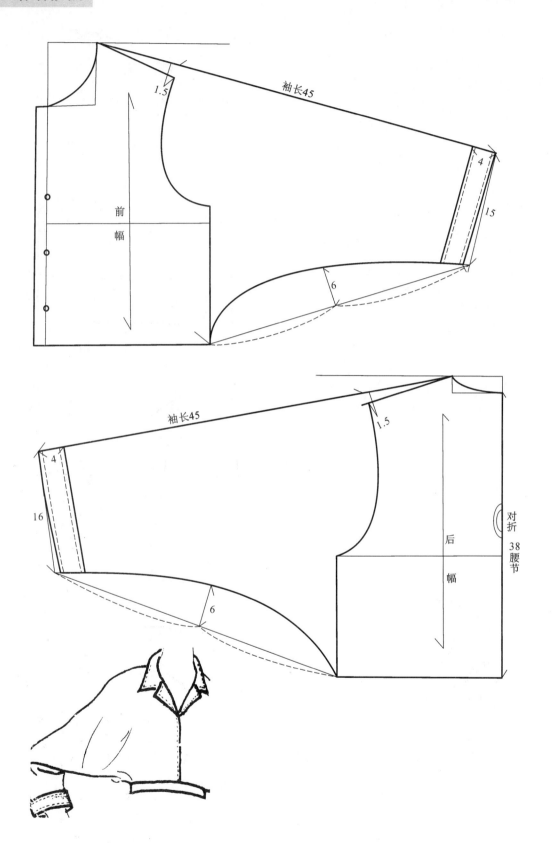

袖长45

1.5

前幅

4

15

6

袖长45

4

16

6

1.5

后幅

对折 38 腰节

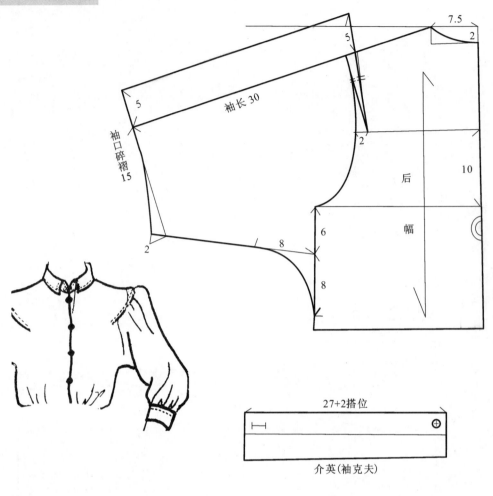

27+2搭位

介英(袖克夫)

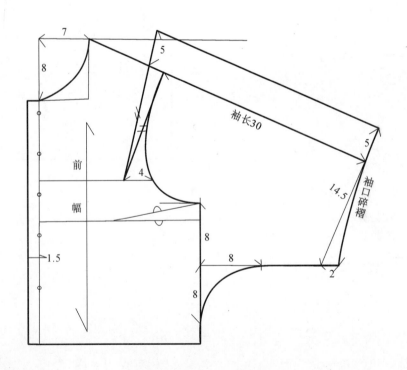

38. 连体泡泡袖 2

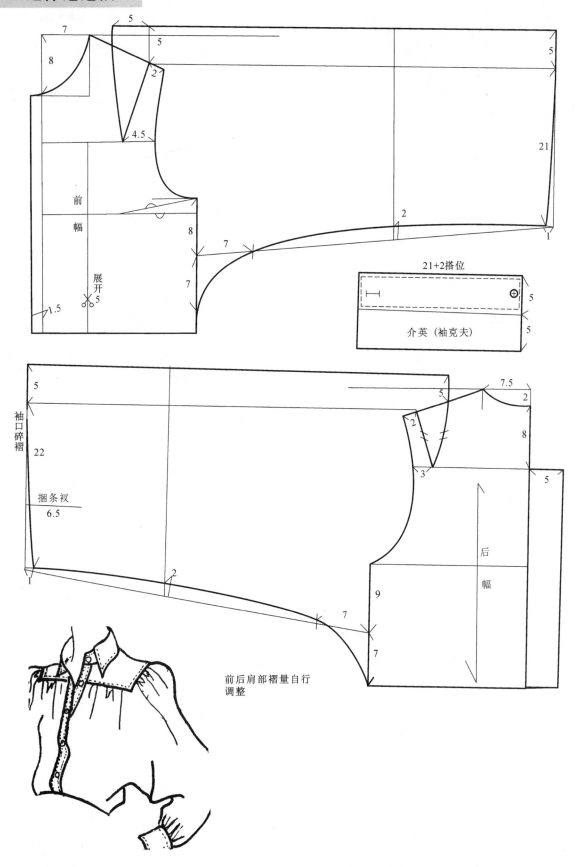

7

8

5

5

2

4.5

前
幅

展
开

1.5

5

8

7

7

5

2

21

1

21+2搭位

介英（袖克夫）

5

5

袖口碎褶

22

捆条衩

6.5

5

5

5

7.5

2

2

8

3

5

后
幅

9

7

1

2

7

7

前后肩部褶量自行调整

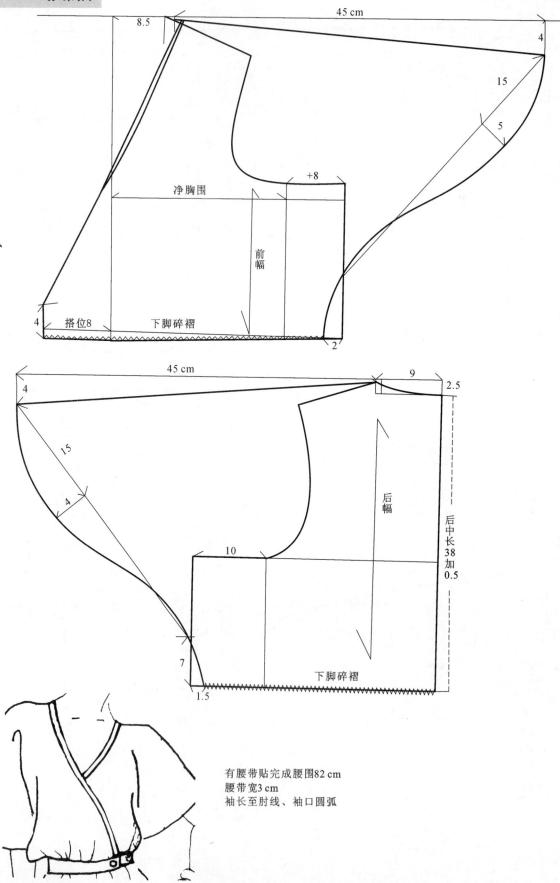

8.5

45 cm

4

15

5

净胸围

+8

前幅

4

搭位8 下脚碎褶

2

45 cm

4

9

2.5

15

4

后幅

后中长38加0.5

10

7

下脚碎褶

1.5

有腰带贴完成腰围82 cm
腰带宽3 cm
袖长至肘线、袖口圆弧

40. 连身袖 1

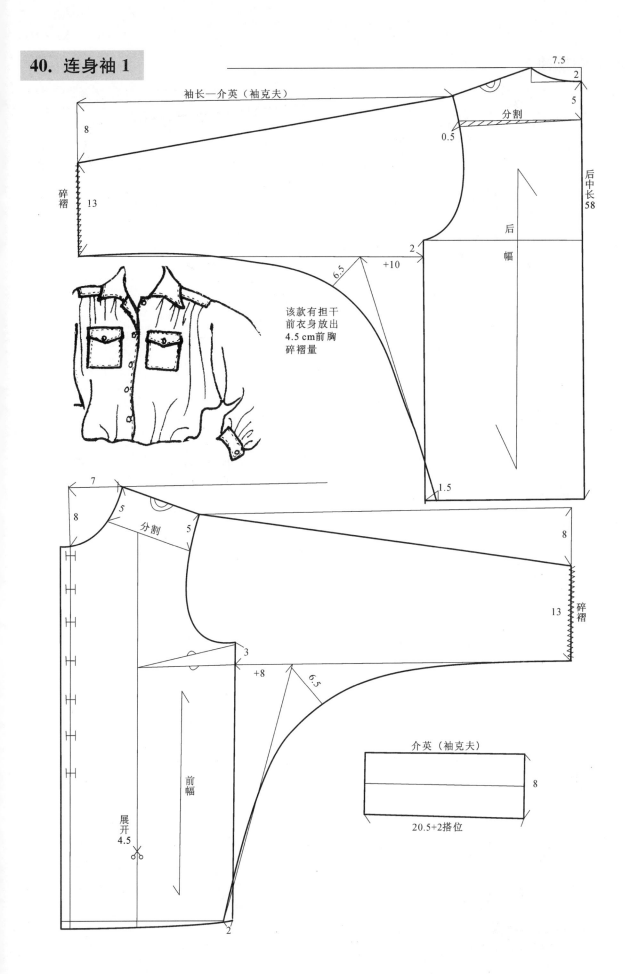

袖长—介英（袖克夫）

8

碎褶 13

7.5
2
5

分割

0.5

后中长 58

后幅

2
+10
6.5

该款有担干
前衣身放出
4.5 cm前胸
碎褶量

1.5

7
8
5
分割
5

8

13 碎褶

前幅

3
+8
6.5

展开
4.5

2

介英（袖克夫）

8

20.5+2搭位

41. 连身袖2

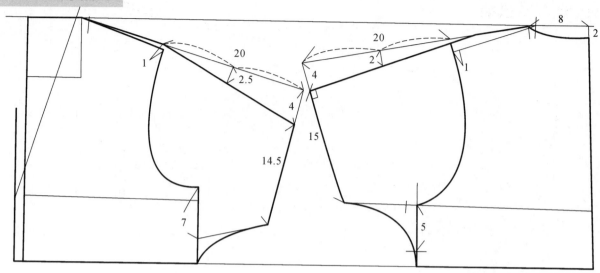

注意袖口圆顺

42. 嵌盖袖

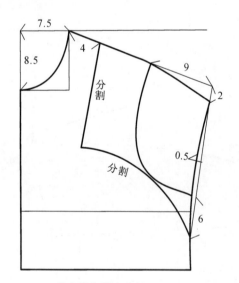

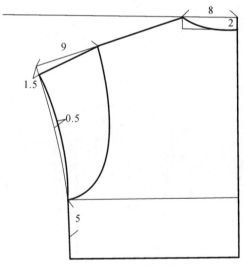

前夹底与袖底分割

43. 连身宽松袖

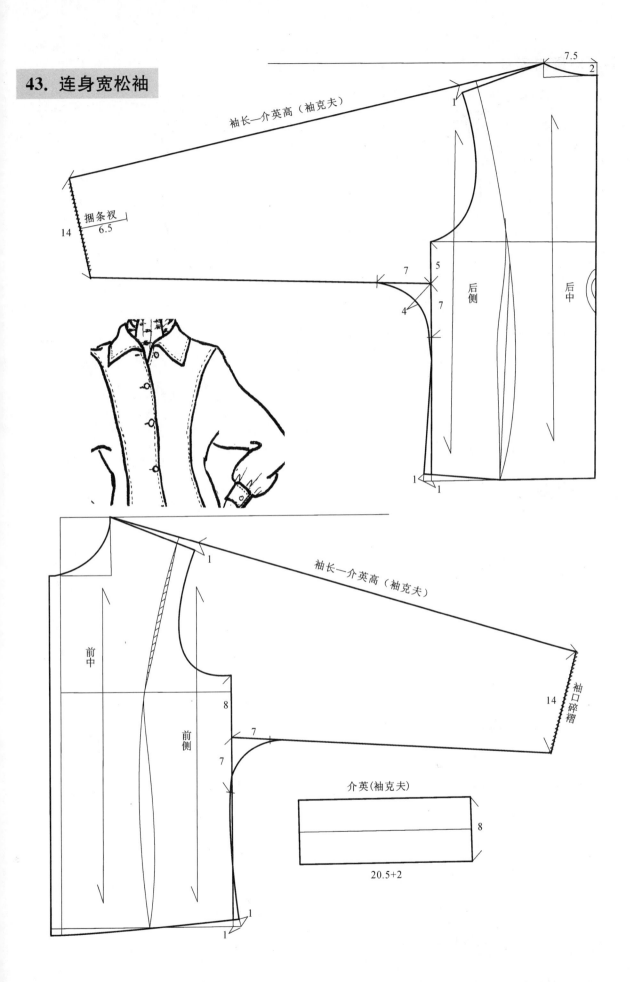

袖长—介英高（袖克夫）

捆条衩

14   6.5

7.5   2

1

5   后侧   后中

7

7

4

1

1

前中

1

袖长—介英高（袖克夫）

14   袖口碎褶

8

前侧

7

7

1

1

介英（袖克夫）

8

20.5+2

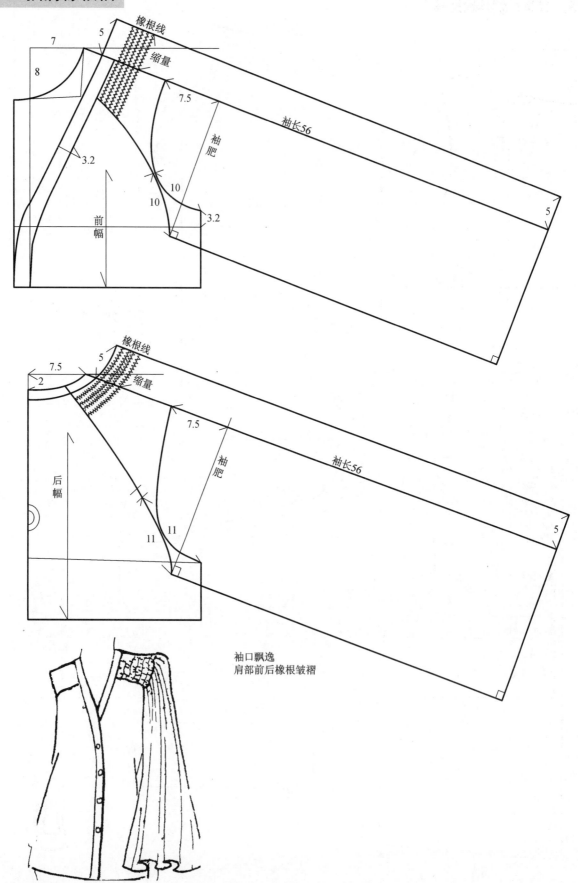

橡根线

缩量

7

5

8

3.2

10

10

3.2

袖长56

袖肥

前幅

5

橡根线

缩量

7.5

2

5

后幅

7.5

袖肥

11

11

11

袖长56

5

袖口飘逸
肩部前后橡根皱褶

45. 360度圆环浪袖

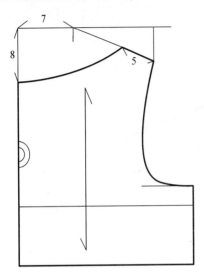

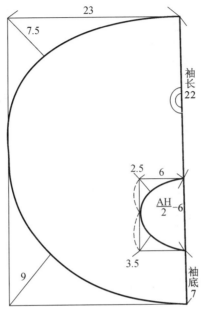

在一块圆型的面布基础上，由袖窿的尺寸定取圆孔，其它部位参照袖子结构图

46. 环展袖

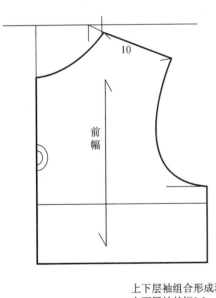

前幅

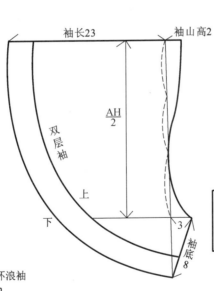

袖长23　　袖山高2

$\frac{AH}{2}$

双层袖

上

下

3

袖底8

上下层袖组合形成环浪袖
上下层袖长短3.2 cm

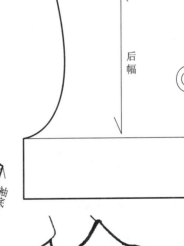

后幅

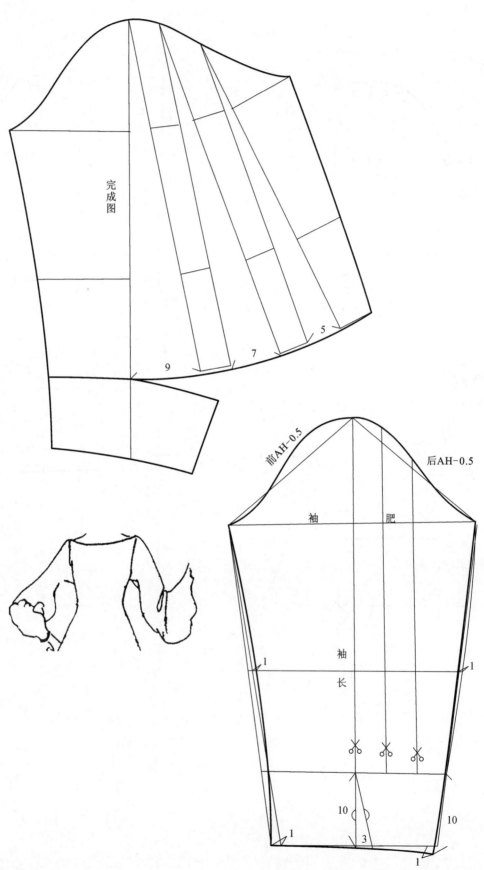

完成图

9

7

5

前AH-0.5

后AH-0.5

袖　肥

袖

长

1

1

1

10

3

10

1

48. 方角袖

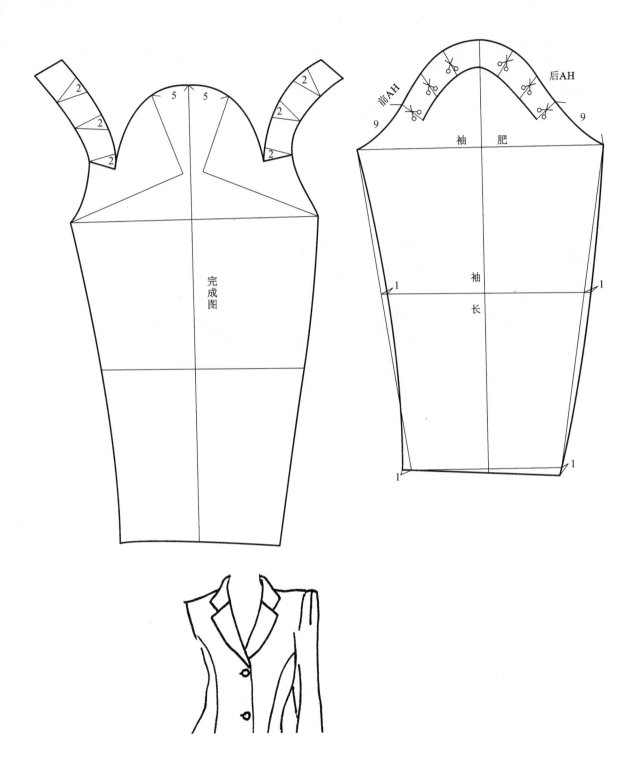

前AH 后AH

袖　肥

袖
长

完
成
图

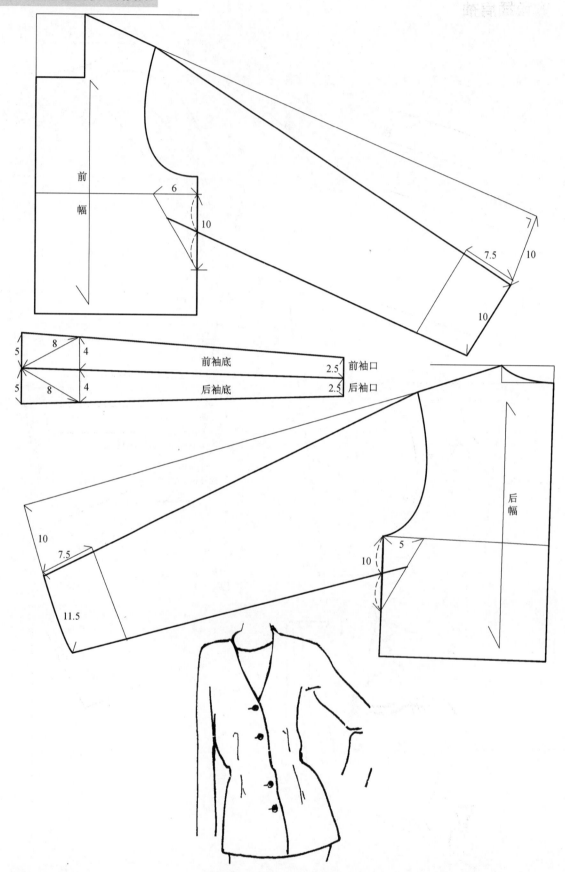

50. 宽松插肩袖

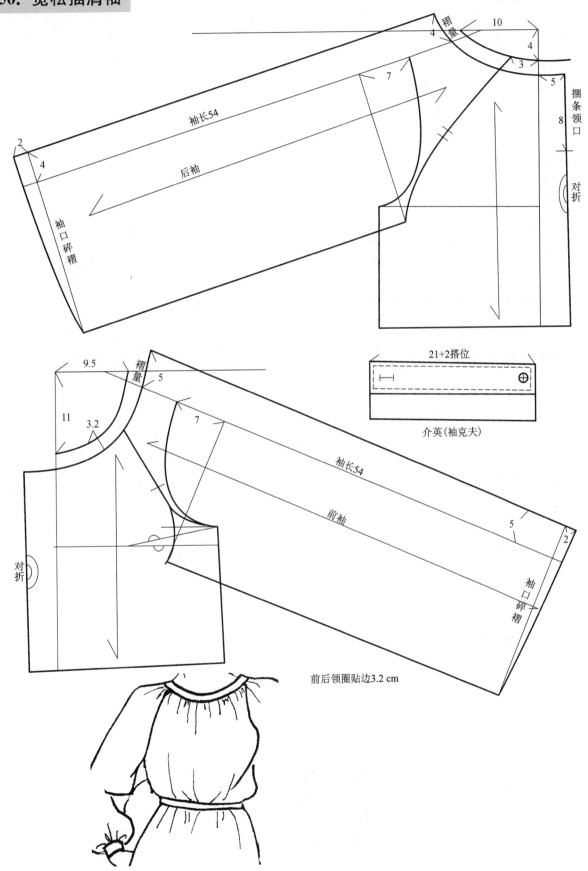

褶量

10

4

4

3

5

7

袖长54

后袖

捆条领口

8

对折

2

4

袖口碎褶

21+2搭位

介英(袖克夫)

9.5

褶量

5

11

3.2

7

袖长54

前袖

5

对折

2

袖口碎褶

前后领圈贴边3.2 cm

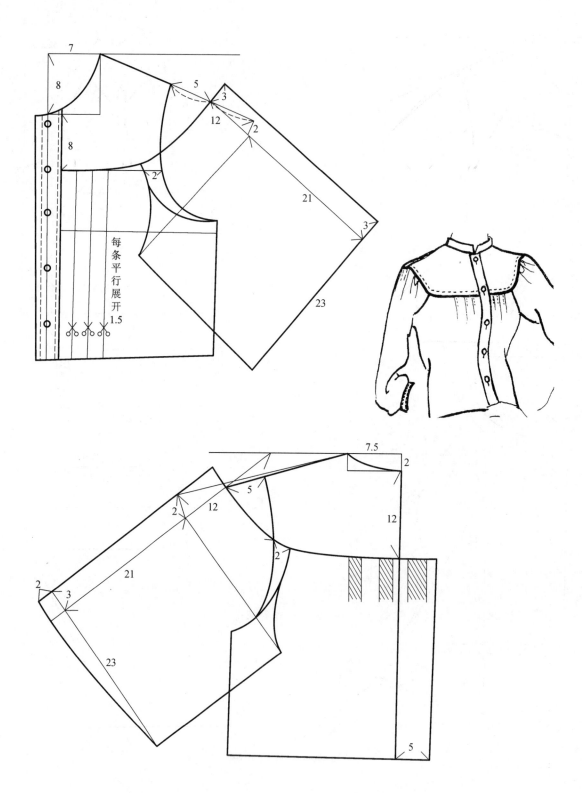

每条平行展开1.5

52. 碎褶插肩袖 2

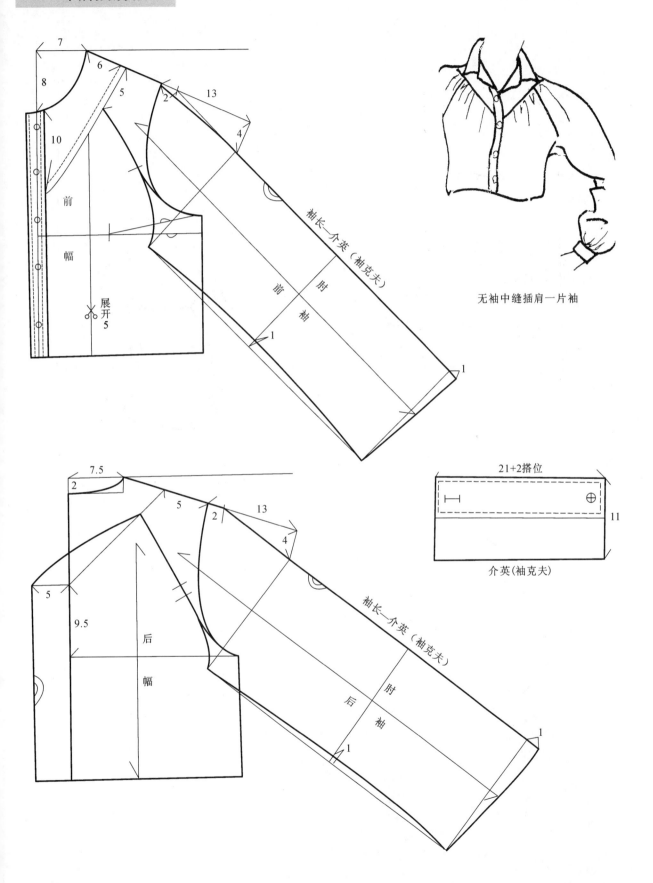

7

6

8

5

13

10

2

4

前

幅

展开
5

袖长—介英（袖克夫）

前
袖

肘
袖

1

1

无袖中缝插肩一片袖

7.5

2

5

2

13

4

5

9.5

后

幅

袖长—介英（袖克夫）

后
袖

肘
袖

1

1

21+2搭位

11

介英(袖克夫)

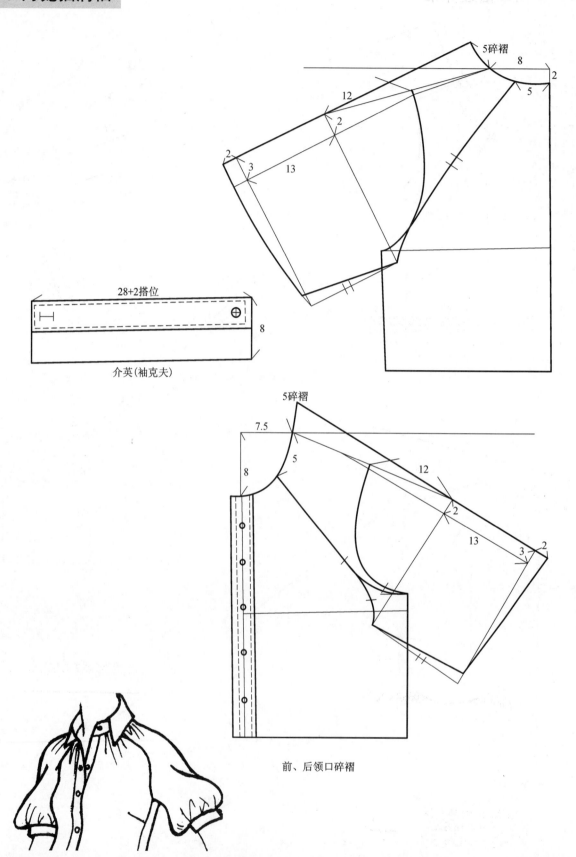

5碎褶

8

2

12

5

2

2

3

13

28+2搭位

8

介英(袖克夫)

5碎褶

7.5

8

5

12

2

2

3

13

前、后领口碎褶

54. 领口碎褶连体袖

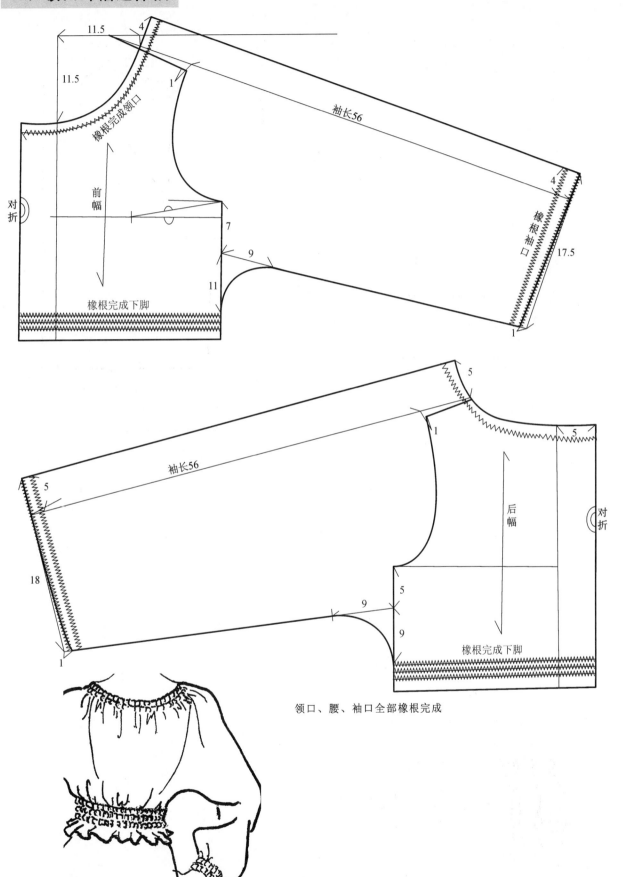

11.5

11.5

4

1

袖长56

橡根完成领口

前幅

对折

○

7

9

11

橡根完成下脚

4

橡根袖口

17.5

1

5

袖长56

1

5

5

后幅

对折

5

18

9

1

9

橡根完成下脚

领口、腰、袖口全部橡根完成

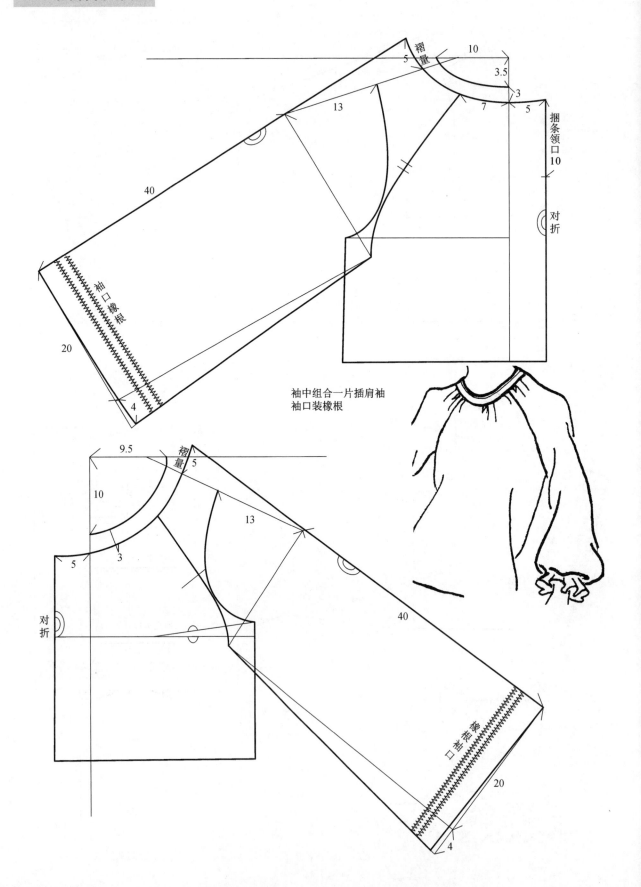

10

5

褶量

3.5

3

13

7

5

捆条领口 10

对折

40

袖口橡根

20

4

袖中组合一片插肩袖
袖口装橡根

9.5

褶量

5

10

13

3

5

对折

40

袖口橡根

20

4

56. 泡泡插肩袖 1

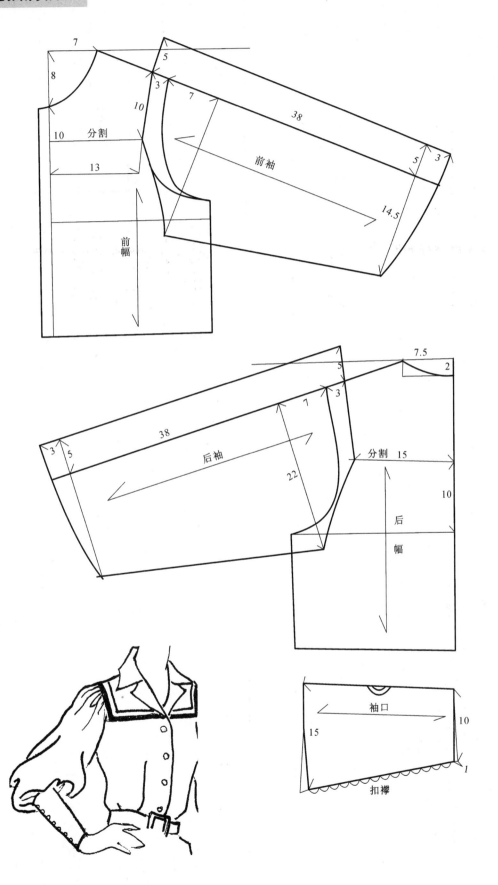

前袖

前幅

后袖

后幅

袖口

扣襻

分割

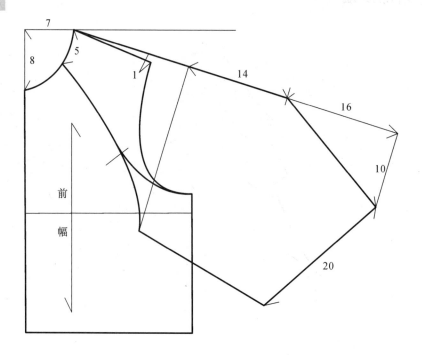

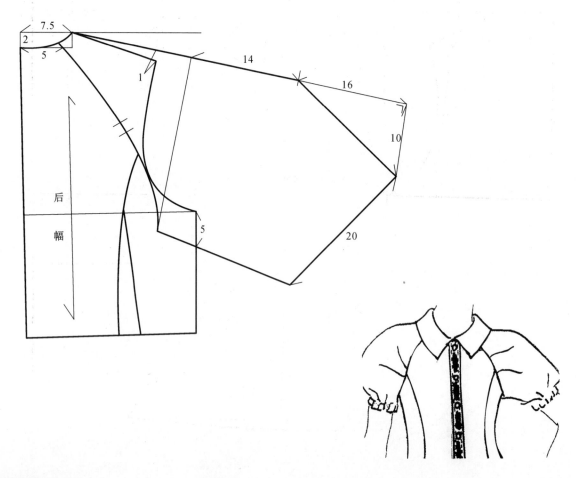

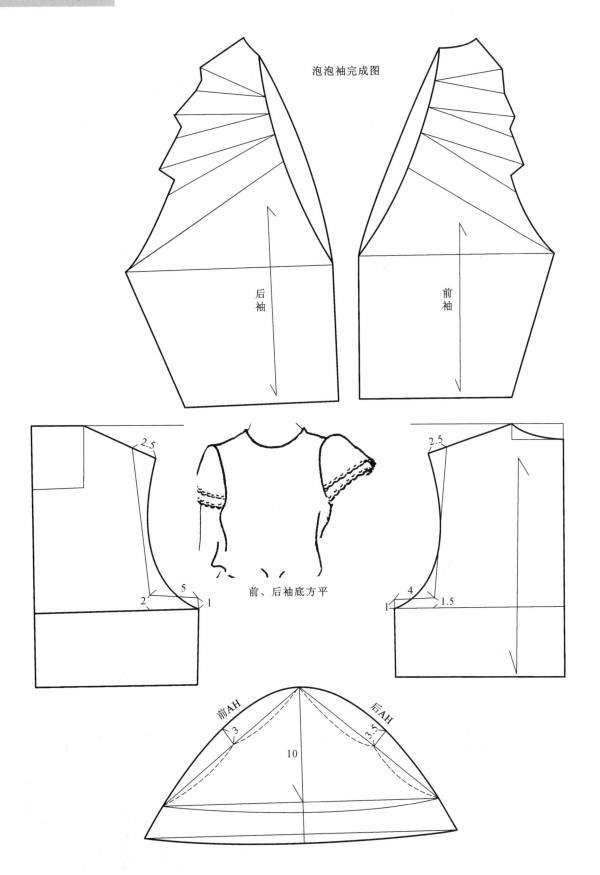

泡泡袖完成图

后袖

前袖

2.5

2.5

前、后袖底方平

5

2

1

4

1.5

1

前AH

后AH

3

3.5

10

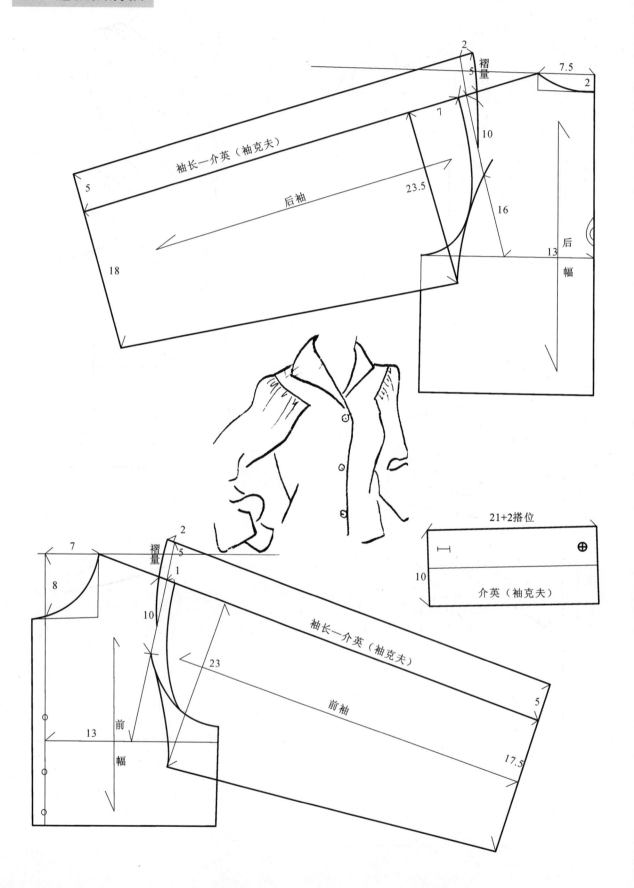

袖长—介英（袖克夫）

后袖

2

褶量

5

7.5

2

7

10

5

23.5

16

13

后幅

18

2

褶量

5

7

8

1

10

袖长—介英（袖克夫）

前袖

23

13

前幅

5

17.5

21+2搭位

10

介英（袖克夫）

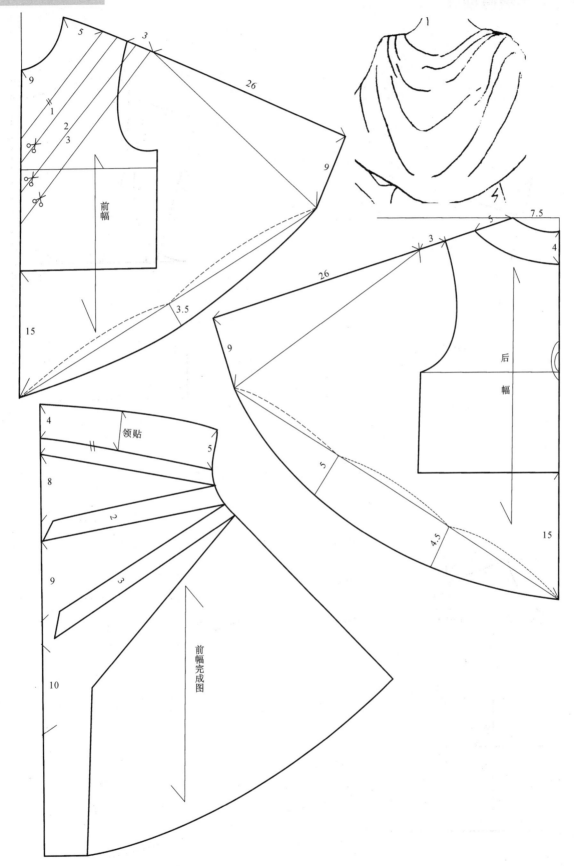

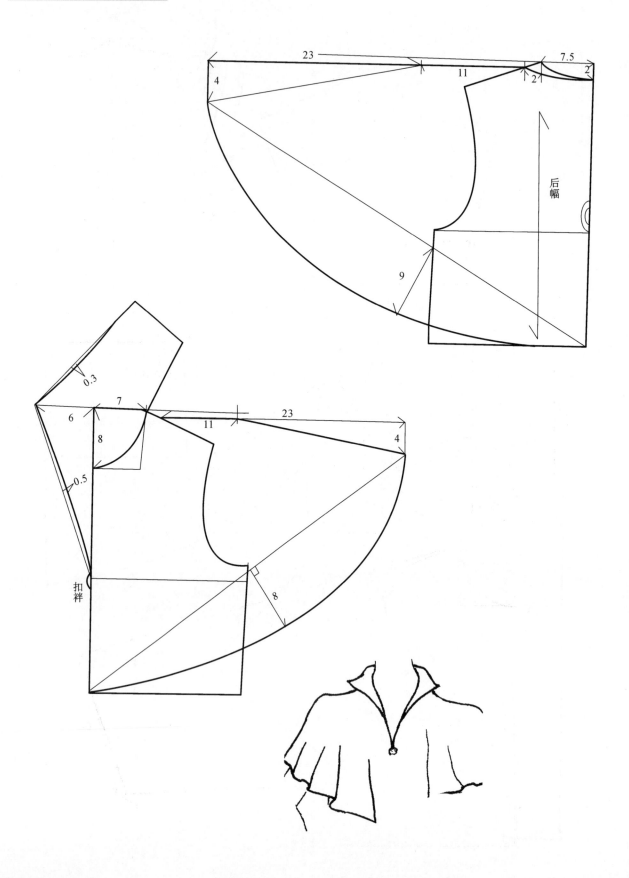

62. 宽松连体袖

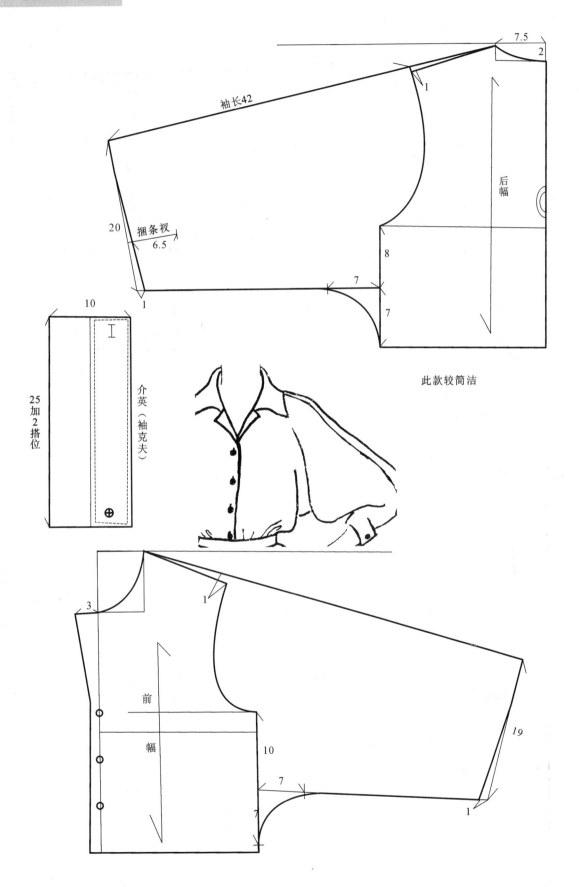

袖长42

20

捆条衩
6.5

1

7.5

2

1

后幅

8

7

7

此款较简洁

10

25
加
2
搭
位

介英（袖克夫）

3

1

前

幅

10

19

7

7

1

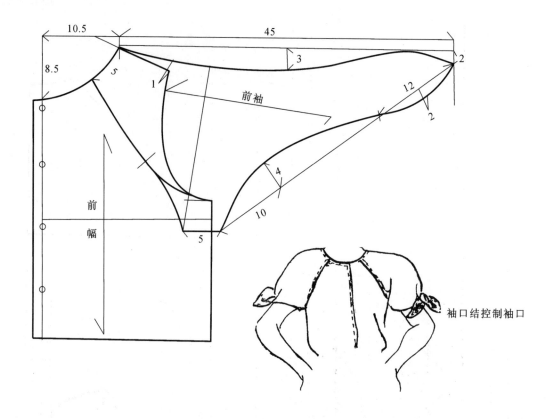

袖口结控制袖口

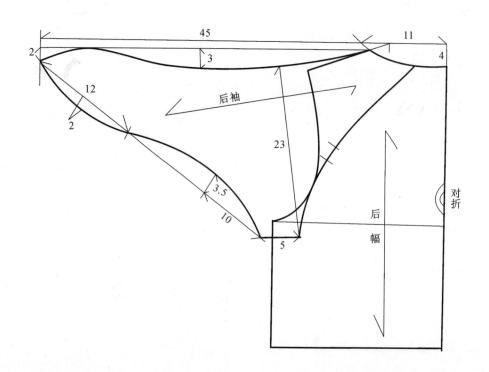

64. 插肩窄袖

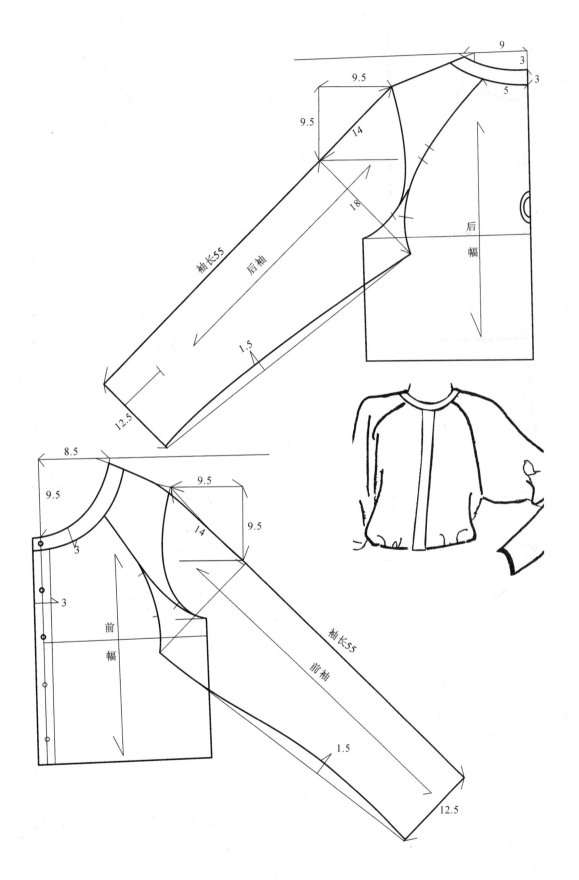

65. 短袖插肩袖 1

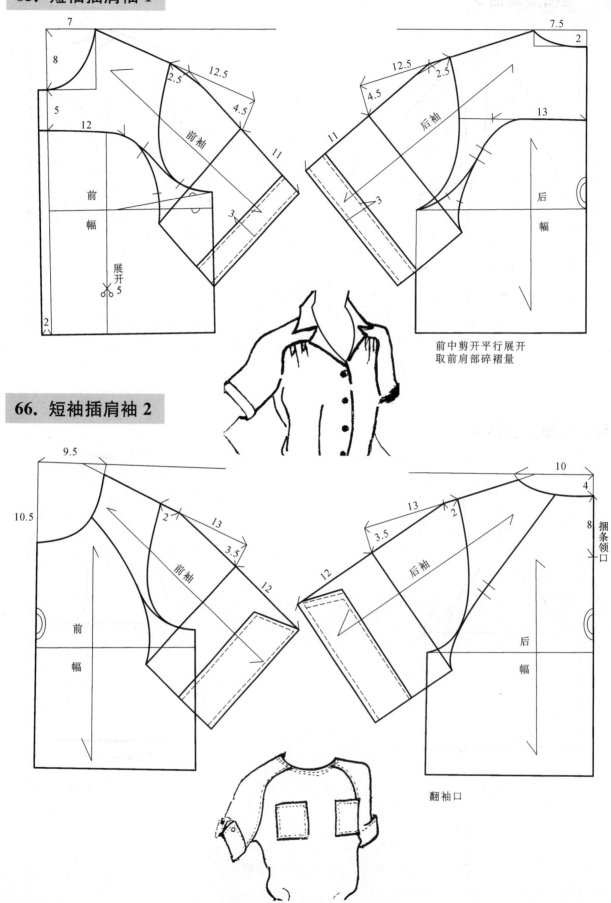

前中剪开平行展开
取前肩部碎褶量

66. 短袖插肩袖 2

67. 短袖插肩袖 3

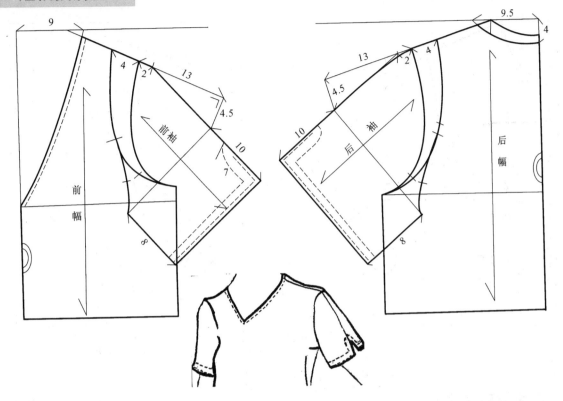

68. 短袖插肩袖 4

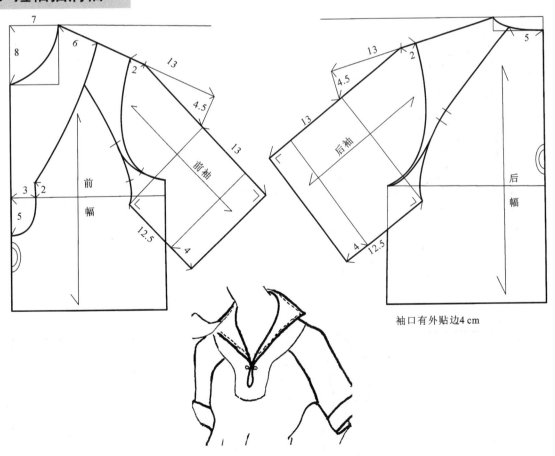

袖口有外贴边4 cm

69. 短袖插肩袖 5

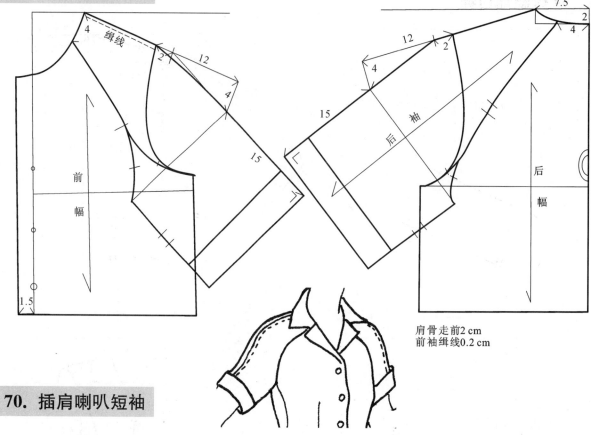

肩骨走前2 cm
前袖缉线0.2 cm

70. 插肩喇叭短袖

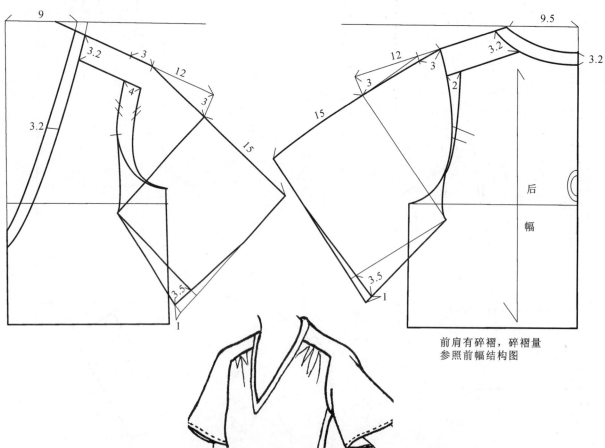

前肩有碎褶，碎褶量
参照前幅结构图

71. 连体翻袖口袖

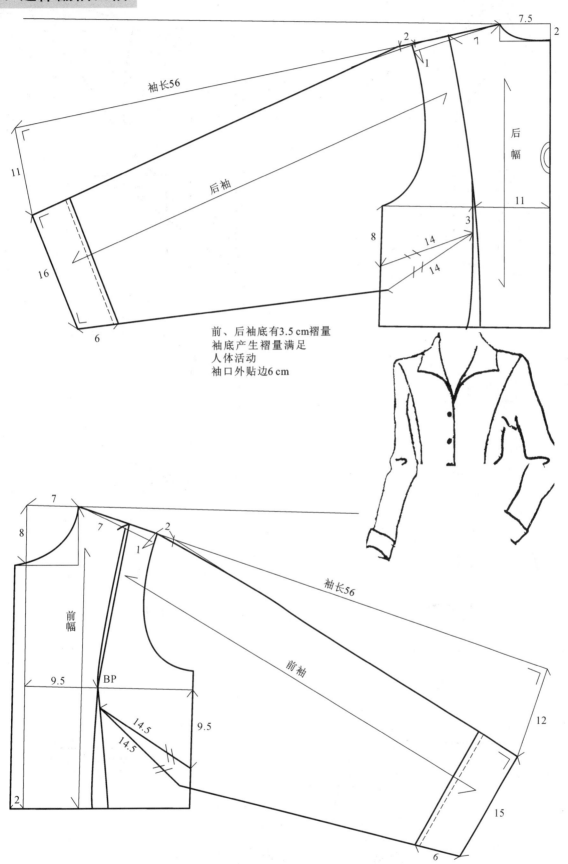

袖长56

后袖

后幅

前、后袖底有3.5 cm褶量
袖底产生褶量满足
人体活动
袖口外贴边6 cm

前幅

前袖

BP

袖长56

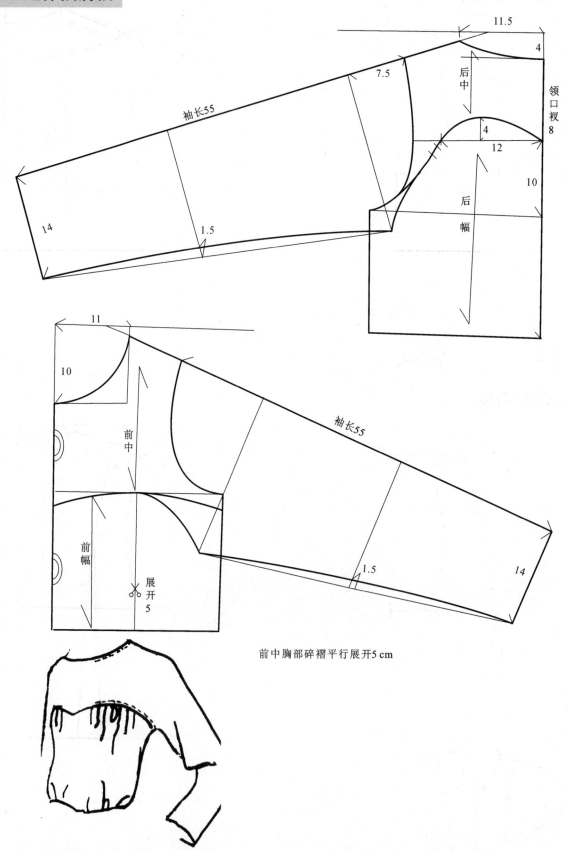

前中胸部碎褶平行展开5 cm

73. 连身荷叶浪袖

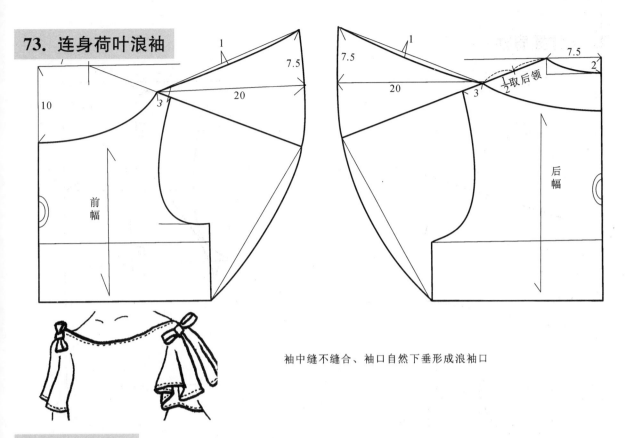

袖中缝不缝合、袖口自然下垂形成浪袖口

74. 披肩浪袖

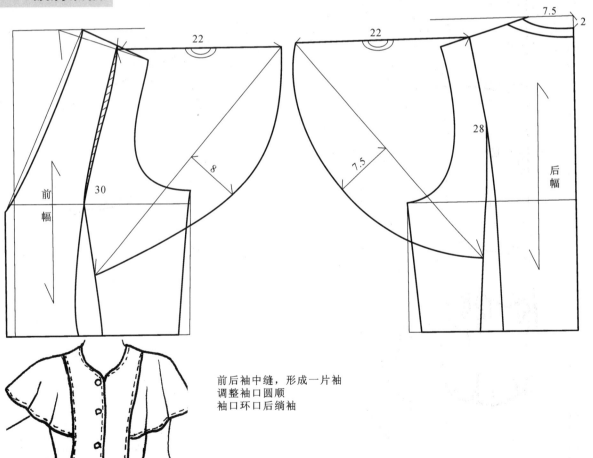

前后袖中缝，形成一片袖
调整袖口圆顺
袖口环口后绱袖

75. 插肩荷叶浪袖

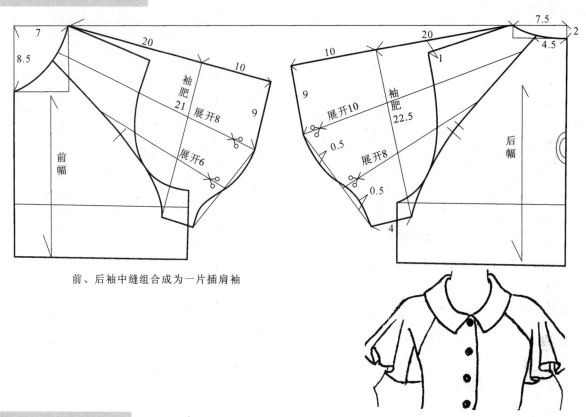

前、后袖中缝组合成为一片插肩袖

76. 连身荷叶袖

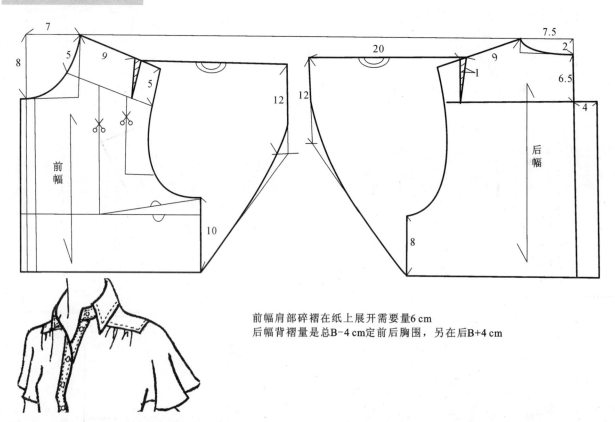

前幅肩部碎褶在纸上展开需要量6 cm
后幅背褶量是总B-4 cm定前后胸围,另在后B+4 cm

第十二章 品牌服装企业制板通知单

1. 品牌服装企业 A 制板通知单

品牌服装企业 A 制板通知单

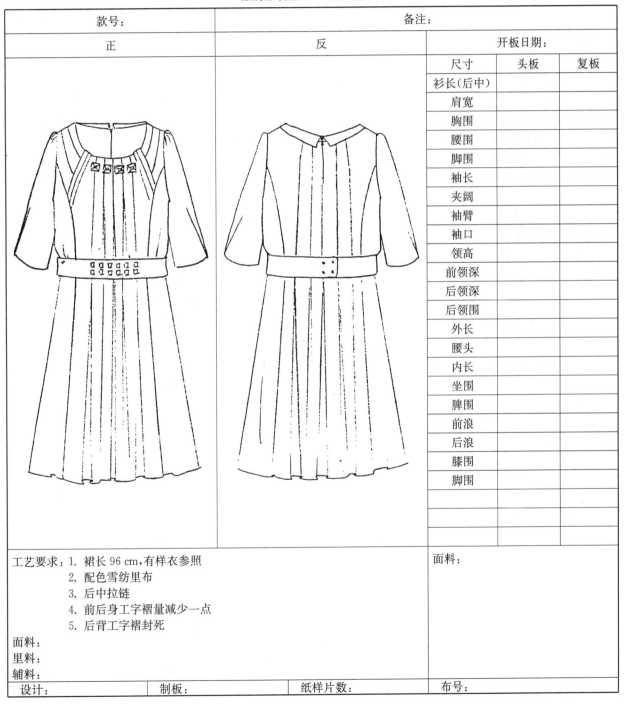

款号：		备注：			
正	反	开板日期：			
		尺寸	头板	复板	
		衫长（后中）			
		肩宽			
		胸围			
		腰围			
		脚围			
		袖长			
		夹阔			
		袖臂			
		袖口			
		领高			
		前领深			
		后领深			
		后领围			
		外长			
		腰头			
		内长			
		坐围			
		脾围			
		前浪			
		后浪			
		膝围			
		脚围			

工艺要求：1. 裙长 96 cm,有样衣参照
　　　　　2. 配色雪纺里布
　　　　　3. 后中拉链
　　　　　4. 前后身工字褶量减少一点
　　　　　5. 后背工字褶封死

面料：
里料：
辅料：

面料：

设计：	制板：	纸样片数：	布号：

款号：		备注：			
正	反		开板日期：		
			尺寸	头板	复板
			衫长(后中)		
			肩宽		
			胸围		
			腰围		
			脚围		
			袖长		
			夹阔		
			袖臂		
			袖口		
			领高		
			前领深		
			后领深		
			后领围		
			外长		
			腰头		
			内长		
			坐围		
			脾围		
			前浪		
			后浪		
			膝围		
			脚围		
工艺要求：参照样衣 面料： 里料： 辅料：		面料：			
设计：	制板：	纸样片数：	布号：		

正面图标注：参照样衣车死一段、倒褶、坎车、集中碎褶、6 cm

反面图标注：向前倒褶

品牌服装企业 B（外商）制板通知单

SIZE SPEC: SKIRT

STYLE NO:	DIVISION	SEASON
FABRIC:	OVERDYED CHECK	DEL: DECEMBER
SKETCH	SK NINA HIP	OTO173

INDEX CODE	USA/CANADA SIZE — EUROPE SIZE	0 / 30	2 / 32	4 / 34	6 / 36	8 / 38	10 / 40	12 / 42	14 / 44	16 / 46	18 / 48
WT	WAIST AT TOP EDGE	68.0	71.5	75.0	78.5	**82.0**	86.0	90.5	95.5	101.5	107.5
WA	WAIST AT ATTACHMENT (CURVED)	76.0	79.5	83.0	86.5	**90.0**	94.0	98.5	103.5	109.5	115.5
WB	WAIST BAND HEIGHT					**5.0**					
HHT	HIGH HIP AT —8.2—CM FM-W-BAND TOP	78.0	81.5	85.0	88.5	**92.0**	96.0	100.5	105.5	111.5	117.5
HT	HIP AT —18.2—CM FROM-W-BAND TOP	87.0	90.5	94.0	97.5	**101.0**	105.0	109.5	114.5	120.5	126.5
BO	BOTTOM HEM OPENING	113.0	116.5	120.0	123.5	**127.0**	131.0	135.5	140.5	146.5	152.5
BW	BACK LENGTH CB FROM TOP EDGE	50.0	51.0	52.0	53.0	**54.0**		54.5	55.0	55.5	56.0
F	FRONT LENGTH CF FROM TOP EDGE	49.0	50.0	51.0	52.0	**53.0**		53.5	54.0	54.5	55.0
FLO	FLY OPENING TO TOP SEAM			13.5		**14.5**		15.5		16.5	
FLW	FLY STITTCH WIDTH					**3.5**					
FPW	FRONT POCKET WIDTH	15.0		15.5		**16.0**		16.5		17.0	
FPL	FRONT PKT LENGTH	15.0		15.5		**16.0**		16.5		17.0	
FCW	FRONT COIN PKT WIDTH	6.0		6.5		**7.0**		7.5		8.0	
BP1	BACK PKT TO PKT AT TOP	7.6		8.2		**9.0**		10.0		11.0	
BPW	BACK POCKET WIDTH	12.0		12.5		**13.0**		13.5		14.0	
BPL	BACK POCKET LENGTH	14.0		14.5		**15.0**		15.5		16.0	
BY1	BACK YOKE KHEIGHT AT CB	4.00		4.25		**4.5**	4.85	5.25	5.75	6.25	6.75
BYS	BACK YOKE KHEIGHT AT S/S	2.50		2.75		**3.0**	3.35	3.75	4.25	4.75	5.25
Z	ZIPPER LENGTH AT CF		7.5			**8.5**		9.5		10.5	
BEL	BELT LENGTH(不包扣)	93.0	96.5	100.0	103.5	**107.0**	111.0	115.5	120.5	126.5	132.5

REMARK

PTN SIZE: "38" — EUROPE
1) 后机头做双层原身布
2) 对格、对条、前中、侧骨对横条

CHECKED FOR PRODUCTION

DATE

SIZE SPEC: SKIRT

品牌服装企业 B（外商）制板通知单

STYLE NO.:			DIVISION		SEASON									
FABRIC:			LIGHT N. Y. STRETCH		DEL: AUG									
SKETCH			SK DORIS HIP											

INDEX		SIZE	6	8	10	12	14
CODE							
W	WAIST AT TOP EDGE (CURVED)		74.0	77.5	**81.0**	85.0	89.5
WA	WAIST AT ATTACHMENT (CURVED)		81.0	84.5	**88.0**	92.0	96.5
WB	WAIST BAND HEIGHT				**4.5**		
HH	HIGH HIP AT—9.5—CM FM-W-BAND TOP		85.5	89.0	**92.5**	96.5	101.0
H	HIP AT—19.5—CM FROM-W-BAND TOP		93.0	96.5	**100.0**	104.0	108.5
BO	BOTTOM HEM OPENING		113.0	116.5	**120.0**	124.0	128.5
BW	BACK LENGTH CB FROM TOP EDGE		58.0	59.0	**60.0**	60.5	
F	FRONT LENGTH CF FROM TOP EDGE		56.5	57.5	**58.5**	59.0	
FFO	FRONT FLY OPENING TO TOP				**14.5**	15.5	
FLW	FLY STITCH WIDTH				**3.0**		
FL	FRONT LOOP TO LOOP		13.2	14.1	**15.0**	16.0	17.1
FP	FRONT PKT TO C/F		8.2	8.6	**9.0**	9.5	10.1
FPL	FRONT PKT LENGTH		8.0		**8.5**		9.0
PS	COIN PKT TO SIDE		2.6		**3.0**		
CPO	COIN PKT OPENING WIDTH		7.5		**8.0**		8.5
BP	BACK POCKET TO BACK POCKET		8.2		**9.0**	10.0	
BPW	BACK POCKET WIDTH			12.5	**13.0**	13.5	
BPL	BACK POCKET LENGTH		14.0		**14.5**	15.0	
ZIP	ZIPPER LENGTH AT CF				**9.0**	10.0	
ZIP1	ZIPPER LENGTH AT COIN PKT		7.0		**7.5**	8.0	
SL	SLIT LENGTH		23.0	24.0	**25.0**		25.5

REMARK

PTN SIZE: "10"—AUSTRALIA

CHECKED FOR PRODUCTION

DATE

品牌服装企业 B（外商）制板通知单

SIZE SPEC: TOP

STYLE NO.	DIVISION	SEASON
FABRIC:	MINMAL PRINT ON WINTER VOILE DEL: OCTOBER	
SKETCH	BL. TOP SEAM FOLD	

MIDDLE EAST/INDIA SIZE		30	30	32	34	36	38	40	42	44
ASIA SIZE	**CODE**		32	34	36	38	40	42	44	46
BACK LENGTH CB	B	54.1	54.4	54.7	**55.0**	55.3	56.7	58.1	59.5	61.0
FRONT LENGTH FROM SEAM	F	60.1	60.9	61.7	**62.5**	63.3	65.3	67.3	69.3	71.5
FRONT PLACKET LENGTH	FL	46.7	47.3	47.9	**48.5**	49.1	50.9	52.7	54.5	56.5
SHOULDER TO SHOULDER	SH	30.0	31.0	32.0	**33.0**	34.0	35.0	36.0	37.0	38.2
SHOULDER WIDTH	SHW	3.1	3.4	3.7	**4.0**	4.3	4.6	4.9	5.2	5.6
CHEST—1—BELOW AP	C	80.5	84.0	87.5	**91.0**	94.5	98.5	103.0	108.0	114.0
UNDER SEAM BELOW AP	WPS	9.8	9.7	9.6	**9.5**	9.4	9.3	9.2	9.1	9.0
UPPER CHEST SEAM WIDTH (STRETCHED)	UC	80.0	83.5	87.0	**90.5**	94.0	98.0	102.5	107.5	113.5
UPPER CHEST SEAM WIDTH (RELAXED)	UC1	57.5	61.0	64.5	**68.0**	71.5	75.5	80.0	85.0	91.0
WAIST POSITION FROM ARMHOLE	WP	17.8	17.7	17.6	**17.5**	17.4	17.3	17.2	17.1	17.0
WAIST WIDTH STRETCHED	W	80.0	83.5	87.0	**90.5**	94.0	98.0	102.5	107.5	113.5
WAIST WIDTH (FINISHED)	W1	57.5	61.0	64.5	**68.0**	71.5	75.5	80.0	85.0	91.0
HIGH HIP—10—BELOW WAIST	HH	86.5	90.0	93.5	**97.0**	100.5	104.5	109.0	114.0	120.0
BOTTOM HEM OPENING	BO	91.5	95.0	98.5	**102.0**	105.5	109.5	114.0	119.0	125.0
SIDE SEAM LENGTH	SS	40.8	40.7	40.6	**40.5**	40.4	41.3	42.2	43.1	44.0
BACK ARMHOLE CURVED	BA	25.0	25.4	25.8	**26.2**	26.6	27.1	27.7	28.4	29.2
FRONT ARMHOLE CURVED	FA	20.6	21.0	21.4	**21.8**	22.2	22.7	23.3	24.0	24.8
BACK NECK LINE CURVED	BNC	32.3	32.7	33.1	**33.5**	33.9	34.3	34.7	35.1	35.5
FRONT NECKLINE CURVED	FNC	40.3	40.7	41.1	**41.5**	41.9	42.3	42.7	43.1	43.5

REMARK

PTN SIZE IS "36" —ASIA

CHECKED FOR PRODUCTION

DATE

品牌服装企业 B（外商）制板通知单

SIZE SPEC: TOP

STYLE NO.:

	DIVISION	SEASON
FABRIC:	LIGHT LINEN	DEL: OCTOBER

CODE	SOUTH AFRICA/AUSTRALIA SIZE	2	4	6	8	10	12	14	16	18
B	BACK LENGTH CB	75.0	76.0	77.0	78.0	79.0	→	79.5	80.0	80.5
F	FRONT LENGTH FROM CPO	85.50	86.75	88.00	89.25	90.5	90.85	91.70	92.55	93.40
C	CHEST 1.5CM BELOW AP	76.5	80.0	83.5	87.0	90.5	94.5	99.0	104.0	110.0
UC	UNDER CHEST AT SEAM	69.5	73.0	76.5	80.0	83.5	87.5	92.0	97.0	103.0
WP	WAIST POSITION FROM ARMHOLE	20.9	20.8	20.7	20.6	20.5	20.4	20.3	20.2	20.1
W	WAIST WIDTH (FINISHED)	68.0	71.5	75.0	78.5	82.0	86.0	90.5	95.5	101.5
HH	HIGHT HIP 12CM BELOW WAIST	82.5	86.0	89.5	93.0	96.5	100.5	105.0	110.0	116.0
H	HIP 20CM BELOW WAIST	90.0	93.5	97.0	100.5	104.0	108.0	112.5	117.5	123.5
BO	BOTTOM HEM OPENING	106.5	110.0	113.5	117.0	120.5	124.5	129.0	134.0	140.0
LBO	LINING BOTTOM HEM OPENING	106.0	109.5	113.0	116.5	120.0	124.0	128.5	133.5	139.5
BD1	BACK DART TO DART AT TOP	14.6	15.2	15.8	16.4	17.0	17.9	18.8	19.7	20.9
BD2	BACK DART TO DART AT BTM	18.9	19.5	20.1	20.7	21.3	22.2	23.1	24.0	25.2
BDL	BACK DART LENGTH	23.0	23.5	24.0	24.5	25.0	→	25.3	25.6	25.9
FNC	FRONT NECK LENGTH (FINISHED)	27.5	28.5	29.5	30.5	31.5	32.5	33.5	34.5	35.7
BNC	BACL NECK LENGTH (S	38.00	39.75	41.50	43.25	45.0	47.0	49.5	52.0	55.0
BN	BACL NECK LENGTH (RELAXED)	33.00	34.75	36.50	38.25	40.0	42.0	44.5	47.0	50.0
FA	FRONT ARMHOLE CURVE	12.4	12.8	13.2	13.6	14.0	14.5	15.1	15.8	16.6
FNG	FRONT NECKLINE GATHER (FINISHED)	11.4	11.8	12.2	12.6	13.0	13.6	14.2	15.0	16.0
FG	UNDER GATHER FINISHED	18.1	18.5	18.9	19.3	19.7	20.3	20.9	21.7	22.7
FB	FRONT BUST CUP HEIGHT	20.3	20.6	20.9	21.2	21.5	21.8	22.1	22.4	22.8
SRB	STRAP TO STRAP AT BACK	14.0	15.0	16.0	17.0	18.0	19.0	20.0	21.0	22.2
SRL	STRAP LENGTH FULL	36.0	37.0	38.0	39.0	40.0	41.0	42.0	43.0	44.0
Z	ZIPPER LENGTH FINISHED AT S/S	32.0			33.0	34.0		35.0		

REMARK

PTN SIZE: "10" AUSTRALIA

1) 后幅横内落薄的泳衣橡根

2) 里布平行短面布 2 cm，下脚骨位上 3 cm 处 4 cm 线耳钉位

3) 隐形拉链尾端及下端要用配色线手工定位，以及里布要比定裂开高 1 cm，以免拉破面布和里布

4) C/O E21753

SKETCH

CHECKED FOR PRODUCTION   DATE

品牌服装企业 B（外商）制板通知单

SIZE SPEC: TOP(BTM)

STYLE NO:	DIVISION	SEASON
FABRIC:	60S POPIN STRETCH	DEL: JUNE
	BL REGULAR	

SKETCH

Measurement table

MIDDLE EAST / INDIA SIZE →	CODE	30	30	32	34	36	38	40	42	
ASIA SIZE →			32	34	36	38	40	42	44	44
BACK LENGTH CB	B	70.1	71.4	72.7	**74.0**	75.3	75.7	76.6	77.5	78.5
BACK YOKE LENGTH AT CB	BY1	9.55	9.70	9.85	**10.0**	10.15	10.35	10.55	####	10.95
FRONT LENGTH FROM SH SEAM	F	66.6	68.4	70.2	**72.0**	73.8	74.8	76.3	77.8	79.5
FRONT PLACKET LENGTH	FL	64.2	65.8	67.4	**69.0**	70.6	71.4	72.7	74.0	75.5
SHOULDER TO SHOULDER	SH	36.0	37.0	38.0	**39.0**	40.0	41.0	42.0	43.0	44.2
SHOULDER WIDTH	SHW	10.1	10.4	10.7	**11.0**	11.3	11.6	11.9	12.2	12.6
BACK WIDTH 12CM BELOW CB NECK SEAM	BW1	33.6	34.4	35.3	**36.2**	37.1	38.0	38.0	40.0	41.0
FRONT WIDTH 15CM BELOW HSP	FW1	29.4	29.9	30.4	**31.0**	31.6	32.6	33.6	34.6	35.7
CHEST 0 CM BELOW ARM PIT	C	81.5	85.0	88.5	**92**	95.5	99.5	104.0	####	115.0
WAIST POSITION FROM ARMHOLE	WP	16.8	16.7	16.6	**16.5**	16.4	16.3	16.2	16.1	16.0
WAIST WIDTH FINISHED	W	65.5	69.0	72.5	**76**	79.5	83.5	88.0	93.0	99.0
HIGH HIP 6 CM BELOW WAIST	HH	71.5	75.0	78.5	**82**	85.5	89.5	94.0	99.0	105.0
HIP 17 CM BELOW WAIST	H	85.5	89.0	92.5	**96**	99.5	103.5	108.0	####	119.0
BOTTOM HEM OPENING	BO	91.5	95.0	98.5	**102**	105.5	109.5	114.0	####	125.0
SLEEVE LENGTH	S	60.4	60.6	60.8	**61.0**	61.3	61.6	62.0	62.4	62.9
UPPER ARM WIDTH 0 CM BELOW ARM PIT	U	28.6	29.4	30.2	**31.0**	31.9	32.9	34.0	35.1	36.3
ELBOW WIDTH CM BELOW ARMHOLE	E	25.9	26.6	27.3	**28.0**	28.9	29.8	30.8	31.9	33.1
SLEEVE OPENING	SO	19.7	20.3	20.9	**21.5**	22.1	22.7	23.3	23.9	24.5
COLLAR LENGTH AT OUTSIDE EDGE	CO1	41.0	42.0	43.0	**44.0**	45.0	46.0	47.0	48.0	49.0
COLLAR LENGTH AT BOTTOM	CO2	34.4	35.4	36.4	**37.4**	38.4	39.4	40.4	41.4	42.4
FRONT DART FROM SH SEAM	FD1	20.6	21.4	22.2	**23.0**	23.8	24.8	25.8	26.8	28.0
FRONT DART LENGTH	FDL	33.0	34.0	35.0	**36.0**	37.0	37.5	38.5	38.0	38.5
CHEST POCKET FROM SH SEAM	CP1	10.8	11.6	12.4	**13.2**	14.0	15.0	16.0	17.0	18.2
CHEST POCKET LENGTH	CPL		10.5		**11.0**		11.5		12.0	12.5
CHEST POCKET WIDTH	CPF		8.0		**8.5**		9.0		9.5	10.0
BACK DART TO BACK DART (TOP)	BD	20.6	21.2	21.8	**22.4**	23.0	23.9	24.8	25.7	26.9
BACK DART TO DART (BTM)	BD1	22.8	23.4	24.0	**24.6**	25.2	26.1	27.0	27.9	29.1
BACK DART LENGTH	BDL	34.0	35.0	36.0	**37.0**	38.0	38.5	39.0	39.0	39.5
SIDE SLIT HEIGHT	SLT				**9.0**	9.5	9.8	10.1	10.1	10.4
FROIN DART TO FRITON EDGE AT BTM	FD2	13.10	13.40	13.70	**14.0**	14.30	14.75	15.20	15.20	16.25
BUTTON, 1ST POSITION FROM NECK LINE	BU2				**1.8**					
BUTTON, LAST POSITION FROM HEM	BU3	16.5	17.0	17.5	**18.0**	18.5		18.8	19.1	19.4
BACK NECK CURVED	BNC	25.8	26.2	26.6	**27.0**	27.4	27.8	28.2	28.6	29.0
BELT LENGTH 10CM X	BEL	134.5	138.0	141.5	**145.0**	148.5	152.5	157.0	####	168.0
腰带中的铁圈 2 个为一组 总完成（对）		16.0	17.0	18.0	**19.0**	20.0	21.0	22.0	23.0	24.0

REMARK

PTN SIZE IS "36" ASIA; IS "34" INDIA

1) 胸袋分中对腰褶; 2) C/O UC1301

CHECKED FOR PRODUCTION

DATE

品牌服装企业 B（外商）制板通知单

SIZE SPEC: TOP

STYLE NO:		SEASON		
FABRIC:	SUMMER STRETCH TWILL	DEL: MAY		
SKETCH	BL WASHED BLAZER			

SIZE SPEC TABLE — ASIA SIZE

CODE	ASIA SIZE	30	32	34	36	38	40	42	44	46
B	BACK LENGTH CB	55.1	55.4	55.7	**56.0**	56.3	57.7	59.1	60.5	62.0
F	FRONT LENGTH FROM SH SEAM	57.6	58.4	59.2	**60.0**	60.8	62.8	64.8	66.8	69.0
FL	FRONT PLACKET LENGTH	53.2	53.8	54.4	**55.0**	55.6	57.4	59.2	61.0	63.0
BY1	BACK YOKE HEIGHT AT CB	10.05	10.20	10.35	**10.5**	10.65	10.85	11.05	11.25	11.45
HZ	HORIZONTAL SEAM POS FFROM XB NECK	39.1	39.4	39.7	**40.0**	40.3	40.7	41.1	41.5	42.0
SH	SHOULDER TO SHOULDER	36.0	37.0	38.0	**39.0**	40.0	41.0	42.0	43.0	44.2
SHW	SHOULDER WIDTH AT SEAM	9.9	10.2	10.5	**10.8**	11.1	11.4	11.7	12.0	12.4
BW1	BACK WIDTH 12CM BELOW CB NECK	34.9	35.7	36.6	**37.5**	38.4	39.3	40.3	41.3	42.3
FW1	FRONT WIDTH 15CM BELOW SPI	28.4	28.9	29.4	**30.0**	30.6	31.6	32.6	33.6	34.7
C	CHEST—BELOW AP	79.5	83.0	86.5	**90.0**	93.5	97.5	102.0	107.0	113.0
WP	WAIST POSITION FROM ARMHOLE	17.8	17.7	17.6	**17.5**	17.4	17.3	17.2	17.1	17.0
W	WAIST (PATTERN)	65.5	69.0	72.5	**76.0**	79.5	83.5	88.0	93.0	99.0
W	WAIST 17.5CM BELOW AP (FINISHED)	67.5	71.0	74.5	**78.0**	81.5	85.5	90.0	95.0	101.0
FS	FRONT SEAM TO SEAM	10.0	10.2	10.3	**10.5**	10.7	11.1	11.5	11.9	12.4
HH	HIGH HIP—10—BELOW WAIST	79.5	83.0	86.5	**90.0**	93.5	97.5	102.0	107.0	113.0
WTL	WAIST TAPE LENDTH	9.0	9.5	10.0	**10.5**	11.0	11.5	12.0	12.5	13.0
BO	BOTTOM HEM OPENING	85.5	89.0	92.5	**96.0**	99.5	103.5	108.0	113.0	119.0
CP1	CHEST POCKET FROM SH SEAM	16.8	17.2	17.6	**18.0**	18.4	18.9	19.4	19.9	20.5
CP2	CHEST POCKET FROM FRONT EDGE	7.4	7.6	7.8	**8.0**	8.2	8.5	8.9	9.4	10.0
CPW	CHEST POCKET WELT WIDTH	7.0			**7.5**	8.0	8.5			9.0
LP2	LOWER PKT FROM FRONT EDGE	7.9	8.1	8.3	**8.5**	8.7	9.0	9.4	9.9	10.5
LPW	LOWER POCKET WELT WIDTH		11.5		**12.0**	12.5		13.0		13.5
S	SLEEVE LENGTH (LONG)	60.4	60.6	60.8	**61.0**	61.3	61.6	62.0	62.4	62.9
B1	BICEPS/UPPER ARM WIDTH—BELOW AP	29.6	30.4	31.2	**32.0**	32.9	33.9	35.0	36.1	37.3
E	ELBOW WIDTH—19.5—BELOW AP	26.9	27.6	28.3	**29.0**	29.9	30.8	31.8	32.9	34.1
SO	SLEEVE OPENING	22.2	22.8	23.4	**24.0**	24.6	25.2	25.8	26.4	27.0
CO1	COLLAR LENGTH AT OUTSIDE EDGE	31.1	31.9	32.7	**33.5**	34.3	35.1	35.9	36.7	37.5
CO2	COLLAR LENGTH AT BOTTOM	23.6	24.4	25.2	**26.0**	26.8	27.6	28.4	29.2	30.0
BU2	BUTTON, 1ST POSITION FROM SH SEAM	32.1	32.9	33.7	**34.5**	35.3	36.3	37.3	38.3	39.5
BU3	BUTTON, LAST POSITION FROM HEM				**15.3**		15.8	16.3	16.3	16.8
BNC	BACK NECK CURVED	17.8	18.2	18.6	**19.0**	19.4	19.8	20.2	20.6	21.0
O	OVERLAP/WRAP				**4.0**					

REMARK

PTN SIZE: "36"—ASIA

CHECKED FOR PRODUCTION

DATE

品牌服装企业 B（外商）制板通知单

SIZE SPEC: TOP

STYLE NO:	DIVISION	SEASON
FABRIC:	AUTUMN COMFORT TWILL	DEL: NOVEMBER
	B WASHED BLAZER	

EUROPE SIZE / measurement	CODE	0 / 30	2 / 32	4 / 34	6 / 36	8 / 38	10 / 40	12 / 42	14 / 44	16 / 46
BACK LENGTH CB	B	54.8	56.1	57.4	58.7	**60.0**	60.4	61.3	62.2	63.2
FRONT LENGTH FROM SH SEAM	F	56.8	58.6	60.4	62.2	**64.0**	65.0	66.5	68.0	69.7
BUTTON 1ST POSITION FROM SH SEAM	BU1	32.8	33.6	34.4	35.2	**36.0**	37.0	38.0	39.0	40.2
SHOULDER TO SHOULDER	SH	37.5	38.5	39.5	40.5	**41.5**	42.5	43.5	44.5	45.7
SHOULDER WIDTH AT SEAM	SHW	10.5	10.8	11.1	11.4	**11.7**	12.0	12.3	12.6	13.0
BACK WIDTH 12CM BELOW CB NECK	BW1	36.0	36.8	37.7	38.6	**39.5**	40.4	41.4	42.4	43.4
FRONT WIDTH 15CM BELOW SEAM	FW1	28.8	29.3	29.8	30.4	**31.0**	32.0	33.0	34.0	35.1
CHEST — 0 — BELOW AP	C	83.0	86.5	90.0	93.5	**97.0**	101.0	105.5	110.5	116.5
WAIST POSITION FROM ARMHOLE	WP	18.9	18.8	18.7	18.6	**18.5**	18.4	18.3	18.2	18.1
WAIST	W	67.0	70.5	74.0	77.5	**81.0**	85.0	89.5	94.5	100.5
HIGH HIP — 10 — BELOW WAIST	HH	81.7	85.2	88.7	92.2	**95.7**	99.7	104.2	109.2	115.2
WAIST (FINISHED)	W	70.0	73.5	77.0	80.5	**84.0**	88.0	92.5	97.5	103.5
BOTTOM HEM OPENING	BO	93.0	96.5	100.0	103.5	**107.0**	111.0	115.5	120.5	126.5
SLEEVE LENGTH (LONG)	S	61.6	61.8	62.0	62.2	**62.5**	62.8	63.2	63.6	64.1
BICEPS/UPPER ARM WIDTH — 0 — BELOW AP	B1	31.2	32.0	32.8	33.6	**34.5**	35.5	36.6	37.7	38.9
ELBOW WIDTH — 19.5 — BELOW AP	E	27.5	28.2	28.9	29.6	**30.5**	31.4	32.4	33.5	34.7
SLEEVE OPENING	SO	23.6	24.2	24.8	25.4	**26.0**	26.6	27.2	27.8	28.4
COLLAR LENGTH AT OUTSIDE EDGE	CO1	32.1	32.9	33.7	34.5	**35.3**	36.1	36.9	37.7	38.5
COLLAR LENGTH AT BOTTOM	CO2	26.4	27.2	28.0	28.8	**29.6**	30.4	31.2	32.0	32.8
BACK NECK CURVED TO SEAM	BNC	18.0	18.4	18.8	19.2	**19.6**	20.0	20.4	20.8	21.2
FRONT WIDTH TO LAPEL EDGE	FW1E	19.1	19.4	19.6	19.9	**20.2**	20.7	21.2	21.7	22.3
LOWER POCKET LENGTH	LPL	14.5	14.5	15.0	15.0	**15.5**	16.0	16.0		16.5
LOWER POCKET WIDTH	LPW	16.5	16.5	17.0	17.0	**17.5**	18.0	18.0		18.5
CHEST POCKET FROM SH SEAM	CP1	16.4	16.8	17.2	17.6	**18.0**	18.5	19.0	19.5	20.1
LOWER POCKET FROM EDGE	LP2	12.2	12.4	12.6	12.8	**13.0**	13.3	13.7	14.2	14.8
SLEEVE SLIT LENGTH	SL					**8.0**				
CHEST POCKET FROM FRONT EDGE	CP2	7.2	7.4	7.6	7.8	**8.0**	8.3	8.6	9.0	9.5
CHEST POCKET LENGTH	CPL	10.5	10.5	11.0	11.0	**11.5**	11.5	12.0	12.5	12.5
CHEST POCKET WIDTH	CPW	9.5	9.5	10.0	10.0	**10.5**	11.0	11.0		11.5
BOTTON POSITION FROM HEM	BU2	18.0	18.5	19.0	19.5	**20.0**	20.0	20.3	20.6	20.9
PLACKET WIDTH	PKW					**4.5**				
REMARK										

PTN SIZE IS "36" — ASIA

CHECKED FOR PRODUCTION

DATE

SIZE SPEC: TOP

STYLE NO:	DIVISION	SEASON
	CASUAL COTTON JKT	DEL: NOVEMBER

FABRIC:

SKETCH: LIGHT DOWN JACKET

Size Specification

CODE	MIDDLE EAST/INDIA SIZE / ASIA SIZE	ME/INDIA →	30	32	34	36	38	40	42	44
		ASIA →	**30**	**32**	**34**	**36**	**38**	**40**	**42**	**44**	**46**
B	BACK LENGTH CB		64.1	65.4	66.7	**68.0**	69.3	69.7	70.6	71.5	72.5
F	FRONT LENGTH FROM SH SEAM		64.8	66.6	68.4	**70.2**	72.0	73.0	74.5	76.0	77.7
PKL	FRONT PLACKET LENGTH		67.2	68.8	70.4	**72.0**	73.6	74.4	75.7	77.0	78.5
BY1	BACK YOKE HEIGHT AT CB		13.05	13.20	13.35	**13.5**	13.65	13.9	14.1	14.3	14.5
FY1	FRONT YOKE LENGTH FM SH SEAM		15.1	15.4	15.7	**16.0**	16.3	16.7	17.1	17.5	18.0
SH	SHOULDER TO SHOULDER		37.0	38.0	39.0	**40.0**	41.0	42.0	43.0	44.0	45.2
SHS	SHOULDER WIDTH AT SEAM		9.9	10.2	10.5	**10.8**	11.1	11.4	11.7	12.0	12.4
BW1	BACK WIDTH 12CM BELOW CB NECK		34.4	35.2	36.1	**37.0**	37.9	38.8	39.8	40.8	41.8
FW1	FRONT WIDTH 15CM BELOW SPI		31.4	31.9	32.4	**33.0**	33.6	34.6	35.6	36.6	37.7
C	CHEST - 0 - BELOW AP		87.5	91.0	94.5	**98.0**	101.5	105.5	110.0	115.0	121.0
WP	WAIST POSITION FROM ARMHOLE		16.8	16.7	16.6	**16.5**	16.4	16.3	16.2	16.1	16.0
W	WAIST		74.5	78.0	81.5	**85.0**	88.5	92.5	97.0	102.0	108.0
HH	HIGH HIP - 10 - BELOW WAIST		83.0	86.5	90.0	**93.5**	97.0	101.0	105.5	110.5	116.5
H	HIP - 18.5 - BELOW WAIST		89.5	93.0	96.5	**100.0**	103.5	107.5	112.0	117.0	123.0
BO	BOTTOM HEM OPENING		93.5	97.0	100.5	**104.0**	107.5	111.5	116.0	121.0	127.0
BBP	BACK BELT FROM NECK LINE		38.6	38.9	39.2	**39.5**	39.8	40.2	40.6	41.0	41.5
FS7	BACK SEAM TO SEAM		24.7	25.3	25.9	**26.5**	27.1	28.0	28.9	29.8	31.0
FS7	FRONT SEAM TO SEAM		14.4	14.9	15.4	**16.0**	16.6	17.6	18.6	19.6	20.7
FS8	FRONT SEAM TO SEAM (SIDE)		←			**9,2**					→
CP3	CHEST POCKET TO PKT		7.2	7.4	7.6	**8.0**	8.4	9.0	9.8	10.8	12.0
CPW	CHEST POCKET FLAP WIDTH		9.0	9.5	10.0	**10.5**	11.0	11.5	↑	↑	12.0
LPL	LOWER POCKET LENGTH		16.5	16.5	16.5	**17.0**	17.5	18.0	18.5	↑	18.5
LPW	LOWER POCKET WIDTH		15.5	15.5	15.5	**16.0**	16.5	17.0	17.5	↑	17.5
LP3	LOWER PKT TO PKT		10.2	10.4	10.6	**11.0**	11.4	12.0	12.8	13.8	15.0
S	SLEEVE LENGTH		62.4	62.6	62.8	**63.0**	63.3	63.6	64.0	64.4	64.9
B1	BICEPS/UPPER ARM WIDTH - 0 - BELOW AP		31.6	32.4	33.2	**34.0**	34.9	35.9	37.0	38.1	39.3
E	ELBOW WIDTH - 20.3 - BELOW AP		28.9	29.6	30.3	**31.0**	31.9	32.8	33.8	34.9	36.1
SO	SLEEVE OPENING		25.2	25.8	26.4	**27.0**	27.6	28.2	28.8	29.4	30.0
SOR	RIB SLEEVE OPENING (RELAXED)		16.0	17.0	17.0	**18.0**	18.0	19.0	19.0	20.0	20.0
COR	RIB COLLAR LENGTH AT OUTSIDE EDGE		40.0	41.0	42.0	**43.0**	44.0	45.0	46.0	47.0	48.0
BNC	BACK NECK CURVED		19.8	20.2	20.6	**21.0**	21.4	21.8	22.2	22.6	23.0
ZIP1	ZIPPER LENGTH AT CF		65.0	66.5	68.0	**70.0**	71.5	72.0	73.5	74.5	76.0

REMARK

PTN SIZE IS "36"—ASIA; "34"—MIDDLE EAST/INDIA

1) 胸袋做假的，只有袋盖
2) 最后一粒钮分中腰撑高

CHECKED FOR PRODUCTION

DATE

品牌服装企业 B（外商）制板通知单

SIZE SPEC: TOP

STYLE NO:	DIVISION	SEASON
	SPORTIVE TWILL	DEL: AUG

FABRIC:

SKETCH — J LIGHT STOCKHOLM JACKET

CHECKED FOR PRODUCTION   DATE

		USA. CAN SIZE	0	2	4	6	8	10	12	14	16
SOUTH AFRICA/AUSTRALIA SIZE	CODE	EUROPE SIZE	30	32	34	36	38	40	42	44	46
		(SA/AUS)	2	4	6	8	10	12	14	16	18
BACK LENGTH CB	B		62.8	64.1	65.4	66.7	68.0	68.4	69.3	70.2	71.2
FRONT LENGTH FROM SH SEAM	F		61.8	63.6	65.4	67.2	69.0	70.0	71.5	73.0	74.7
FRONT PLACKET LENGTH	FL		63.1	64.7	66.3	67.9	69.5	70.3	71.6	72.9	74.4
BACK YOKE HEIGHT AT CB	BY1		14.40	14.55	14.70	14.85	15.0	15.2	15.4	15.6	15.8
FRONT YOKE LENGTH FM SH SEAM	FY1		15.3	15.6	15.9	16.2	16.5	16.9	17.3	17.7	18.2
SHOULDER TO SHOULDER	SH		38.9	39.9	40.9	41.9	42.9	43.9	44.9	45.9	47.1
SHOULDER WIDTH AT SEAM	SHS		9.9	10.2	10.5	10.8	11.1	11.4	11.7	12.0	12.4
BACK WIDTH 12CM BELOW CB NECK	BW1		38.4	39.2	40.1	41.0	41.9	42.8	43.8	44.8	45.8
FRONT WIDTH 15CM BELOW SP1	FW1		34.6	35.1	35.6	36.2	36.8	37.8	38.8	39.8	40.9
CHEST — 0 — BELOW AP	C		93.5	97.0	100.5	104.0	107.5	111.5	116.0	121.0	127.0
WAIST POSITION FROM ARMHOLE	WP		18.4	18.3	18.2	18.1	18.0	17.9	17.8	17.7	17.6
WAIST	W		79.0	82.5	86.0	89.5	93.0	97.0	101.5	106.5	112.5
HIGH HIP — 10 — BELOW WAIST	HH		87.5	91.0	94.5	98.0	101.5	105.5	110.0	115.0	121.0
BOTTOM HEM OPENING	BO		103.0	106.5	110.0	113.5	117.0	121.0	125.5	130.5	136.5
CHEST POCKET FROM FRONT EDGE	CP2		1.0	1.2	1.4	1.6	1.8	2.1	2.4	2.8	3.3
CHEST POCKET LENGTH CENTER	CPL			12.0	12.5	↑	13.0	↑	13.5	↑	14.0
CHEST POCKET WIDTH AT TOP	CPW		10.5	↑	11.0	↑	11.5	↑	12.0	↑	12.5
SLEEVE LENGTH	S		63.6	63.8	64.0	64.2	64.5	64.8	65.2	65.6	66.1
BICEPS/ UPPER ARM WIDTH 0 BELOW AP	B1		36.2	37.0	37.8	38.6	39.5	40.5	41.6	42.7	43.9
ELBOW WIDTH 21.5 BELOW AP	E		33.0	33.7	34.4	35.1	36.0	36.9	37.9	39.0	40.2
SLEEVE OPENING	SO		27.1	27.7	28.3	28.9	29.5	30.1	30.7	31.3	31.9
RIB SLEEVE OPENING	SOR		17.0	↑	18.0	↑	19.0	↑	20.0	↑	21.0
BACK SEAM TO SEAM	BS		29.1	29.7	30.3	30.9	31.5	32.4	33.3	34.2	35.4
FRONT SEAM TO SEAM	FS		23.1	23.7	24.3	24.9	25.5	26.4	27.3	28.2	29.4
COLLAR LENGTH AT OUTSIDE EDGE (CLOSED)	CO1		52.0	53.0	54.0	55.0	56.0	57.0	58.0	59.0	60.0
COLLAR LENGTH AT BOTTOM (CLOSED)	CO2		49.0	50.0	51.0	52.0	53.0	54.0	55.0	56.0	57.0
RIB COLLAR LENGTH AT OUTSIDE EDGE (CLOSED)	CO3		38.0	39.0	40.0	41.0	42.0	43.0	44.0	45.0	46.0
COLLAR BELT LENGTH	SL		60.0	61.0	62.0	63.0	64.0	65.0	66.0	67.0	68.0
SLEEVE PATCH TO SEAM	SDL						23.5	↑		23.7	23.9
LOWER PKT FROM FRONT EDGE	LP2		1.2	1.4	1.6	1.8	2.0	2.3	2.6	3.0	3.5
LOWER POCKET LENGTH	LPL		19.5	↑	20.0	↑	20.5	↑	21.0	↑	21.5
LOWER POCKET WIDTH	LPW		19.5	↑	20.0	↑	20.5	↑	21.0	↑	21.5
LOWER PKT WELT LENGTH	LPL1		13.0	↑	13.5	↑	14.0	↑	14.5	↑	15.0
LOWER PKT SIDE LENGTH	LPL2		12.0	↑	12.5	↑	13.0	↑	13.5	↑	14.0
BACK TUNNEL TO BOTTOM HEM	BT		23.5	↑	24.0	↑	24.5	↑	25.0	↑	25.5
BACK NECK CURVED	BNC		20.8	21.2	21.6	22.0	22.4	22.8	23.2	23.6	24.0

SIZE SPEC: TOP

品牌服装企业 B(外商)制板通知单

STYLE NO:			SEASON	
FABRIC:		DIVISION	TECHNICAL WOOL	J WOOL BLOUSON
			DEL: AUG	

CODE	USA, CAN SIZE / EUROPE SIZE / SOUTH AFRICA/AUSTRALIA SIZE	0	2	4	6	8	10	12	14	16
		30	32	34	36	38	40	42	44	46
		2	4	6	8	10	12	14	16	18
B	BACK LENGTH CB	54.8	56.1	57.4	58.7	60.0	60.4	61.3	62.2	63.2
F	FRONT LENGTH FROM SH SEAM	56.3	58.1	59.9	61.7	63.5	64.5	66.0	67.5	69.2
FL	FRONT PLACKET LENGTH	48.2	49.8	51.4	53.0	54.6	55.4	56.7	58.0	59.5
BY1	BACK YOKE HEIGHT AT CB	13.40	13.55	13.70	13.85	14.0	14.2	14.4	14.6	14.8
FY1	FRONT YOKE LENGTH FM SH SEAM	4.8	5.1	5.4	5.7	6.0	6.4	6.8	7.2	7.7
SH	SHOULDER TO SHOULDER	37.9	38.9	39.9	40.9	41.9	42.9	43.9	44.9	46.1
SHS	SHOULDER WIDTH AT SEAM	9.4	9.7	10.0	10.3	10.6	10.9	11.2	11.5	11.9
STL	SHOULDER STRAP LENGTH	8.8	9.1	9.4	9.7	10.0	10.3	10.6	10.9	11.3
BW1	BACK WIDTH 12CM BELOW CB NECK	37.5	38.3	39.2	40.1	41.0	41.9	42.9	43.9	44.9
FW1	FRONT WIDTH 15CM BELOW SP1	33.1	33.6	34.1	34.7	35.3	36.3	37.3	38.3	39.4
C	CHEST — 0 — BELOW AP	89.0	92.5	96.0	99.5	103.0	107.0	111.5	116.5	122.5
WP	WAIST POSITION FROM ARMHOLE	15.40	15.30	15.20	15.10	15.0	14.9	14.8	14.7	14.6
W	WAIST	86.0	89.5	93.0	96.5	100.0	104.0	108.5	113.5	119.5
BO	BOTTOM HEM OPENING (STRETCHED)	89.5	93.0	96.5	100.0	103.5	107.5	112.0	117.0	123.0
BOR	RIB BOTTOM HEM OPENING (RELAXED)	70.0	73.5	77.0	80.5	84.0	88.0	92.5	97.5	103.5
S	SLEEVE LENGTH	64.9	65.1	65.3	65.5	65.8	66.1	66.5	66.9	67.4
B1	BICEPS/UPPER ARM WIDTH — 0 — BELOW AP	34.2	35.0	35.8	36.6	37.5	38.5	39.6	40.7	41.9
E	ELBOW WIDTH — 19, 8 — BELOW AP	31.0	31.7	32.4	33.1	34.0	34.9	35.9	37.0	38.2
SOR	RIB SLEEVE OPENING (RELAXED)	18.00		19.00		20.0		21.0		22.0
BS	BACK SEAM TO SEAM	26.1	26.7	27.3	27.9	28.5	29.4	30.3	31.2	32.4
FS	FRONT SEAM TO SEAM	23.3	23.9	24.5	25.1	25.7	26.6	27.5	28.4	29.6
CP1	CHEST POCKET FROM SH SEAM	12.4	12.8	13.2	13.6	14.0	14.5	15.0	15.5	16.1
CP2	CHEST POCKET TO PKT	16.0	16.2	16.4	16.8	17.2	17.8	18.6	19.6	20.8
LP1	LOWER PKT TO PKT	13.8	14.0	14.2	14.6	15.0	15.6	16.4	17.4	18.6
LPL	LOWER POCKET LENGTH	14.2		14.7		15.2		15.7		16.2
LPW	LOWER POCKET WIDTH	12.5		13.0		13.5		14.0		14.5
CO1	COLLAR LENGTH AT OUTSIDE EDGE (COLSED)	51.0	52.0	53.0	54.0	55.0	56.0	57.0	58.0	59.0
CO2	COLLAR LENGTH AT BOTTOM (COLSED)	46.8	47.8	48.8	49.8	50.8	51.8	52.8	53.8	54.8
CO3	RIB COLLAR LENGTH AT OUTSIDE EDGE (COLSED)	38.0	39.0	40.0	41.0	42.0	43.0	44.0	45.0	46.0
BU2	BUTTON, 1ST POSITION FROM NECK LINE					2.0				
BU3	BUTTON, LAST POSITION FROM HEM					2.0				
BNC	BACK NECK CURVED	20.60	21.00	21.40	21.80	22.2	22.6	23.0	23.4	23.8
ZIP1	ZIPPER LENGTH AT CF	56.5	58.0	59.5	61.0	63.0	63.5	65.0	66.0	67.5
ZIP2	ZIPPER LENGTH AT LOWER PKT	12.0	12.0	12.5	12.5	13.0	13.5	13.5	14.0	14.0
REMARK	PTN SIZE: "38"=EUROPE; "8"=USA, CAN; "10"=AUSTRALIA/SOUTH AFRICA									

SKETCH

CHECKED FOR PRODUCTION

DATE

品牌服装企业 B（外商）制板通知单

SIZE SPEC: TOP

STYLE NO.:	DIVISION	SEASON
FABRIC:	MELANGE WOOL JKT / C WOOL COAT	DEL: AUG

SKETCH

CODE		USA, CAN SIZE	0	2	4	6	8	10	12	14	16
		EUROPE SIZE	30	32	34	36	38	40	42	44	46
		SOUTH AFRICA/AUSTRALIA SIZE	2	4	6	8	10	12	14	16	18
B	BACK LENGTH CB		66.8	67.8	69.4	70.7	72.0	72.4	73.3	74.2	75.2
F	FRONT LENGTH FROM SH SEAM		67.8	69.6	71.4	73.2	75.0	76.0	77.5	79.0	80.7
FL	FRONT PLACKET LENGTH		59.6	61.2	62.8	64.4	66.0	66.8	68.1	69.4	70.9
BY1	BACK YOKE HEIGHT AT CB		11.40	11.55	11.70	11.85	12.0	12.2	12.4	12.6	12.8
FY1	FRONT YOKE LENGTH FM SH SEAM		12.8	13.1	13.4	13.7	14.0	14.4	14.8	15.2	15.7
SH	SHOULDER TO SHOULDER		38.5	39.5	40.5	41.5	42.5	43.5	44.5	45.5	46.7
SHS	SHOULDER WIDTH AT SEAM		10.3	10.6	10.9	11.2	11.5	11.8	12.1	12.4	12.8
BW1	BACK WIDTH 12CM BELOW CB NECK		36.6	37.4	38.3	39.2	40.1	41.0	42.0	43.0	44.0
FW1	FRONT WIDTH 15CM BELOW SPI		32.3	32.8	33.3	33.9	34.5	35.5	36.5	37.5	38.6
C	CHEST 0 BELOW AP		88.6	92.1	95.6	99.1	102.6	106.6	111.1	116.1	122.1
WP	WAIST POSITION FROM ARMHOLE		17.1	17.0	16.9	16.8	16.7	16.6	16.5	16.4	16.3
W	WAIST		77.0	80.5	84.0	87.5	91.0	95.0	99.5	104.5	110.5
HH	HIGH HIP 10 BELOW WAIST		89.4	92.9	96.4	99.9	103.4	107.4	111.9	116.9	122.9
H	HIP 20.5 BELOW WAIST		98.0	101.5	105.0	108.5	112.0	116.0	120.5	125.5	131.5
BO	BOTTOM HEM OPENING		103.5	107.0	110.5	114.0	117.5	121.5	126.0	131.0	137.0
BT	BACK BELT FROM C/B NECK LING		36.8	37.1	37.4	37.7	38.0	38.4	38.8	39.2	39.7
FT	FRONT WAIST LENGTH FROM SH SEAM		35.5	36.3	37.1	37.9	38.7	39.7	40.7	41.7	42.9
LPT	FRONT WAIST LENGTH TO PKT		5.0	5.5	6.0	6.5	7.0				
LPL	LOWER POCKET LENGTH			16.0		16.5	17.0		17.5		18.0
BS	BACK SEAM TO SEAM		28.1	28.9	29.8	30.7	31.6	32.5	33.5	34.5	35.5
FS	FRONT SEAM TO SEAM		21.6	22.2	22.8	23.4	24.0	24.9	25.8	26.7	27.9
BEL2	BACK TAPE RIGHT LENGTH		12.5	12.85	13.30	13.75	14.2	14.65	15.15	15.65	16.15
BEL1	BACK TAPE LEFT LENGTH		13.5	13.85	14.30	14.75	15.2	15.65	16.15	16.65	17.15
S	SLEEVE LENGTH		62.9	63.1	63.3	63.5	63.8	64.1	64.5	64.9	65.4
B1	BICEPS/UPPER ARM WIDTH 0 BELOW AP		35.2	36.0	36.8	37.6	38.5	39.5	40.6	41.7	42.9
E	ELBOW WIDTH 19.9 BELOW AP		32.0	32.7	33.4	34.1	35.0	35.9	36.9	38.0	39.2
SO	SLEEVE OPENING		26.6	27.2	27.8	28.4	29.0	29.6	30.2	30.8	31.4
STL	SLEEVE TAPE LENGTH		17.6	18.2	18.8	19.4	20.0	20.6	21.2	21.8	22.4
CO1	COLLAR LENGTH AT OUTSIDE EDGE		52.0	53.0	54.0	55.0	56.0	57.0	58.0	59.0	60.0
CO2	COLLAR LENGTH AT BOTTOM		40.0	41.0	42.0	43.0	44.0	45.0	46.0	47.0	48.0
SIB	BACK SLIT LENGTH						16.0				
BU3	BUTTON, LAST POSITION FROM HEM		15.5	16.0	16.5	17.0	17.5		17.8	18.1	18.4
BNC	BACK NECK CURVED		19.4	19.8	20.2	20.6	21.0	21.4	21.8	22.2	22.6
O	OVERLAP/WRAP						13.0				
FA	FRONT ARMHOLE CURVED		22.3	22.9	23.5	24.1	24.7	25.4	26.2	27.1	28.1

REMARK PTN SIZE: "38" — EUROPE; "8" — USA, CAN

CHECKED FOR PRODUCTION	DATE

品牌服装企业 B（外商）制板通知单

SIZE SPEC: TOP

	STYLE NO:	DIVISION	SEASON
FABRIC:	SPORTIVE TWILL		DEL: AUG
SKETCH	C SUMMER SLIM COAT DIVIDED		

CODE	USA, CAN SIZE / EUROPE SIZE / SOUTH AFRICA / AUSTRALIA SIZE	0 / 30 / 2	2 / 32 / 4	4 / 34 / 6	6 / 36 / 8	8 / 38 / 10	10 / 40 / 12	12 / 42 / 14	14 / 44 / 16	16 / 46 / 18
B	BACK LENGTH CB	62.8	64.1	65.4	66.7	68.0	68.4	69.3	70.2	71.2
F	FRONT LENGTH FROM SH SEAM	62.3	64.1	65.9	67.7	69.5	70.5	72.0	73.5	75.2
FL	FRONT PLACKET LENGTH	53.6	55.2	56.8	58.4	60.0	60.8	62.1	63.4	64.9
BY1	BACK YOKE HEIGHT AT CB	15.40	15.55	15.70	15.85	16.0	16.2	16.4	16.6	16.8
SH	SHOULDER TO SHOULDER	38.8	39.8	40.8	41.8	42.8	43.8	44.8	45.8	47.0
SHS	SHOULDER WIDTH AT SEAM	10.5	10.8	11.1	11.4	11.7	12.0	12.3	12.6	13.0
BW1	BACK WIDTH 12CM BELOW CB NECK	38.1	38.9	39.8	40.7	41.6	42.5	43.5	44.5	45.5
FW1	FRONT WIDTH 15CM BELOW SP1	34.0	34.5	35.0	35.6	36.2	37.2	38.2	39.2	40.3
C	CHEST — 0 — BELOW AP	90.7	94.2	97.7	101.2	104.7	108.7	113.2	118.2	124.2
WP	WAIST POSITION FROM ARMHOLE	17.8	17.7	17.6	17.5	17.4	17.3	17.2	17.1	17.0
W	WAIST	78.5	82.0	85.5	89.0	92.5	96.5	101.0	106.0	112.0
HH	HIGH HIP — 10 — BELOW WAIST	88.0	91.5	95.0	98.5	102.0	106.0	110.5	115.5	121.5
H	HIP — 21.8 — BELOW WAIST	97.5	101.0	104.5	108.0	111.5	115.5	120.0	125.0	131.0
BO	BOTTOM HEM OPENING	100.5	104.0	107.5	111.0	114.5	118.5	123.0	128.0	134.0
BS	BACK SEAM TO SEAM	28.5	29.3	30.2	31.1	32.0	32.9	33.9	34.9	35.9
FS	FRONT SEAM TO SEAM	27.8	28.3	28.8	29.4	30.0	31.0	32.0	33.0	34.1
BT	BACK WAIST BAND UNDER EDGE TO BOTTOM HEM	22.0	22.0	23.0	24.0	↑				
LPL	LOWER POCKET LENGTH	15.5	15.5	16.0	16.5	↑				
TAP	LOWER PKT TO BOTTOM HEM	5.7	5.7	6.2	6.7	↑				
S	SLEEVE LENGTH	62.7	62.9	63.1	63.3	63.6	63.9	64.3	64.7	65.2
B1	BICEPS/UPPER ARM WIDTH — 0 — BELOW AP	35.7	36.5	37.3	38.1	39.0	40.0	41.1	42.2	43.4
E	ELBOW WIDTH — 20 — BELOW AP	32.2	32.9	33.6	34.3	35.2	36.1	37.1	38.2	39.4
SO	SLEEVE OPENING	26.6	27.2	27.8	28.4	29.0	29.6	30.2	30.8	31.4
SP	SLEEVE LBL TO HEAD	15.1	15.3	15.5	15.7	16.0	16.3	16.7	17.1	17.6
CO1	COLLAR LENGTH AT OUTSIDE EDGE	52.5	53.5	54.5	55.5	56.5	57.5	58.5	59.5	60.5
CO2	COLLAR LENGTH AT BOTTOM	44.0	45.0	46.0	47.0	48.0	49.0	50.0	51.0	52.0
COM	COLLAR LENGTH AT COLLAR STAND HEM	46.0	47.0	48.0	49.0	50.0	51.0	52.0	53.0	54.0
BU3	BUTTON. LAST POSITION FROM HEM	16.3	16.8	17.3	17.8	18.3	18.6	18.9	19.2	
BNC	BACK NECK CURVED	20.0	20.4	20.8	21.2	21.6	22.0	22.4	22.8	23.2
O	OVERLAP/WRAP					14.0				

REMARK

PTN SIZE: "38" — EUROPE; "8" — USA, CAN; "10" — AUSTRALIA/SOUTH AFRICA

1) 腰贴完成后要平服大身

CHECKED FOR PRODUCTION

DATE

第十三章　品牌服装企业生产工艺单

1. 品牌服装企业 A 生产工艺单

品牌服装企业 A 生产工艺单

款号：_____　　　　　　　　　　　　　　　　　　　开单日期：_____

款式：短外套　　　　　　　　　　　　　　　　　　　　　责任人：_____

部位/尺寸	度量方法	155/80A	160/84A	165/88A	170/92A	175/96A	公差
衫长	后中度	32	33	34	35	55	±1 cm
肩宽	后幅边至边	37.5	38.5	39.5	40.5	41.5	±0.5 cm
胸围	夹下1″度	90.5	94.5	98.5	102.5	106.5	±1 cm
脚围	沿边度	75	79	83	87	91	±1 cm
袖长	袖顶度	17	17.5	18	18.5	19	±1 cm
夹圈	弯度	43.7	45.5	47.3	49.1	50.9	±0.5 cm
袖口	放平度	30.5	31.5	32.5	33.5	34.5	±0.5 cm
后领横	直度	23	23.5	24	24.5	25	±0.5 cm
前领深	直度	10	10.5	11	11.5	12	±0.5 cm

★特别说明★	★裁床★	★唛头车法★
1. 全件骨位包捆 1/4″,捆条完成无宽窄、起扭等现象	1. 排好唛架,用料报至我司,批准后方可拖布 2. 裁床 100% 验片,次布更换 3. 货布松开,大烫预缩后一件一方向开裁。	主唛:1.5 cm 平唛,四周车边线,钉于后中领贴内 尺码唛:剪开烧毛处理,对折车于主唛下分中 洗水唛:钉于左侧里脚骨位上 10 cm

★工艺要求★

止口	止口见纸样指示
线	平车、级骨配色 402♯线
落朴位	领面底、挂面、袖口贴及下脚贴落朴
领	装领落坑线不可外露,完成无宽窄、起扭等现象
门襟/下脚	前襟及下脚面底运反按纸样位裥双线,裥线完成无宽窄、起扭等现象,前后下脚面按纸样位共车 8 个小工字褶,做法照办,完成需左右对称
袖	装袖需圆顺,袖口面底运反面裥 1/16″＋1″双线,裥线完成无宽窄、起扭等现象,袖口面按纸样左右各车 3 个小工字褶,做法照办,完成需左右对称

备注:以上未注明处,请参照纸样及样衣生产,要求先做 1 件开货办,批办 OK 后做大货。

★手工★
　前中共锁 4 个有枣凤眼及钉 4 粒(36L)钮

★整烫★
　全件需平服,杜绝线杂、污渍等,注意控制尺寸

★包装★
　每件衫挂一张价钱牌,一张主挂牌,一个备钮袋(备钮袋放士啤钮和士啤线)
　条形码朝面,折装入袋

工艺:	纸样:	主营:	设计:	经理:
日期:	日期:	日期:	日期:	日期:

品牌服装企业 A 生产工艺单

款号：_____　　　　　　　　　　　　　　　　　　开单日期：_____

款式：<u>长裤</u>　　　　　　　　　　　　　　　　　　责任人：_____

部位/尺寸	度量方法	155/64A	160/68A	165/72A	170/76A	175/80A	公差
裤子	内长	78	80	82	84	84	±1 cm
腰围	腰顶沿边度	70	74	78	82	86	±0.5 cm
坐围	浪上 3″V 度	91	95	99	103	107	±1 cm
脾围	浪下 1″	55	57.5	60	62.5	65	±1 cm
前浪	连腰	24	25	26	27	28	±1 cm
后浪	连腰	34.7	36	37.3	38.6	39.9	±1 cm
膝围	浪下 113/4″	41.5	43	44.5	46	47.5	±0.5 cm
脚围	平度	44.5	46	47.5	49	50.5	±0.5 cm

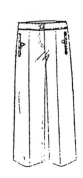

★特别说明★
1. 全件改为锁链车拼缝
2. 前底腰增加 1 粒(24 L)底钮

★裁床★
1. 排好唛架，用料报至我司，批准后方可拖布
2. 裁床 100％验片，次布更换
3. 货布松开，大烫预缩后一件一方向开裁

★唛头车法★
主唛：1.5 cm 平唛，四周车边线，钉于后中腰贴内
尺码唛：剪开烧毛处理，对折车于主唛下分中
洗水唛：钉于左侧腰骨下 10 cm

★工艺要求★

止口	止口见纸样指标
线	平车、级骨配色 402＃线
落朴位	前后腰面底、前襟、里襟面、前袋唇及前袋位落朴，上腰口落里布条
前幅	前单唇假袋位置见纸样，袋口四周裥 1/16″边线，完成需左右对称；前中装门襟拉边，拉链牌按实样车单线
后幅	后幅共车 2 个腰省，完成需左右对称
腰	装腰四周车 1/16″边线，完成腰头无宽窄、起扭等现象；丝带挂耳对折后字样需对称，（每个挂耳统一有 6 个 "sefon"字样）挂耳夹车于内侧腰骨内，对折完成净 10.5 cm
下脚	下脚折烫 11/2″级骨挑脚，完成挑脚线不可外露且需平顺

备注：以上未注明处，请参照纸样及样衣生产，要求先做 1 件开货办，批办 OK 后做大货。

★手工★
前中锁 1 个有枣凤眼及订 1 粒(28 L)钮，前底腰锁 1 个钮门及钉 1 粒(24 L)底钮

★整烫★
全件需平服，杜绝线杂、污渍等，注意控制尺寸

★包装★
每件衫挂一张价钱牌，一张主挂牌，一个备钮袋（备钮袋放士啤钮和士啤线）
条形码朝面，折装入袋

工艺：　　　　纸样：　　　　主营：　　　　设计：　　　　经理：
日期：　　　　日期：　　　　日期：　　　　日期：　　　　日期：

2. 品牌服装企业 B 生产工艺单

品牌服装企业 B 生产工艺单

规格尺寸表(单位:cm)								物料名称	规格	用量/件
名称	度法	7	9	11	13	15	17	19	面料	牛仔	1.33 米
后中长	后中连腰度	62	63	64	64	65	66		朴	3080—9203	0.15 米
腰围	腰口弯度	69	72	76	80	85	90		拉链	常规隐形拉链	1 条
坐围	腰下 16.5 cm 度	91	94	98	102	107	112		线	配色 140PP 线	150 米
脚围	拉开边至边直度	156	159	163	167	172	177		扣	常规裤扣	1+备
拉链长	完成长度	20							织带	0.6 cm 宽	1.7 米
									主唛	3♯主唛	1 个
									尺码唛	中高	1 个
									洗水唛		1 个
									安全技术类别:符合 GB 18401—2003.B 类		

款式图	备注:
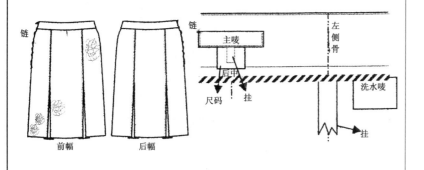	

工艺制作要求

一、裁床:净色面料,注意色差

二、粘朴位:腰面、腰贴粘朴;腰贴腰口内粘直朴条

三、前、后幅:拼合左侧骨后送绣花厂绣花;前后幅按纸样位拼合褶顶上止口,以下烫工字褶,褶顶在底层横向回针定位,褶底车止口线;褶顶上止口开骨后每边车撞色止口线;拼合右侧骨,装面腰后右侧骨装隐形拉链至腰口,前腰拉链顶齐腰口装缝;拉链尾剪留 2.5 cm 长,用里布包尾并与止口定位;前后脚内折 3.2 cm,三线打边后贴车织带,再用丝线机器挑边。绣花位粘烫钻。

四、腰头:弯腰头,前后腰面按实样包烫,分逢拼合腰面左侧骨;腰贴内止口 0.7 cm 宽(包括捆条止口),腰口车翻后修剪大小止口,压止口线;腰贴后中居中钉主唛,主唛下吊车烟治唛,洗水唛钉于腰贴下左侧骨偏前 2 cm 位置;装腰止口修剪至 0.6 cm,装腰压落坑线。

五、后道:左后腰头钉扣;机器挑脚边;常规整烫,注意将前后褶位烫顺直;单件挂装入库。

审核:　　　　　　　　　　　　　　复核:

品牌服装企业 B 生产工艺单

规格尺寸表(单位:cm)		7	9	11	13	15	17	19	物料名称	规格	用量/件
名称	度法								面料	维爽针织	0.78 米
后中长	连罗纹挂度		53.5	54.5	56	57	58.5				
前长	肩领点挂度		50.2	51.4	53.2	54.4	56		扣	明孔扣	2粒+备
小肩宽	边至边平度		15.7	16	16.6	16.9	17		线	按设计师所配 180PP 线	120 米
胸围	夹下边至边		90	95	100	105	110				
脚围	罗纹边至边平度		62	67	72	78	84		主唛	4#唛	1个
前领口	罗纹完成长		25	25.4	25.4	25.7	25.7		尺码唛	中高	1个
后领口			19.8	20.3	20.3	20.8	20.8		洗水唛		1个
夹圈	前夹		15.5	16.5	17.5	18.5	19.5				
	后夹		19.15	20.1	21	22.1	23		安全技术类别:符合 GB18401—2003.B 类		

款式图	备注:
  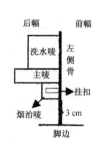	1. 止口必须先平烫,然后再倒缝烫。 2. 脚口罗纹由外协厂缝盘拼接。 3. 收省用配色高弹线。

工艺制作要求

一、裁床:净色布料,注意色差。

二、前幅:对合点胸省位;按点位收省,完成省缝顺直、左右对称,止口上倒,省尖连锁线打结留尾 1 cm;领口连门筒罗纹在外协厂缝盘装,注意右门筒在面上,筒底反面留 1 cm 止口,四线打边,打边线折回平车回针定位,完成后罗纹 4 cm 宽。

三、后幅:拼合肩缝、侧缝,合缝四线打边,肩缝夹橡皮条,止口倒向后幅;左侧骨脚边罗纹上 3 cm 依次钉烟治唛和挂扣、主唛、洗水唛;将罗纹装上大身脚口,止口上倒,四线打边,完成后罗纹 5.5 cm 高。

四、领圈:后领圈装 0.6 cm 宽的捆条贴,修内止口后压暗止口线,熨反后距边 0.6 cm 压单线。

五、夹圈:前后夹圈装 0.6 cm 宽的捆条贴,修内止口后压暗止口线,熨反后距边 0.6 cm 压单线。

六、后道:门筒锁眼钉扣;常规整烫;单件挂装入库。

审核: 复核:

品牌服装企业 B 生产工艺单

规格尺寸表(单位:cm)								
名称	度法	7	9	11	13	15	17	19
后中长	后中连腰度		61	62	63	64	65	
腰围	腰口度		70	75	80	85	90	
坐围	腰下 16.5 cm		93	98	103	108	113	
脚围	直度(放平量)		99	104	109	114	119	
拉链长	完成长		13					
腰高			5					

物料名称	规格	用量/件
面料	紫迪菲	0.82 米
里布	蓓卡丝 9084	0.63 米
朴布	3080:9208+8326:9228	0.36 米
扣子	按完工单	2+备
四合扣	扣面有 Koradior	8+2 备
日字扣	内径 1 cm	1 个
线	车缝:配色 180PP 线	150 米
线	明线:配色丝光线	5 米
拉链	常规隐形拉链	1 条
主唛	3#唛	1 个
尺码唛	中高	1 个
洗水唛		1 个

安全技术类别:符合 GB 18401—2003. B类

款式图

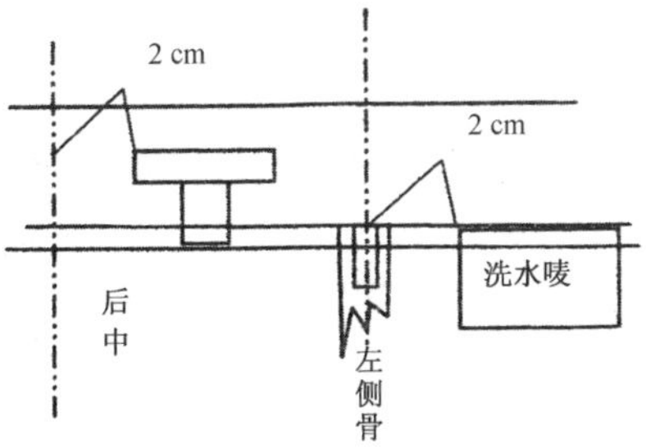

备注:
1. 所有明线为配色丝光线,针距 10 针/3 cm,头尾不可回针

工艺制作要求

一、裁床:净色布料,注意色差;全里。

二、粘朴位:腰面、腰贴粘 3080 朴;前后袋盖面、后衩位、里布拉链转角位、里布后衩转角位粘 8326 朴;腰贴腰口、袋口落直纹朴条,袋口落朴条时要将朴条带紧,使大身均匀容进 0.3 cm。

三、前幅:分缝拼合前中缝,止口三线打边,开骨后每边压压 0.3 cm 宽的单线;袋盖面里车翻,修内止口,袋盖边压 0.1 cm+0.6 cm 的双线,袋盖与前侧袋口定位,袋口袋盖面里车翻,修内止口,袋口边压 0.1 cm+0.6 cm 的双线,将袋盖角与大身定位,以方便打四合扣,袋布止口三线打边。

四、后幅:按点位收腰省,省缝顺直,止口倒向后中,省尖连锁线留尾 1 cm;后侧按点位车 0.6 cm 宽的袋形双线;袋盖面里车翻,修内止口,袋盖边压 0.1 cm+0.6 cm 的双线,袋盖与侧骨定位;分缝拼合后中缝,按纸位留拉链位、脚衩位,止口三线打边,衩位内折边与脚边车翻,开骨后每边压压 0.3 cm 宽的单线;后中装隐形拉链,拉链尾剪留 2.5 cm 长,用里布包尾;分缝拼合侧骨;前后脚内折 3.2 cm,三线打边后距边 2.4 cm+0.6 cm 压双线,注意在后中只能压到后中压线位,压线不可到头。

五、腰头:弯腰头;腰面按实样包烫 5 cm 高,前腰面车 1 cm 宽腰襻,腰襻中间穿日字扣,腰面、腰贴左侧分别分缝拼合,腰口车翻,修剪大小止口;腰贴下止口 0.7 cm 宽(连捆条),左后腰贴距后中 2 cm 居中钉主唛、烟治唛,腰贴左侧偏前2 cm 的捆条下钉洗水唛止口夹入腰内;右后腰头做突咀 3.5 cm 长,装腰后腰面四周压 0.1 cm+0.6 cm 的双线。

六、里布:合缝拼合各个骨位,侧骨有 0.5 cm 的风琴位,止口三线打边;套里拉链位、后衩转角方正,车线顺直;前后腰口按纸样位打活褶,褶口分别倒向前后中;下脚还口 1 cm 折车 1.3 cm 单线,完成后盖过面布打边线 1.2 cm。

七、后道:右后腰头锁眼,左后腰头手工钉扣;前后袋盖打撞钉,将大身与袋盖一起打住,注意扣面“Koradior”字要正;侧骨里布脚上 2 cm 拉 2.5 cm 长的线耳将面里定位;常规整烫;单件挂装入库。

审核:　　　　　　　　　　复核:

品牌服装企业 B 生产工艺单

规格尺寸表(单位:cm)		7	9	11	13	15	17	19	物料名称	规格	用量/件
名称	度法								面料	马塞克玫瑰纺	1.54 米
后中长	不连领挂度	54	55.5	57	58.5	60	61		朴布	8326—9221	0.46 米
前长	肩领点挂度	57	58.7	60.4	62.1	63.8	65		扣子	19 mm 有尾扣	2＋备
肩宽	边至边平度	38	39	40	41	42	43			15 mm 有尾扣	4＋备
胸围	夹下边至边	91	94	97	102	107	112		线	车缝:配色140PP线	140 米
脚围	最细小处度	78	82	86	92	98	104			明线:撞色粗线	9.5 米
袖长	袖顶点度	56.5	57	57.5	58	58.5	58.5		尺码唛	中高	1个
袖脾	夹下半度	16.8	17.4	18	18.8	19.6	20.4		洗水唛	A、G、H、Q、U-1	1个
袖口	边至边半度	12	12.3	12.8	13.3	13.8	14.3		安全技术类别:符合 GB18401—2003. C 类		

款式图

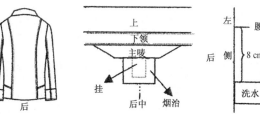

备注:
1. 烫时,一定要按规定的中烫要求做:先后缝平烫,再分缝或合缝整烫。
2. 所有明线为撞色粗线,针距 10 针/3 cm,头尾不可回针。

工艺制作要求

一、裁床:印花面料,注意色差。

二、粘朴位:领子、挂面、介英粘朴;前肩、门襟、前后夹圈粘直纹朴条。

三、前幅:拼合前上幅公主缝、通天缝,止口倒向前中,包捆条后压 0.6 cm 宽的撞色粗线;拼合前下幅,止口下倒,包捆条后压 0.6 cm 宽的撞色粗线;挂面边包捆条;翻驳头装挂面,修剪大小止口,装领后门襟连领沿压 0.6 cm 宽的撞色粗线,完成后驳头左右对称,平服、圆顺;前中搭位 3.8 cm。

四、后幅:后侧幅上下拼合,止口下倒,包捆条后压 0.6 cm 宽的撞色粗线;合缝拼合后幅公主缝,止口倒向后中,包捆条后压 0.6 cm 宽的撞色粗线;分缝拼合肩缝、侧缝,左侧骨腰下 8 cm 夹钉洗水唛,止口包捆条;前后脚修顺后按纸样内折,包捆条后手工暗线挑边。

五、领子:西装领,领沿暗线拼合,修剪大小止口;内领分缝拼合,止口修至 0.5 cm 宽,开骨后每边压配色止口线,外领拼合,止口下倒,修剪大小止口,压配色止口线;分缝装底面领,前领圈止口开骨后靠紧定位,后领圈压止口线,后中领下夹装主唛,主唛下吊车烟治唛、挂扣;完成后领沿、门襟压 0.6 cm 宽的撞色粗线。

六、袖子:两片袖,合缝拼合后袖缝,止口倒向大袖,压 0.6 cm 宽的撞色粗线;分缝拼合前袖缝,止口包捆条;介英按实样车翻,修内止口后三周压 0.6 cm 宽的撞色粗线,对刀口将介英装上袖身袖口,止口止倒,包捆条,介英前搭后 2.5 cm;按刀眼装袖,袖山溶量走线收起,装袖后,从后肩下 3 cm 起三线打边,完成后袖窿要圆顺,袖形左右对称。

七、后道:右门襟、介英锁凤眼,左门襟、介英钉扣;手工暗线挑脚边;常规整烫;挂装入库。

审核: 　　　　　　　复核:

规格尺寸表(单位/cm)									物料名称	规格	用量/件
名称	度法	5	7	9	11	13	15	17	面料	日本邦丽爽	1.6米
后中长	后中挂度		99	100	101	102	103	103	撞色料	韩国针织	0.07米
前长	前肩领点挂度		102	103	104	105	106	106	朴	8326—9223	0.32米
肩宽	边至边连袖平度		38	39	40	41	42	43			
胸围	夹下边至边		87	91	96	101	106	111	拉链	常规隐形拉链	1条
腰围	夹下最小的处度		71	76	82	88	94	100	织带	1 cm宽	1.5米
坐围	腰下16.5 cm		89	93	98	103	108	113	线	配色180PP线	200米
脚围	边至边平度		98	102	107	112	117	122			
袖长	袖顶点度		15	16	17	18	19	19	主唛	2♯主唛	1个
袖脾	夹下边至边半度		16	17	18	19	20	21	尺码唛	中高	1个
袖口	边至边半度		15.5	16	16.5	17	18	18.5	洗水唛	A,G,I,K,Q,U	1个
拉链	完成长度			33								
带长	完成长(尖到尖)		130	140	152	164	176	188	安全技术类别:符合GB18401—2003.B类		

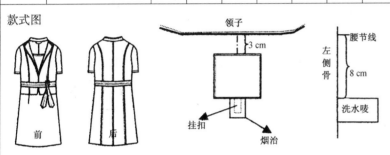

款式图 / 领子 3 cm / 腰节线 / 左侧骨 8 cm / 洗水唛 / 挂扣 / 烟治 / 前 / 后

备注:
1. 内止口包捆条,捆条用配色亚纱涤布,袖笼止口包捆条用 22 mm 拉筒,其他止口包捆条用 20 mm 拉筒。
2. 所有压 0.6 cm 宽单明线的止口必须按规定修大小止口。
3. 上面料易烫起镜,要特别当心!!!
4. 拼肩缝时,在肩缝与领转角处,要将前肩缝拉开 0.6 cm 再拼。

工艺制作要求

一、裁床:净色面料,注意色差;前领口内胆裁撞色针织料。

二、粘朴位:后领面和底、挂面、前上幅下脚、后领贴、腰带面粘朴;前肩缝、前门襟止口、夹圈止口面粘直纹朴条。

三、前幅:前幅分上下两节;前下幅按点位收腰省,省缝顺直,止口倒向前中,省尖连锁线留尾 1 cm;拼合前上幅通天缝,止口倒向前中,包捆条后压 0.6 cm 宽单明线;按纸样位分缝拼合前中,挂面连后领贴包捆条,装挂面修大小止口,前上幅脚边按纸样内折后与挂面脚车翻,前中边连领沿边压 0.6 cm 宽单明线;内胆领口还口车 1 cm 宽单线,两边按纸样分别与前幅通天缝车翻,下边与前下幅拼合,止口上倒,包捆条。

四、后幅:拼合后中缝,止口包捆条,倒向左侧(穿起计),压 0.6 cm 宽单明线;拼合通天缝,止口包捆条,倒向后中,压 0.6 cm 宽单明线;分缝拼合肩缝、侧缝,止口包捆条,右侧骨夹底下 2 cm 留拉链位,左侧骨腰节下 8 cm 订洗水唛;右侧骨装隐形拉链,拉链尾剪留 2.5 cm 长,用捆条里布包尾并与止口定位;前后脚边内折包捆条后手工挑脚边。腰带按实样包烫,腰带面居中贴车 1 cm 宽的撞色织带(线色配织带色),腰带按实样车翻,内止口修大小止口,四周止口线。

五、领子:后领底面分别按实样包烫,后领面装上后领圈,挂面与后领贴拼合,领沿车翻,修剪大小止口,领沿连前中边压 0.6 cm 宽单明线;后领圈止口开骨后靠紧暗线定位,挂面肩缝与大身肩缝回针定位;后领贴后中领下 3 cm 钉主唛、烟治唛、洗水唛。

六、袖子:一片袖,分缝拼合袖底缝,止口包捆条,袖口还口车 1 cm 宽单线;对刀眼装袖,袖山容量走线收起,装袖后袖窿止口包捆条,完成后袖窿圆顺。

七、后道:侧骨腰节拉线耳穿腰带;后领贴后中手工定位(要有点松度);手工挑前上幅脚边、裙脚边;常规整烫;挂装入库。

审核:　　　　　　　　复核:

规格尺寸表(单位:cm)		7	9	11	13	15	17	19	物料名称	规格	用量/件
名称	度法								面料	巴黎绉	0.90 米
后中长	不连领挂度		54	56	57	58	59.5		朴布	8326—9221	0.26 米
前长	肩领点挂度		57	59	60	61	62.5		钮扣	12 mm 明孔扣	6+备
肩宽	边至边平度		38	39	40	41	42		线	配色 180PP 线	180 米
胸围	夹下边至边		92	97	102	108	114		花边		2 米
腰围	最细小处度		76	82	88	95	102		主唛	4♯唛	1 个
脚围	边至边直度		94	99	104	110	116		尺码唛	中高	1 个
袖长	袖顶点度		15	16	17	18	18		洗水唛	A、G、H、O、X	1 个
袖脾	夹下半度		16.5	17.5	18.3	19.1	19.9				
袖口	边至边半度		16	16.7	17.4	18.1	18.8		安全技术类别:符合 GB18401—2003.B 类		

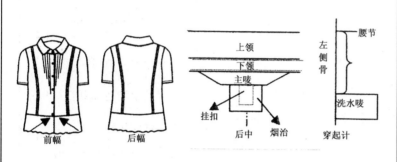

备注:
1. 按面料配色。
2. 花边要水缩晾干后再用。
3. 面料有皱折,熨烫时当心,不可落斗烫。
4. 注意挂面襟脚做法有改!!
5. 面料洗水后再裁。

工艺制作要求

一、裁床:净色有皱折面料,注意色差,前后幅下脚斜线,前幅左右成"八"字形。

二、粘朴位:上下级领子、挂面粘朴,挂面应先与朴车翻,修内止口、压暗止口线后再粘,门襟、前肩和前后夹圈止口面粘直纹朴条。

三、前幅:前中幅按纸样车 0.1 cm 宽的立褶,立褶烫倒向侧骨,完成后左右对称;花边分别与前上幅拼合,止口分别倒向花边两边,三线打边后压止口线,完成后花边露镂空 0.3 cm 宽;拼合前下幅,止品下倒,三线打边;门襟装挂面,修大小止口,压暗止口线;挂面襟脚不要与大身车翻,比大身修得短 0.5 cm,打密边后靠门襟边将大身与挂面回针定位 1 cm 长。

四、后幅:花边分别与后上幅拼合,止口分别倒向花边两边,三线打边后压止口线,完成后花边露镂空 0.3 cm 宽;拼合后下幅,止口下倒,三线打边;合缝拼合肩缝、侧缝,前后分割缝分别在肩缝、侧缝对齐,左侧骨腰下 8 cm 订洗水唛,止口倒向后幅,三线打边;下脚边修顺后用配色线打密边。

五、领子:上下级衬衫领,上级领按实样车翻,修剪大小止口,领沿压止口线;以止口线夹、装领,完成后内外止口线均匀、顺直,领嘴、领用左右对称,领嘴包紧襟边,不可带帽;后中领下夹装主唛,主唛下吊车烟治唛、挂扣。

六、袖子:单片短袖;拼合袖底缝,止口三线打边,倒向后幅,袖口还口车 1 cm 宽单线;按刀眼装袖,袖山容量走线收起,溶位要均匀,完成后袖笼止口从后肩下 3 cm 起三线打边。

七、后道:右门襟锁钮门,左门襟钉扣;挂面与大身拉 1.5 cm 长线耳相连定位;常规整烫;单件挂装入库。

审核:　　　　　　　　　　　　　　　复核:

品牌服装企业 B 生产工艺单

规格尺寸表(单位:cm)									物料名称	规格	用量/件
名称	度法	5	7	9	11	13	15	17	面料	迪 K 牛仔	1.31 米
后中长	不连领挂度		55	56	57.5	59	60	61	撞色料		0.38 米
前长	肩领点挂度								里布	蓓卡丝 9082	0.83 米
肩宽	边至边平度		38.2	39.2	40.2	41.2	42.2	43.2	朴	8326—9223	0.88 米
胸围	夹下边至边		92	95	98	103	108	113	线	车缝:配色 140PP 线	140 米
腰围	夹下最细小处		79	83	87	92	98	104		明线:撞色粗线	15 米
脚围	边至边平度		91	95	99	104	109	114	四合扣	12 mm	4+备
袖长	袖顶点度								子母带		0.4 米
袖脾	夹下半度		16.8	17.4	18	18.8	19.6	20.4	拉链	3♯白铜单头开尾	1 条
袖口	介英至边半度		12	12.5	13	13.5	14	14.5	主唛	1♯唛	1 个
	罗纹至边半度		8.5	9	9.5	10	10.5	11	尺码唛	中高	1 个
拉链长	完成长度		52.5	53.5	55	56.5	57.5	58.5	洗水唛		1 个

款式图	安全技术类别:符合 GB18401—2003C
  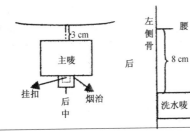　前视图　后视图	备注: 1. 订主唛用与主唛字母颜色相同的 180PP 线车人字线。 2. 所有明线用撞色粗线,针距 10 针/3 cm,头尾不可回针。 3. 面料易散口,内止口三线打边。

工艺制作要求

一、裁床:净色布料,注意色差,领里、挂面、袖口底、袋盖底、袋绊底裁撞色料;袖口、脚口罗纹针织加工,全里。

二、粘朴位:整个前幅、袋盖、袋盖绊、后担干、后侧夹、领子、挂面、袖口底面粘朴;前肩、领圈、夹圈止口粘直朴条。

三、前幅:对合点开袋位;拼合前通天缝,止口倒向前冲,压 0.1 cm+0.6 cm 的撞色双线;袋盖按实样车翻,修内止口,袋盖边车 0.1 cm+0.6 cm 的撞色双线;袋盖绊车翻,修内止口,按点位,按点位车 0.1 cm+0.6 cm 的撞色双线将袋盖绊贴车于袋盖面;将子母带与袋盖定位后按点位开袋,袋布用里布条与门襟止口相连定位;装底面领后前中装露齿拉链到领口,领沿车翻后前中距边 0.6 cm 宽车单明线。

四、后幅:拼合公主缝,止口倒向后中,压 0.1 cm+0.6 cm 的撞色双线;拼合后担干,止口上倒,压 0.1 cm+0.6 cm 的撞色双线;合缝拼合肩缝,止口倒向后中,压 0.1 cm+0.6 cm 的撞色双线;分缝拼合侧缝,前后脚罗纹对折后装上大身脚口,完成后罗纹 5.3 cm 高。

五、领子:内外领分别按实样包烫;领条、领条绊分别按实样车翻,领条绊止口在底层居中,四周压撞色止口线;领条绊按刀口与领面定位;分缝装底面领,前中装拉链后领沿车翻,压暗止口线,领圈止口开骨后靠紧定位。

六、袖子:两片袖,先后缝拼合后袖缝,止口倒向大袖,压 0.1 cm+0.6 cm 的撞色双线;再将袖侧拼合,止口倒向袖侧,压 0.1 cm+0.6 cm 的撞色双线后再分缝拼合前袖缝;袖口包烫后底面车翻,压 0.1 cm+0.6 cm 的撞色双线,将袖口装上袖身袖口,止口下倒,压 0.1 cm+0.6 cm 的撞色双线将底层一起车住;袖口罗纹对折,将拼接缝对前袖缝,与袖口底层定位,袖口完成后罗纹比袖口长 2.5 cm;对刀眼装袖,袖山容量走线收起,装袖后,袖隆要圆顺,袖形左右对称。

七、里布:前后幅分别按点位收胸省和腰省;后中拼合,止口倒向右侧(穿起计);后中领下 3 cm 车人字线钉主唛、烟治唛、挂扣;合缝拼合各个骨位,左侧骨腰下 8 cm 夹装洗水唛,止口顺着里布止品倒;套里后,挂面与肩缝回针定位,袖顶、夹底里布条定位,松度 2 cm。

八、后道:前袋盖攀半成品(套里前)打四合扣;领条打四合扣;常规整烫;挂装入库。

审核:　　　　　　　　　复核:

规格尺寸表(单位:cm)									物料名称	规格	用量/件
名称	度法	7	9	11	13	15	17	19	面料	韵芺灯芯线	1.43 米
后中长	不连领挂度	54	55	56.5	58	59.5	61		里布	亚纱迪 9001	1.18 米
前长	肩领点挂度	57.3	58.3	60	61.7	63.4	65		朴	8326—9221	1.3 米
肩宽	边至边平度	38.3	39	40	41	42	43		线	车缝:配色 140PP 线	140 米
胸围	夹下边至边	90	93	97	102	107	112				
腰围	最细小处度	77	81	85	91	97	103		扣子		2+备
脚围	边至边平度	94	97	101	106	111	116		撞钉		4 套+备
袖长	袖顶点度	57	57	57.5	58	58.5	58.5		主唛	1♯唛	1 个
袖脾	夹下半度	16.8	17.5	18.2	19	19.8	20.6		尺码唛	中高	1 个
袖口	边至边半度	12.5	13	13.5	14	14.5	14.5		洗水唛	C、G、H、O、U	1 个
袋口	宽度		12.1			12.6			安全技术类别:符合 GB18401—2003.C		

款式图	备注:
  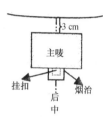  前视图　后视图	1. 订主唛用与主唛字母颜色相同的 180PP 线车人字线。

工艺制作要求

一、裁床:净色灯芯绒面料,注意整件倒毛裁剪;全里。

二、粘朴:整个前侧、整个领子、整个挂面、侧缘、后背夹、后脚、袖口贴、介英面粘朴;门襟边、前领口翻驳线位、前肩缝、领圈、夹圈止口粘直朴条;领沿、挂面拼接止口粘双面胶朴条将底面一起粘住。

三、前幅:按纸样对合修片,点胸省位;按点位收胸省,完成省缝顺直,左右对称,止口上倒,压 0.6 cm 宽的单线;车翻前后腰带,三周压止口线;拼合公主缝,夹装腰带,止口倒向前中,压 0.6 cm 宽的线;袋布、袋口分别按实样包烫,袋口内折边与里布拼合,袋布与袋口分缝拼合,开骨后两边压止口线,面里袋布定位时先暗线贴袋,再距边 0.6 cm 宽压单线;挂面分别按实样分缝拼合,开骨后小片压止口线;翻驳头装挂面,修剪大小止口,压暗止口线,完成驳头左右对称,平服、圆顺;前中搭位 3.7 cm。

四、后幅:合缝拼合公主缝,夹装腰带,止口倒向后中,压 0.6 cm 宽的单线;拼合后中,止口倒向左侧(穿起计),压 0.6 cm 宽的单线;分缝拼合肩缝、侧缝;前后脚内折 4 cm,套里后机器挑边。

五、领子:西装领,上级领面大小片分缝拼全,开骨后小片压止口线;领沿按实样车翻,修剪大小止口,压暗止口线;内领分缝拼合,止口修至 0.5 cm 宽,开骨后每边压止口线,外领拼合,止口下倒,修剪大小止口,压止口线;分缝装底面领,领圈止口、领下省开骨后靠紧定位。

六、袖子:两片袖,合缝拼合后袖缝,止口倒向大袖,压 0.6 cm 宽的单线;分缝拼合前袖缝;介英按实样车翻,修内止口听到压 0.6 cm 宽的单线,将介英装上袖身袖口,再装袖口贴,压 0.6 cm 宽的线;按刀眼装袖,袖山溶量走线收起,装袖后,加车弹袖布条,完成袖窿要圆顺,袖形左右对称。

七、里布:前幅收小胸小,后中拼合,止口倒向右侧(穿起计);后中领下 3 cm 车人字线订主唛、烟治唛、挂扣;合缝拼合各个骨位,左侧骨腰下 8 cm 夹钉洗水唛,止口顺着里布止口倒;套里后,挂面与肩缝回针定位,袖顶、夹底里布定位,松度 1.5 cm。

八、后道:右门襟锁凤眼,左门襟钉扣;腰带打撞钉;脚边套里后机器挑边;袖口套里后手工挑边;常规整烫;挂装入库。

审核:　　　　　　　　　　　　复核:

规格尺寸表(单位:cm)		7	9	11	13	15	17	19	物料名称	规格	用量/件
名称	度法								面料	迪K牛仔	1.28 米
裤长	侧骨连腰度	100	101	102	103	104	104		撞色料		
腰围	腰口弯度	70	73	77	81	86	91		朴布	3080—9223	0.16 米
坐围	腰口下度	92	95	98	102	107	112		扣子	扣	2+备
脾围	浪底半度	28.2	39.1	30	31	32.2	33.5		拉链	常规单股拉链	1 条
膝围	腰口下度	20.5	21	21.6	22.2	22.8	23.4		线	车缝:配色140PP线	180 米
脚围	边至边半度	21	21.5	22	22.5	23	23.5			明线:撞色粗线	8 米
前浪	连腰度	25	25.5	26	26.5	27	27.5		主唛	3#唛	1 个
后浪	连腰度	36	36.5	37	37.6	38.2	38.8		尺码唛	中高	1 个
后袋口	完成宽度								洗水唛	A、G、H、O、U—1	1 个
拉链长	完成长				12				安全技术类别:符合 GB18401—2003.B 类		

款式图

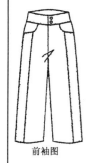

前袖图

后视图

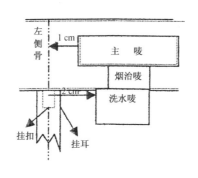

备注:
1. 一定要按规定的中烫要求做:先合缝平烫,再分缝或合缝整烫。
2. 所有明线为撞色粗线,针距 10 针/3 cm,头尾不可回针。
3. 贴后袋从袋口下 2 cm 起针,两道线要不断线完成。
4. 拼合内侧缝时要注意:只可把后幅拨开拼合,不可把前幅溶入。

工艺制作要求　　　　注意:腰贴不拉捆条,腰内外做光边!!!

一、裁床:面料洗水后再裁,净色面料,注意色差;前侧撞色料顺毛裁;前幅里袋布裁配色蕾卡丝里布。

二、粘朴位:腰面、门襟贴粘朴;腰贴腰口、前袋口位止口落直纹朴条。

三、前幅:合缝拼合前侧,止口倒向前中,三线打边后压 0.1 cm+0.6 cm 的撞色双线;袋口位面车翻,修大小止口,熨反后袋口压 0.1 cm+0.6 cm 的撞色双线;袋布止口合缝三线打边;来回两次车重叠丝拼合前后浪,止口三线打边;前中装单股拉链,门襟压 0.1 cm+0.6 cm 的撞色双线,完成与前浪顺直。

四、后幅:按纸样对合点腰省位、贴袋位;按点位收省,完成顺直,左右对称,省尖连锁线打结留尾 1 cm,止口倒向后中;后袋布、袋口贴分别按实样包烫,袋口贴与袋布车翻,修大小止口,袋口贴反贴到袋布面,袋口贴上下边分别压 0.1 cm+0.6 cm 的撞色双线,按点位以 0.1 cm+0.6 cm 的撞色双线贴袋;合缝拼合外侧缝,止口倒向后幅,三线打边后压 0.1 cm+0.6 cm 的撞色双线;分缝拼合内侧缝,前后脚还口车 1.5 cm 宽的撞色单线。

五、腰头:弯腰头,腰面、腰贴分别按实样包烫、画修,腰口按实样车翻;左右腰头分别平齐前中门襟边,左右侧骨腰贴下装挂耳,左侧骨在挂耳面上重叠装小挂扣,腰贴左侧偏前 1 cm 居中装主唛、烟治唛;偏前 2 cm 的腰贴下吊车洗水唛,止品夹入腰内;装腰后腰四周压 0.1 cm+0.6 cm 的撞色双线。

六、后道:腰头锁眼,钉扣各 2 个;后袋口打枣;前后中不烫挺缝线;单件折装入库。

审核:　　　　　　　　　　　　　　　复核:

3. 品牌服装企业 C 生产工艺单

品牌服装企业 C 生产工艺单

客户名称：	款号：	面料：	提花小格子料	货期：
	款式：连衣裙	里料：	E字提花斜纹里	
做单日期：		制单数量：		预计完成日期：
		生产日期：		

图解说明：

图中标注：
订装饰扣 不可过里布
压边分0.6 cm 针距双线
压边分0.6 cm 针距双线
压2 cm宽飞边 止口
压1/16助 止口止线
按纸样打活折

裁床工艺要求：拉布为清正面，配合中查布分清正反面，松度适宜，布纹须直，核对电脑麦架和样板是否相符，避免裁片偏刀、纬斜变型现象。
1. 车间指导车工需做产前办，严格要求产品质量！
2. 面料料距：车缝：1英寸11—13针 打边：1英寸—20针 牛仔明线：1英寸—9针 粗线：1英寸—4.5针
3. 本公司特别规定：成衣各部位须画实样位置，禁止使用色笔（如：圆珠笔、碳素笔……）

工艺说明：此款为提花小格子料连衣裙 全件止口以纸样为准，里面为E字提花斜纹里布，前领口位门筒折烫压1/16边线拼接 前公主缝双饰线。里面/领口/领圈须按纸样打活折。下节裙圈须按纸样打活折。全件烫朴以纸样为准。全件里面三线打边。
1. 收后幅上下节省位尖顺留线打结，拼前公主缝压0.6 cm双饰线。全件里面三线打边。
2. 前领口位贴1/16助顺直压1/16助顺直按纸样打活折对准，前后裙烫压至下折烫、前后折位烫压至下幅顺烫、两边折位烫。上腰口装贴，车线运返。上腰口简折烫烫。做门筒折烫顺。两边压1/16边线。腰口位装1/16助顺直，拼接腰节对位一周顺直。止口三线压2 cm宽压边止口（写下节裙腰口一起压）。
3. 装侧拉链顺直。装好拉链对准拼接腰节背位，套侧拉链烫折烫顺止口。链尾里布包头定位在里布背位上，链尾飞边定位（写下节裙头手工定实。
4. 做里布成件。套里布领直。做好夹围运返一周顺直压0.6 cm双饰线。套夹圈须穿模特修顺止口。车线运返。
5. 里布下脚手卷边1/2宽顺直，面布下脚边拉撩条折撩。做好夹围烫须牙模特打边。夹围顺直压0.6 cm双饰线。套里圈须穿模特拉撩条折撩。面布下脚拉撩条折撩，里布须挑边。

部位	度法	S	M	L	XL	误差
后中长		86	88	90	92	±1
肩宽		35.5	36.5	37.8	39.1	±0.3
胸围	夹下13 cm	88.5	92.5	97.5	102.5	±1
腰围	打开度	75.5	79.5	84.5	90.5	±1
脚围		125	129	134	140	±1
前/后夹围		45.1/44.6	47.1/46.6	49.6/49.1	52.1/51.6	±1
前胸宽	肩点下9 cm	38/37	40/39	42.5/41.5	45.5/44.5	±1
后背宽	肩点下10 cm	74.9/50.8	76.9/52.8	79.4/55.3	82.4/58.3	±0.3
前领半围		30.5	31.5	34.1		±0.3
后领围		32.4	33.4	34.7	36	±0.3
		25.2	25.5	25.8	26	±0.3
		28.5	29	29.5	30	±0.3
		20.7/22.6	21.5/23.4	22.3/24.2	23.1/25	±0.3

后道：1. 手工清剪线头。打扣。
2. 专机。
3. 大烫视面料平烫，自然，不起镜，大查严格控制成品尺寸，无油污、水渍，保持成品质量整洁。

纸样师：　　制单：　　复核：

品牌服装企业C生产工艺单

客户名称：	款号：	面料：黑灰格子料	制单数量：	货期：
做单日期：	款式：连衣裙	里料：斜纹里布	生产日期：	预计完成日期：

图解说明

图示标注：
- 领圈包0.8 cm宽羊毛布捆条压落坑线
- 钉胸花
- 贴织带打0.5 cm宽珠边线
- 夹放羊毛布条1.5 cm宽
- 收折横车住
- 两侧拉线再钉位

裁床工艺要求：拉布分清正反面,松度适宜,布纹须直,配合中查须注意的问题和部位尺寸,核对电脑麦架和样板麦架是否相符,避免裁片偏刀,纬斜变型现象。

1. 车间指导工需先做产前办,严格要求产品质量!
2. 面料针距:车缝:1英寸9~13针 打边:1英寸18针 牛仔明线:1英寸9针 粗线:1英寸4.5针 打边:0.6 cm宽
3. 本公司特别规定:成衣各部位须画实样位置,禁止使用色笔(如:圆珠笔、碳素笔……)

工艺说明：此款为黑色格子料连衣裙,领圈止口以纸样为准,全件止口珠边为准,全件止口珠边光,用灰色丝光线,0.5 cm宽,用灰色丝光打,全件面布捆条0.8 cm宽放1.5 cm宽本布条,领口位用本布包0.8 cm宽捆条压落坑线,全件里面布线打边,需烫朴以纸样为准。(左边领口订胸花。上节拼接前后公主缝顺直口位1/16助边线,见小样环布。顺直压落坑线,奎夹圈修顺止口位。

2. 腰节实样包烫,下腰口位夹放本布条1.5 cm宽,前中打一个工字折中分横车住,折位对中倒,拼接腰头上下节对位,下节按纸样打折横车住,拼接腰节上下位车上位,腰节上贴横纹织带,织带下0.5 cm宽本布条,贴织带拉链位织带对准拼接腰节骨,拼位处须开胸,腰节位留准挂钩位,链

3. 装测拉链顺直至夹口位,装好拉链耳定线,面下胸位拉线三线打边机器挑边。尾里布包羊毛布,奎夹圈顺直,两侧拉线耳定位车平服。

4. 做里布成件,拼接腰节一周缝直打钉,奎里布一周缝直,面下胸围一周。边1/2宽夹耳定线,两侧拉线三线打边挑边。

右栏续：面料、腰节下贴面层双折珠边,织带下0.8 cm宽捆条,领口位本布包0.8 cm宽。全件里面布落坑线,全件面布线打边,需烫朴打线1分。上节及下节用斜纹光面料、上节须领须朴条,上节及下节用斜纹夹位光面料,肩位/夹圈须朴条,上节丝光打,下节折横车住,腰口位夹……

部位	度法	S	S	M	M	L	L	XL	XL
后中长		83.5		85.5		87.5		89.5	
肩宽		35		36		37.3		38.6	
胸围		87	46/41.6	91	48/43.6	96	50.5/46.1	101	53/48.6
腰围	下拼接处	74.5	38.8/36.1	78.5	40.8/38.1	83.5	43.3/40.6	89.5	46.3/43
坐围	拼接下13.5 cm	85.5	43.5/42.3	89.5	45.5/44.3	94.5	48/46.8	100.5	51/49.8
脚围		96	50.3/46	100	52.3/48	105	54.8/50.5	111	57.8/53
前后夹圈			22.2/22.3		23/23.1		23.8/23.9		24.7/24.8
后背宽	肩点下10 cm	32.8		33.8		35.1		36.4	
前领			54.2		54.5				
后领围		26.9		27.4		27.9		28.4	

后道：
1. 手工清剪线头/拉线耳
2. 专机:打珠边线
3. 大烫:视面料平烫,自然,不起镜,不查严格控制成品尺寸,无油污,次品,保持成品质量整洁

制单：	复核：	纸样师：